U0382593

物语和交往

黄　勇◎著

科学出版社

北京

图书在版编目（CIP）数据

物语和交往 / 黄勇著. —北京：科学出版社，2018.7
ISBN 978-7-03-058175-4

Ⅰ. ①物… Ⅱ. ①黄… Ⅲ. ①人–机系统–研究
Ⅳ. ①TB18

中国版本图书馆 CIP 数据核字（2018）第138998号

责任编辑：刘　溪　张　楠 / 责任校对：贾娜娜
责任印制：张欣秀 / 封面设计：有道文化
编辑部电话：010-64035853
E-mail:houjunlin@mail. sciencep.com

科 学 出 版 社 出版
北京东黄城根北街 16 号
邮政编码：100717
http://www.sciencep.com
北京虎彩文化传播有限公司 印刷
科学出版社发行　各地新华书店经销
*
2018 年 7 月第　一　版　　开本：720×1000　B5
2019 年 9 月第三次印刷　　印张：25 1/2
字数：353 000
定价：**142.00元**
（如有印装质量问题，我社负责调换）

序

　　人机工程问题在航空航天、车辆工程、机械设计、工业设计、计算机技术、管理工程、劳动保护等诸多领域都受到了关注。就本人所关注的航空航天领域而言，人机问题既涉及人与座椅、操纵系统等具体物的交往，也涉及人与各种显示仪表的信息交往，这正是该书所讨论的人和语物的交往。此外，飞机的驾驶舱和乘客舱构成的特殊的交往空间，在飞机的设计中越来越成为关注的焦点。因此，无论这本书的形式和之前各种有关人机工程的专著有何明显的不同，它都的确是在讨论人机工程问题。这本书讨论问题的方式和思想深度表明它是在以更基础的方式讨论人机工程问题。

　　这本书的目的似乎并不限于讨论人机工程问题，而是涵盖更广泛的交往问题。书中所讨论的交往、物语、人、语物、交往媒介、交往空间、时间、世界、善等概念，都是基本的概念。对它们的澄清有助于人们理解人机工程问题，也有助于人们理解与之相关的各种问题。对于哲学，本人没有多少经验，但如果把哲学的基本问题归结为"交往""发生关系"，这是我可以理解的。当今世界是交往的世界，从国家所倡议的"一带一路"，到互联网、物联网的发展，再到人们的日常生活，交往无处不在。

　　在讨论这些概念的同时，书中还讨论了与交往有关的各种现象。虽然都是日常生活中随处可见的现象，但文中的提及每每都能产生新意。书的最后谈到了创新对改善交往的作用，我想这正是建设创新型国家的时代要求。

　　黄勇教授与我共事多年，他在从事理工类研究之余，写出这样一部深刻的哲学著作，颇有些出人意料，细思却又在情理之中，因为人机工程的普遍性导致它本身就充满着哲学意味。希望这本书能经历时间的考验，给予更多人以启迪。

北京航空航天大学教授

中国工程院院士

王浚

2018 年 1 月

前　言

本书并非讨论人机工程的技术专著，亦非专门讨论人机工程的哲学著作。它只是为了今后就人机工程或其他问题展开专题讨论，预先提出并解释了几个基础性的概念，是一部形而上学之作。

人机工程兴起于 20 世纪中叶。近代以来，自然科学的快速发展形成了一套庞大的话语体系，并产生了大量的新的物，人类社会也出现了大量组织。人们需要和这些语物进行交往，或不得不与之交往。人机工程发现了人与各种语物交往的特点，并探求如何改善这种交往。这种交往遍布于人们生活、工作、休闲、娱乐、出行的各个领域，具有一定的普遍性，但这门知识也因此显得零散。本书从更基础的角度对其进行了讨论，阐述了这门知识的整体意义。

这种讨论是基于形而上学视角的，形而上学问题有着古老的历史。从古希腊巴门尼德开始，西方哲学就以"存在"作为基本问题。"存在"并无特别，只是系词，即英文中的 is。这个词过于抽象，它的不同时态的含义也不同，历史上不同学者以不同的方式对其展开了讨论，难以达成共识。西方哲学史既是一部形而上学史，也是一部反形而上学的历史。

中文没有与之特别对应的词，将其翻译为"存在"是因为自古希腊斯多葛学派以来，西方哲学很多时候是以 exist 来理解这个词的。但 exist 并不能详尽阐明 is 的全部含义，它的中文翻译使人们对这个问题的理解依然困难重重。

书中提出了新的语言策略，把物质和语言合称为"物语"，把"物语"之间发生关系称为"交往"。这样，系词 is 作为抽象的动词，其含义就约等于本书采用"交往"所做的抽象，它的现在分词 being 所具有的"存在者"的含义约等于本书采用"物语"所做的概括。历史上，人们对于being 的讨论还会赋予它"最高存在者"的含义，其实质体现的是终极指引，本书采用"世界理性"来表达这种含义。经过这种改造，形而上学问题变得更加透明，对它的把握就像人们在经验世界对自然科学问题的把握一样。

"物语 - 交往"无处不在。通过对它们的理解，人们更容易认识各种事物和现象。例如，读者将更易发现中西方文化之间的异同、不同知识的异同，因此，哲学的价值就体现出来了。哲学是交往媒介，更容易帮助人们认识世界。

本书易于阅读，没有晦涩的术语，即使有少量的新概念，根据字面意思也容易被理解。读者可能需要注意书中"交往"的含义，它在本书中既是名词也是动词。作为名词，它指的是关系；作为动词，它指的是发生关系。书中列举的例子较多、涉及的知识量较大，有些内容读者或许不够熟悉，或者由于篇幅的原因有些内容没能详尽地讨论，读者阅读时如有疑问，可以暂时跳过去，这不会影响阅读的连贯性。

本书从构思到最后完成，需要特别感谢高福东先生，他的激励、鼓励和督促，使笔者最初不成熟的想法得以逐渐完善。高先生提出的建议包括他的切身体会和写作经验，涉及书中的概念、内容和结构，对我特别有价值。他的帮助贯穿于本书写作的全过程。此外，网友 Durkheim 对书稿也提出了很多具体的意见，帮助笔者更加清晰地表达了观点。本书的顺利出版也得到了科学出版社魏英杰、刘溪两位编辑的大力帮助，他们从阅读者及出版者的角度提出了很多建议，帮助笔者进一步完善了书稿。此外，本书插图由饶盛瑜同学绘制。对于所有帮助过我的人，笔者都表示深深的感谢！

　　按照此书的观点，这本书的出版是各种交往关系汇聚的结果。书籍出版后，它将作为物语发生新的交往，也将成为笔者与读者交往的媒介。笔者深感自己学识尚浅，希望听到读者和专家的批评意见及建议，以期在今后的修改版中进一步完善。

黄　勇

2018 年 1 月

目录

序 /i

前言 /iii

导论 /001

第 1 部分　重新提出交往问题的原因

1　"物语"的概念和交往之为基本问题 /014

　　1.1　什么是物语和交往？ /016

　　　　1.1.1　物质和语言 /016

　　　　1.1.2　"物语"的概念 /017

　　　　1.1.3　言外无物 /020

　　　　1.1.4　"交往"的概念 /021

　　1.2　交往与相关概念的比较 /023

　　　　1.2.1　交往与存在的比较 /023

　　　　1.2.2　交往（发生关系）与关系的不同 /026

　　　　1.2.3　交往与事实的比较 /027

　　　　1.2.4　为什么要讨论交往问题 /028

2 "交往"意义的初始把握 /031

    2.1 中庸之道 /031

        2.1.1 "中"和"庸"的文字学解释 /032

        2.1.2 中庸之为"用中" /036

        2.1.3 中庸之为"常中" /037

    2.2 一和多 /039

3 物语的意义和哲学的目的 /043

    3.1 交往产生意义 /043

        3.1.1 物语的交往对象 /043

        3.1.2 物语的意义 /045

        3.1.3 意义的理解 /049

    3.2 哲学作为交往媒介 /050

        3.2.1 哲学的常见形式 /050

        3.2.2 哲学的普遍性和隐喻性 /052

4 "在……中"交往 /055

    4.1 似反性关系 /055

        4.1.1 物语的位置 /056

        4.1.2 在空间之中交往 /057

        4.1.3 在时间之中交往 /058

        4.1.4 在似反性的物语之中 /061

    4.2 根据分类结构所规划的基本交往方式——类比 /063

        4.2.1 命名和隐喻 /064

        4.2.2 向上类比 /066

        4.2.3 平行类比 /068

        4.2.4 向下类比 /069

    4.3 隐喻性类比 /070

        4.3.1 文学中的隐喻 /071

4.3.2　日常生活中的隐喻 /072

4.3.3　科学中的隐喻 /074

5　不同知识类型所体现的交往类型 /075

5.1　巫术：人和语物的交往 /078

5.1.1　万物有灵观念 /079

5.1.2　占卜：人与乌龟壳的交往 /080

5.1.3　"自然神－人"的分类结构 /082

5.2　宗教：人和人的交往 /083

5.2.1　宗教的理由 /084

5.2.2　神的教诲 /086

5.2.3　诵：人与神的日常交往 /087

5.2.4　颂：朗朗上口的交往 /089

5.3　中国古代社会中的人和人的交往 /090

5.3.1　家谱：人的分类结构 /091

5.3.2　族规家训：交往规则 /092

5.4　科学：语物和语物的交往 /094

5.4.1　科学术语及分类 /095

5.4.2　科学的创新 /098

5.4.3　巫术、宗教、科学三者关系的启示 /099

6　人和语物为什么交往 /102

6.1　人和语物如何产生 /103

6.1.1　直立行走带来的交往变化 /103

6.1.2　语言的出现 /105

6.1.3　自然物和人造物的出现 /106

6.1.4　空间的出现 /107

6.1.5　外部时间的出现 /109

6.1.6　内部时间的出现及"我思" /111

6.1.7　社会组织的出现 /113

6.2　人为什么要和语物交往 /115

　　6.2.1　人的目的 /116

　　6.2.2　人不得不和物语交往 /118

6.3　人和语物交往的条件是什么 /120

　　6.3.1　临近及数量关系 /121

　　6.3.2　上手 /122

　　6.3.3　上心 /124

第 2 部分　交往过程诸环节分析

7　人之人性：复杂半理性 /130

7.1　过去对人性的讨论 /131

　　7.1.1　人性善还是人性恶 /131

　　7.1.2　以理性作为考察人性的维度 /132

7.2　世界的多 /134

　　7.2.1　世界的多样性 /134

　　7.2.2　"多"的另一种解释 /134

　　7.2.3　中文以"三"泛指多 /136

7.3　操心和省心 /137

　　7.3.1　操心 /139

　　7.3.2　省心 /141

7.4　人的复杂半理性 /142

　　7.4.1　逻各斯：从聚集到言说 /143

　　7.4.2　理性是交往的有限性 /145

　　7.4.3　对逻各斯中心主义的批判 /147

　　7.4.4　复杂半理性的人 /148

7.5　与人交往的原则：仁、恕 /150

8　语物之语物性：简单理性 /153

8.1　语物的简单理性 /154

8.1.1　语物的简单性 /154

8.1.2　语物的理性 /156

8.2　语物简单理性的几个例子 /157

8.2.1　例 1：飞机的简单理性 /157

8.2.2　例 2：艺术作品的简单理性 /160

8.2.3　例 3：社会组织的简单理性 /165

9　交往媒介的交往性和方向性 /168

9.1　什么是交往媒介 /169

9.1.1　物语即交往媒介 /169

9.1.2　交往媒介是从交往过程中规划出的中间物语 /170

9.1.3　作为交往媒介的物语 /173

9.1.4　交往媒介的交往性 /174

9.1.5　交往媒介的方向性 /176

9.2　交往性好的媒介——标准 /178

9.2.1　交往性好的表现 /178

9.2.2　作为交往媒介的标准 /180

9.2.3　标准的简单理性 /183

9.3　交往性差的媒介——谎言 /186

9.3.1　谎言现象 /186

9.3.2　谎言的本质和对其讨论所采用的参照系 /187

9.3.3　人的谎言 /191

9.3.4　语物的谎言 /194

9.3.5　人和语物交往时的谎言 /197

9.4　单向流动的媒介——奖励 /198

　　9.4.1　单向流动及奖励现象 /199

　　9.4.2　一些非奖励的情况 /200

　　9.4.3　奖励的单向性流动 /201

　　9.4.4　奖励由谁颁发 /202

　　9.4.5　为什么颁发奖励 /204

　　9.4.6　奖品是什么 /208

　　9.4.7　为什么接受奖励 /209

9.5　双向流动的媒介——礼物 /210

　　9.5.1　礼物的基本特点 /211

　　9.5.2　礼物的流动特点 /214

　　9.5.3　单向流动媒介和双向流动媒介的相互影响 /217

10　交往空间的空间性 /220

10.1　交往空间作为交往的场所 /221

　　10.1.1　空间提供的交往理由 /221

　　10.1.2　风马牛不相及 /222

　　10.1.3　邂逅 /223

　　10.1.4　相逢 /225

10.2　交往空间的基本语物：墙和门 /226

　　10.2.1　为什么要筑墙 /228

　　10.2.2　居住与墙 /231

　　10.2.3　门的功能 /232

　　10.2.4　古代的城墙 /233

　　10.2.5　北京的门 /234

　　10.2.6　如何开启一扇门 /237

10.3　交往空间作为语物 /238

　　10.3.1　交往空间是对空间的分割 /239

10.3.2　如何对交往空间进一步物语化 /241

10.3.3　物语如何汇聚于交往空间 /244

11　时间的时间性之一：变化性 /246

11.1　表：物质的语言化 /248

11.1.1　物语的结构模型 /248

11.1.2　表：物语之语言外壳或言说 /250

11.1.3　表的形式 /251

11.1.4　格物致知 /253

11.1.5　过度语言化现象 /255

11.1.6　商品、名称及品牌 /257

11.1.7　手表 /260

11.2　简：语言的物质化 /262

11.2.1　人造物是如何出现的 /262

11.2.2　作为书写材料的简 /263

11.2.3　文字的书写方向 /265

11.2.4　作为简单含义的简 /266

11.2.5　物是语言的汇聚场所 /268

11.2.6　造物以简 /271

11.3　物语的物语化——以端午节为例 /272

11.3.1　端午节：时间中的物语 /272

11.3.2　端午和夏至的竞争及端午节的大致发展脉络 /274

11.3.3　端午节食物的变迁：粽子、鸡蛋 /276

11.3.4　祛病除恶之物的变迁 /277

11.3.5　人物故事：屈原、伍子胥、曹娥、勾践 /278

11.3.6　龙舟竞渡的习俗 /280

11.4　物语的模型 /281

11.4.1　太极图 /282

11.4.2 物语变化论模型 /283

11.4.3 物语和交往的关系 /285

12 时间性之二：未知性和交往的时间结构 /288

12.1 鉴往知来 /289

12.1.1 可靠的公共知识 /290

12.1.2 社会组织的知识 /292

12.1.3 历史事件 /293

12.1.4 个人知识 /295

12.2 去交往 /296

12.2.1 情绪 /298

12.2.2 去和语物交往 /301

12.2.3 去和他人交往 /302

12.2.4 去和自己交往 /303

12.3 在交往 /304

12.3.1 在周围的物语中和谁交往 /305

12.3.2 知行合一 /306

第 3 部分　人和语物交往中的善

13 什么是世界 /311

13.1 世界之为交往空间 /312

13.1.1 世界理性 /312

13.1.2 个人的小世界 /317

13.1.3 作为交往空间的世界 /319

13.2 世界在世界之中 /321

13.2.1 世界的变化性 /322

　　　13.2.2　未来世界的未知性及关于世界的理想 /324

　　13.3　在世界之中交往 /326

　　　13.3.1　进入世界的领域 /326

　　　13.3.2　天人合一与世界理性 /329

　　　13.3.3　在世界中交往 /332

14　人的善 /334

　　14.1　善的时间结构 /335

　　　14.1.1　良知 /336

　　　14.1.2　善念 /339

　　　14.1.3　善行 /343

　　14.2　与善相关的一些概念 /343

　　　14.2.1　中庸所体现的善 /343

　　　14.2.2　恶及非善 /346

　　　14.2.3　正义 /349

　　14.3　人的语物化 /351

　　　14.3.1　人的语物化现象 /351

　　　14.3.2　君子不器 /354

　　　14.3.3　人的异化及其他 /356

　　　14.3.4　以善观照人的语物化现象 /361

15　语物的善 /362

　　15.1　语物的人性化 /363

　　　15.1.1　道法自然 /364

　　　15.1.2　日常性 /367

　　　15.1.3　人机工程 /369

　　15.2　善的语物 /372

　　　15.2.1　交通信号灯 /372

　　　15.2.2　互联网 /373

15.2.3　善的世界 /375

16　通往善的道路 /378

16.1　消除交往障碍 /379

16.1.1　消除语物的不透明性 /379

16.1.2　毋意 /381

16.1.3　毋必 /382

16.1.4　毋固 /383

16.1.5　毋我 /384

16.2　交往媒介的创新 /385

16.3　扩大交往领域 /387

导　论

　　本书是相对易懂的哲学读物。它不要求读者预先掌握多少哲学知识、没有生涩的术语和烦琐复杂的论证。读者如果没有太多哲学基础，也许会觉得它比通常的学术性读物更容易阅读，甚至更有趣。读者如果对哲学史比较熟悉，可能会对书中的内容有所疑问。因为书中的确提出了一些新术语和大量的新观点，而最根本的一点在于本书提出了新的本体论结构，由此对各种问题的讨论有了新的基础。这种本体论结构因何提出？它是否内在于哲学思想发展的脉络之中？它与其他本体论有何关系？这些我们可在此对其做事先的澄清，读者也可以通读全书后再阅读导论。虽然笔者开始哲学讨论时体现出了明显的个人因素，但这种讨论如果持续而深入，必然会同以往纷繁交错的哲学观念相似或对立，而非毫不相干。笔者身上所体现的个人意愿不过是为以下观点做了注脚——哲学问题是人的头脑不能逃避的问题①。

　　1）"物语"概念的提出

　　很长时间以来，笔者都在思考世界的本质是什么。虽然语言哲学家通常排斥"本质"这个概念，但它在日常生活中被人们广泛使用并不会产生问题。或许人天然就有这种省心的企图，想要通过把握少量的东西就把握

---

① 文德尔班. 哲学史教程（上卷）. 罗达仁译. 北京：商务印书馆，1987：20.

住更多的东西，或者把握一个小东西以获得对世界的某种领悟。如果"本质"并不意味着排他，其仅仅是帮助人们认识事物的便捷之路，那么这个概念并不令人反感。

当前社会通常认为世界包括物质世界和精神世界。"物质"相对来说容易理解，人们可以通过各种感觉器官感受到不同的物。"精神"则不太容易理解，或许是因为生活中逐渐积累的经验，也或许是因为语言哲学在今天的流行，笔者认为语言也是普遍现象。因此，很长一段时间以来，笔者都认为世界是由物质和语言构成的。

此后，笔者又产生了新的想法，觉得物质和语言是不可分割的。彼时，笔者把它们合称为物质语言体，后来简称为"物语"。

2）"交往"概念的提出

从日常经验中提出"物语"概念之后，笔者思考了很多问题。当思考到"人和物语的交流"这个问题时，笔者发现遗漏了一些重要的东西。提出"物语"概念之后，笔者曾认为它可以概括一切。但面对着"人和物语的交流"这句话，笔者想象不出"交流"是什么，这个"交流"后来被改成了"交往"。

类似地，作者曾经面对"是"这个词，也想象不出"是"是什么，只好把它记作"虚词"。这种思考是短暂的，但现在笔者既然计划针对"物语"写一本书，又面对类似的问题，就需要深入思考。最终笔者认定，世界其实包括"物语"和"交往"，但是采用语言表述出的"交往"依然是物语。这样讨论起来比较方便。

3）"物语"和"交往"概念的相互说明

很多基本的概念都难以被清晰地说明。例如，什么是"物质"？什么是"语言"？或者此处的"物语"和"交往"又是什么？

笛卡儿认为，物质是占据一定空间的实体，这没有错，或许还应该加入时间。但人们不免又要询问什么是空间和时间，这又要利用到物质对空间和时间的解释。并且，"实体"的概念同样不够清晰，或者说它是物质的近义词。至于"语言",我们可以认为,它是语言的基本单位(如词、音符、点、线、面等)或者是这些基本单位按照一定的规则组织起来的意义片段。单独的词会在特定的分类结构中占据某个位置,它们组织起来的意义片段形成了某个分类结构。

这些解释未必会比人们在日常生活中形成的物质或语言观念清晰。因此,本书对于"物语"和"交往"采用如下策略进行说明。首先,从人们日常生活中具有的物质和语言观念出发,规划出"物语"。这样,"物质"和"语言"就是构成"物语"的两种元素。其次,根据人们在日常生活中对交往已有的认识,规划出"交往"。"物语"和"交往"之间则是相互说明的:物语是交往中的物语、交往是物语的交往。"物语-交往"构成了完整的本体论结构。

或许把"物语"和"交往"解释为"有"和"无"也是一种思路,但这个"无"不够清晰。"物语"可以和"有"等价,但"无"的范围比"交往"更大。

4)本书的结构

本书的第 1 部分提出了交往问题,既提出了形而上学概念的"交往",也引出了人和语物的交往问题。第 1 章提出了"物语"和"交往"的概念。由于这些概念是笔者从经验中规划出来的,所以,笔者并没采用更加逻辑化的方式从更基础的源头把它们提出。书中把它们当作讨论的源头。第 2 章讨论如果仅有"物语"和"交往"两个概念时,它们之间的关系如何。该章把它们的关系与"中庸"及"一和多"等价起来。书中对"中庸"做了新的解释,使它变得毋庸置疑。"一和多"是柏拉图思想中最晦涩的内容之一,书中采用两个对立的"一和多",根据《巴门尼德篇》中的八组假言推论的形式把它们描述出来。第 3 章和第 4 章引入了"分类结构"的概念,根据两个物语在分类结构中的不同位置,讨论了四种交往关系。第 3 章还提出了一个基本观点——交往产生意义。为了进一步讨论物语之间的交往,第 5 章把物语区分为人和语物。它们的两两交往与过去不同的知识类型对应起来，并引出了人和语物交往的问题。第 6 章则解释了人和语物交往问题的现实性。

第 2 部分是对人和语物交往过程的诸环节进行分析，实际上也是在进一步解释什么是交往。一方面，第 1 部分对交往的解释还不够；另一方面，虽然针对任何物语的分析都能加深对交往的理解，但我们又不能无穷无尽地对其进行讨论。因此，我们只能从人们对交往已有的认识中规划出人们熟悉的一些物语来进行讨论。把它们讨论清楚了，就获得了对交往的理解。这部分的不同章节分别讨论了人、语物、交往媒介、交往空间和时间。

第 3 部分讨论了人和语物交往中的善。这里对于善和非善、恶的区分应该有所指引。这个指引既可以是交往，也可以是世界理性。该部分首先讨论了什么是世界，然后分别讨论了人和语物的善。最后一章对如何达到善给出了原则性的建议。

5）"交往"和"存在"

笔者提出"物语"概念的目的是想把已知的各种事物抽象成一个共同的称谓。每个"物语"都是分开的，但"物语"之间又可能有联系，我们把"物语"之间发生关系称为"交往"。如果把这点思考清楚了，那么，其他学者把已知的各种事物抽象为"存在者"，"存在者"之间的"存在"就和本书的"交往"是一致的。

"交往"和"存在"一样，都是一种"无"。如果非要刨根究底把各种"物语"当作"无"，这也没有错，但这种"无"和"交往""存在"的这种"无"还是有区别的。人们可以通过他的各种感觉器官直接或间接感受到具体的"物语"，但无法通过感觉器官感受到"交往"和"存在"。笔者不敢肯定用"交往"代替"存在"是否更好，但能肯定的是，它对使用汉语的中国人会更清晰。

或许"存在"在印欧语系中也是难以理解的。中文把系词 to be 翻译为"存在"是受到了西方社会用 exist 代替 to be 做法的影响。这种做法源于古希腊斯多葛学派。在斯多葛学派看来，"系词'是'（to be）的用法等同于'实存'（exist）的意思，丝毫没有那些源于巴门尼德的复杂关系。这是一大进步"①。从西方学者的评论中也可以发现，他们也希望"存在"问题变得更清晰。

笔者在书中讨论了"交往"和"关系"的区别，"关系"对于表现时间性有欠缺。系词 is 或动词 exist 都是有时态的，但把它们的不同时态翻译成中文难免会翻译成"去存在""在存在"，"在存在"不符合中文的习惯。如果把事物之间发生关系的词在汉语中用"交往"概括，它的不同时态表述为"去交往""在交往"就比较清楚。

哲学问题很多时候体现在如何对事物进行分类、以什么样的策略给不同事物命名。如果哲学的任务就是成为交往性良好的交往媒介，命名就应该符合人们的日常习惯。哲学的这个问题实际上和人们处理经验世界的各种问题并无不同。各种具体的物、表示具体含义的词如果仔细推敲也是抽象的。书中在 2.2 节讨论"一和多"时，用两组相反的物语表明了这种类似。

6）不可说的东西

真正不可说的东西只有两种：一种是过去存在过、现在消失了、没有留下任何痕迹的东西；一种是还没出现的东西。维特根斯坦在《逻辑哲学论》中区分了可说的和不可说的东西，这种区分与人们区分有意义的和没有意义的东西类似。本书则不做这种区分。

例如，"力"是一个自然科学的概念，在维特根斯坦看来是可说的，他在书中也讨论了。但"力"最初是一个宗教观念，表示事物的本源。其后来成为一个哲学观念，再后来才成为一个科学观念②。因此，它开始是一个形而上学概念，即使在成为一个科学术语后我们也可以认为它是个形而上学概念。但"力"被人们说了又说，逐渐变得清晰，就容易被把握了。

① 安东尼·肯尼.牛津西方哲学史（第一卷）：古代哲学.王柯平译.长春：吉林出版集团有限责任公司，2010：271.
② 爱弥尔·涂尔干.宗教生活的基本形式.渠东，汲喆译.北京：商务印书馆，2011：261-279.

当然，人们不能深入"力"的内部对它进行言说，因为"力"的本质还是一种"无"，但人们又能深入什么东西的内部进行言说呢？一旦进入了所谓的内部，实际上就是对两个物语之间的东西进行言说。

人们在日常生活中用各种词描述两个物语之间的联系，既有动词，如看、听、说、加、减等，也有一些名词，如关系、力、速度等。这些词把物语之间各种不同的"无"表述出来，这些"无"就成了物语，是可说的。为了像概括各种具体的物质和语言一样，人们也可以把这些不同的"无"用一个名称概括，本书将其概括为"交往"。这个表述出来的"交往"是物语，也是可说的。

人们只能利用他的身体或先借助仪器再利用身体去感觉各种事物，对于抽象事物的感觉也是如此。例如，"水果"是一个抽象的概念，但人们经常和各种具体的水果打交道，对于"水果"这个抽象概念依然有一种清晰的直观把握。对于形而上学概念，其并不是不能说，而是采用什么概念能更容易说，像描述"水果"那样容易。至少在笔者看来，"交往"这个词具有这种效果。通过理解"交往"这个词的意义，我们就获得了对形而之上的"交往"的理解。

7）一般的本体论结构

人所面对的世界大同小异，不同的人所构造的本体论结构也大同小异。人们进行哲学思考的原因通常还在于希望获得终极指引。因此，一般的本体论包括三项内容：讨论的对象、对象之间的关系和终极指引。

这个讨论的对象可以是物语、存在者、实体、太极、人、物质、语言等。

对象之间的关系可以用交往、存在、逻各斯（logos）、太虚、思、仁、理、道、关系等词描述。在物理学中，这个基本的关系是"力"。中国的哲学概念"道"表明了一个地方和另一个地方之间的联系，是借用名词表示这种关系的。"道"还有动词的含义。"理"则是动词，表示顺着玉石内部的纹路切割玉石，是采用动词表示这种关系的。现在它也有名词的含义。"太虚"则直接挑明了这种关系是一种"无"。

终极指引可以是世界理性、天、神、逻各斯、道、理等。

不仅中西方思想家在表述这些内容时存在差异，西方哲学从柏拉图和亚里士多德开始就被区分为不同的道路。各种方式都是可行的，不过要考虑论述的方便、他人接受观念的方便。这种所谓的方便与某个时代、某个地域人们的文化和语言习惯有关。一种不太可取的方法是把上述三种目的用同一个概念表述，这导致学者进行讨论或他人接受都比较困难。例如，being 所体现的复杂含义。过去常见的做法是将上述的第二项内容和第三项内容联结在一起。

8）"语物"的概念

"语物"概念的提出没有特殊的目的，只是为了能够展开讨论，把"物语"分成"人"和"语物"两种。这种分类同样没有特殊性，仅仅是因为容易做出这样的分类。即使在"物语 – 交往"这个框架下提出其他的分类，展开另一种讨论也是可行的。

本书并不试图探讨一种人们称之为"真理"的东西，仅仅是想基于所提出的几个概念，大致梳理各种现象。如果这几个概念能使得人们更容易理解大多数事物，本书的目的就达到了，这也表明这种结构是有效的。

9）分类结构

人们应该像接受"空间"和"时间"概念一样接受"分类结构"的概念。如果说空间是物的居住场所，那么分类结构就是词的居住场所。空间和时间也可以形成分类结构，因此，物语都是以分类结构的形式存在的。

不同的物语在分类结构中的不同位置，同样可以引申为不同的人在分类结构中的不同位置。后者并不是为人的等级观念辩护，而是为了消解等级观念对人们内心的束缚。

10）"意义"的概念

"意义"通常是含义复杂的词。本书称"意义是物语之间因为交往而出现的东西"，既考虑到要把这个概念纳入"物语 – 交往"这个框架下，也考虑到了人们的日常习惯，同时，也消除了它的复杂含义。但这似乎表明，"意义"这个概念是多余的，或许也的确如此。但由于人们习惯于这个概念，它可以带来讨论的方便，本书依然使用了这个概念。

11）人机工程

人机工程是新兴的知识，它分布在各个领域，涉及的问题似乎是无穷无尽的。例如，网页不同位置的广告如何定价？这需要考虑人的视线最容易关注网页的什么部位。橱柜的高度多少比较合适？这需要考虑家庭成员的身高特点。药瓶如何设计可以防止小孩误食？飞行员驾驶时如何分配注意力？选用哪个明星作为产品的代言人更好？设计什么样的广告词容易吸引消费者的眼球？矿井下的安全设备如何设计？如何设计无人驾驶汽车的操作方式？去某个宗教地区旅游有什么注意事项？如何让员工愉悦地工作？这些问题或许都可以被称为"人机工程问题"，或者可以用更广泛的"人和语物的交往问题"指代。

各种具体的人机工程问题遍布于每个人的周围，但作为一门知识，它目前显得太松散。它现有的知识来源于各种不同的学科，如物理、化学、生理学、心理学、工程学、美学等，并没有汇合成一门完整的综合知识。关于人机工程自身的称谓还有各种不同的表述，如工效学、人因工程、人体工程等。这些都表明这门知识还不够完善。

至少目前看来，人机工程无法成为与物理学类似的知识。物理学是关于语物和语物交往知识的一种。语物是简单理性的，因此，在物理学的研究中，一些才智卓绝的科学家发展出一些基本的概念和规律后，更多的人根据数理逻辑就能对它进一步推演。但人是复杂半理性的，在其中很难产生这样的基本定律和演绎手段。对于人和语物交往的研究可能采用或必须采用的研究方法将更加丰富。

人机工程所面对的问题是琐碎的，笔者提供的建议是，通过对一些基本概念的把握，人机工程的研究或许可以避免迷失在这种零散性之中。这种态度与笔者所期望的哲学能够使人获得对生活的整体认识是一致的。

12）他人的启发

本书有几个词借用了海德格尔《存在与时间》（陈嘉映、王庆节译）中的词，如操心、上手、在……之中。"操心"这个词曾经是笔者想避免使用的，但因为找不到其他与"省心"相对应的词，所以考虑再三还是采用了，希望不会引起读者的反感。另外，书中的"去交往""在交往"这两个概念也受到了海德格尔 zu sein（去存在）、dasein（此在）的影响。这些词在本书中都不具有复杂的含义，按字面意思理解即可。

本书在写作过程中参考了一些他人的内容，有些是网络上不知来源的素材。例如，从冯契的《中国古代哲学的逻辑发展》中找到了一些中国古代哲学思想的素材；把中庸之道发展为本书的方法论，是受到了陈嘉明《现代西方哲学方法论讲演录》中几句话的启发；把人的鉴往知来、去交往、在交往合称为"知行合一"，同样是受到了陈嘉明某篇文章的启发。这些参考材料有些无法在书中标注，有些只能标注其所引用的原始文献。总体而言，本书对各种材料进行使用是为了把它们纳入本书的逻辑之中。

第 1 部分
重新提出交往问题的原因

重新提出交往的原因

哲学似乎离普通人很遥远，但如果人们被告知哲学的基本问题是交往问题，哲学就能迅速地和每个人建立联系，因为每个人都知道交往是什么，他每天都在和其他人交往，并对此习以为常。如果交往能够使人对哲学有所领悟，我们需要进一步回答交往问题为什么是哲学的基本问题，以及何种意义上的交往是基本的哲学问题。

哲学有漫长的历史，其最丰富的内容体现在源自古希腊的西方哲学中。西方哲学的基本问题是存在问题，即由系词所引发的哲学问题。系词是印欧语系中的基本词汇，它在英语中是 is，在希腊语中是 on，在德语中是 sein。人们的言语中不可避免地要涉及该词，这也是一种习以为常。

所谓"道不远人"，哲学的基本问题正是从人们习以为常的东西中所引发的。这些东西经过进一步抽象，就成了形而上学概念，即哲学的基本概念。这种习以为常的东西是交往还是 is，不同文化背景下的学者可以做出不同的选择，而它们二者所表达的含义其实是相近的。将这两个不同的概念抽象为形而上学概念其实是殊途同归。

人们对形而上学概念的把握最终还是要通过对具体事物的把握来实现。系词对于中国人来说并非习以为常的事物，而交往则是所有文化背景的人都熟知的。因此，采用交往重新构造哲学基本概念或许是更好的方式。

中国古代有丰富的哲学思想，人们需要将其有益的思想用现代人的语言加以表述，以便更好地传承。这种做法也能帮助实现不同文化之间的沟通。此外，哲学问题常常与现实问题密切相关。例如，在宗教盛行的国家，人们经常在哲学中讨论宗教问题；而在科学流行的今天，人们也经常在哲学中讨论科学问题。本书在此考虑的是人和语物的交往问题。

　　以上这些考虑构成了这本书的写作动机，本书将本着继承、沟通、发扬的立场，从交往开始，尝试新的哲学讨论。

1

"物语"的概念和交往之为基本问题

《论语》开篇谈道:"学而时习之,不亦说乎?有朋自远方来,不亦乐乎?人不知而不愠,不亦君子乎?"这表达了多层含义。宽泛而言,这些都与交往有关。例如,"学"和"习"指人与知识的交往,"朋"指作为交往对象的人,"人不知而不愠"则是指自身作为被交往对象时应有的态度。

交往是人们关注的问题,但它能否成为哲学的基本问题却很少有人讨论,即使有人触及这一点也持否定态度。

巴赫金指出,(人类)生活就其本质而言是对话的①。对话是人与外界交往的方式之一,人还有各种不同类型的活动。例如,天冷时穿厚衣服,工作时操作机器。这些都与通过语言进行的对话无关。哲学的基本问题应该是最普遍的问题,因此对话不能成为哲学的基本问题。

哲学中被人们广泛使用的"实践"也表示一种交往。实践比对话的含义更广泛,但它最多能涵盖人与外界的一切交往行为,学者们在不同程度上使用"实践"这个词。亚里士多德将人类活动分为实践、制作和理论沉思②,实践指人与人之间的伦理行为、政治活动。康德将实践解释为理性

① 巴赫金.关于陀思妥耶夫斯基一书的修订 // 巴赫金.诗学与访谈.白春仁,顾亚玲,等译.石家庄:河北教育出版社,1998:387.
② 亚里士多德.尼各马可伦理学.廖申白译注.北京:商务印书馆,2003:xxi.

指导下人的活动①。他们的实践都仅仅是人的部分活动。尽管马克思将"实践"的含义进一步扩大——"全部社会生活在本质上是实践的"②，但这个实践也仅仅是和人有关的行为，它与世界上发生的许多事情没有关系。例如，宇宙的运行、空气的流动、植物的生长。人可以在外部观察、认识它们，利用它们的规律，但不能代替它们的活动。所以，实践也不是最普遍的概念。我们不能否认实践问题的重要性——也许是决定性的问题，但哲学的基本问题如果只和人有关，那就把哲学置于了特殊的领域。

对交往进行过专门讨论的哈贝马斯甚至断言，"交往行为理论不是什么元理论"③。哈贝马斯的"交往"和巴赫金的"对话"类似，指的是"人与人之间，以语言为媒介发生关系的行为"。姑且不论哈贝马斯做出这个判断的原因，这种"交往"由于所涉及领域的狭小的确难以作为基本问题。

以上学者所讨论的对话、实践、交往体现了一定范围内的普遍性。如果把交往的含义适当扩大，把它看作各种事物之间发生关系的现象，交往就成了最普遍的概念，交往问题也就成了基本问题。此处需要明确各种事物指什么。

人们通常观念中的交往是指人与人之间以语言、物质为媒介发生关系的行为，如两个人之间的对话、互赠礼物；或者机构之间类似的行为也可以被称为交往，如国家之间的外交活动是国家之间的交往。对于其他各种交往，人们采用不同的词描述。例如，"人阅读书"可以看作人和书的交往，人们用"阅读"表述这种交往；"齿轮带动齿轮"是齿轮之间的交往，人们称它为"啮合传动"。"1+2"是1和2之间的交往，但人们称之为"加"。

过去人们对交往的解释表明它只具有一定范围的普遍性，而不能涵盖

① 康德. 实践理性批判. 邓晓芒译. 北京：人民出版社，2003：56.
② 卡尔·马克思. 关于费尔巴哈的提纲 // 中共中央马克思恩格斯列宁斯大林著作编译局. 马克思恩格斯全集（第1卷）. 北京：人民出版社，2009：499-502.
③ 尤尔根·哈贝马斯. 交往行为理论. 曹卫东译. 上海：上海人民出版社，2004：3.

一切现象。本书将要讨论的交往是"物语和物语之间，以物语为媒介发生关系的行为"。这是对以往"交往"概念的扩大，但它也就有了普遍性。这个"交往"可以发生在任何场合及任何事物之间。我们先来解释物语和交往。

1.1 什么是物语和交往?

1.1.1 物质和语言

在解释物语之前，我们先解释物质（或物）和语言，而物语从这两个概念引出。我们对所涉及的一些常用概念先按照人们熟悉的方式解释。随着讨论的继续我们将为它们增加新内容，这样新的解释就不会显得突兀。

人们对物质和语言并不陌生，虽然对这种认识会有一些模糊，但人们每天都在和物打交道、利用语言进行沟通，至少熟悉了各种具体的物和语言。我们可以把物质看作一个集合，集合里的每个组元虽然有各自的名称，但都可以被称为物质。例如，石块、桌子是物质。即使未来因为物理学的发展，人们对于微观层面的物质有了新的认识，这也不大会影响人们已经形成的物的观念。

接下来可以适当扩大物质的概念，把各种单独物质的组合也称为物质。例如，人、机器人、工厂、社会组织、政府、国家等都是物质。这些事物所涉及的实体都是物质，它们和单独的物质一样在空间中占据了一定的范围，在时间中延续或变化。"物质的组合也是物质"符合人们的日常观念。例如，扣子、线、布料这些物质通过特定的连接方式组合成衣服，衣服也是物质；原子和原子的组合构成了分子，原子和分子都是物质。不同物质可以因为交往把它们组合在一起，也可以因为没有交往而不组合①。

---

① 上文简略提到本书的交往指物语之间发生关系。对于没有生命的物体之间的交往，我们可以不考虑它是如何发生的，这时的交往（发生关系）就指所发生的关系，后文第1.2.2节会讨论交往与关系的区别。这种发生关系也可以是外部的原因使它们发生关系，因此这句话中称"把它们组合在一起"。这些都是对交往的不同表述。

人们说的话、写的文字和各种符号都可以被称为语言。这种观念也可以进一步扩大，例如，手势、脸部表情、盲文、图像等都可被称为语言，知识、歌曲、信息这些也可以被称为语言。在某种程度上，风声也能成为语言，例如电影里采用风声渲染气氛。这些不同的语言和日常生活中人们说的话相似。组成这些语言的基本单位，如词、音节、颜色等，会在特定的分类结构中占据某个位置。此外，不同语言的组合也是语言。

世界呈现给人们的无外乎物质或语言。

1.1.2 "物语"的概念

物质和语言是不可分割的。当人们谈论或观看某物的时候，谈论中涉及的词和句子、观看中涉及的图像都是语言。同样，人们听到某句话、看到某段文字或图像，这些语言总是和物相关的，虽然有时只是间接的关系，否则就是没有意义的空洞语言。这种不可分割性可以从日常生活中被观察到。人们穿衣服（物质），也知道它是衣服（语言）；人们吃蛋糕（物质），也知道它是蛋糕（语言）。人们在进行穿和吃这些交往动作时，也用穿和吃这样的语言来描述。我们可以根据物质和语言不可分割的特点把它们合称为物语。

人们也许会否认物质和语言不可分割。例如，人类的祖先仅仅是最近才出现的，而宇宙已经存在了150亿年，恐龙2亿年前就在地球上生存和繁衍。当时没有语言，甚至没有人，那么物质和语言的不可分割从何谈起呢？的确，这些都是基本的科学事实。但人们还应该明白，宇宙和恐龙是人类知识积累的产物。人类是在宇宙开始存在150亿年后才知道宇宙的，是在恐龙产生2亿年后才知道恐龙的。如果以物理学的时间作为参考坐标、以宇宙大爆炸作为时间原点，宇宙和恐龙的确出现在人类社会之前。但如果以人类认识世界的顺序为坐标、以最初物语的形成时间作为时间原点，宇宙、恐龙这些物语的出现并不比10 000年前陶器的出现时间更早。即使10 000年前古代智人已经有了宇宙的观念，但它和现在的宇宙也有很大差别。过去的人不知道宇宙大爆炸学说，现代人也不会知道未来关于宇宙的某种学说。

物质和语言的不可分割体现在以下两点：首先，物质有它对应的语言。例如，物质有名称，它是物质的基本语言。如果人们发现了新的物质，其暂时还没有名称，就说"那个东西"，"那个东西"也相当于名称。此外，人们还可以讨论物质和其他事物之间更多的关系，对其进一步语言化。其次，语言也有它对应的物质。语言需要通过物质表现出来，它也用来描述物质或物质之间的关系。例如，抽象名词"红"对应的是各种红颜色的物体或某种波长的电磁波。数字"5"对应的是相同事物在某个范围内出现的次数。即使"的、地、得"这些不表示具体"物"的虚词，它们在语句中也充当了物语之间交往关系的指示。

没有脱离语言的物质。如果认为有，谁能说出是什么？根据现有的知识，人们容易猜测有许多未知的物质。它们没有名称或其他相关的语言，暂时属于"不可说的东西"。那么，是否有脱离物质的语言呢？例如，某展览馆展出了所谓猩猩作的"画"，它是脱离物质的语言吗？或许猩猩的画在猩猩看来和某种物质对应，但人类暂时不能建立它和物质确实的对应关系，它对于人来说不是语言。

一些语言暂时和物质无关。例如，在某些新元素出现之前，科学家就预言了这些物质并描述了它们的性质。它们出现之前的描述语言是基于当时已有的物质发展出的，不能否认它们有物质基础。更抽象的数学语言也类似。一些新的数学语言并不总能够和具体的物质对应，但这些新数学语言所依赖的更加基础的数学语言和物质有对应关系，因此我们也不能否认它们有物质基础。

物语只有"有"和"无"的区别。已经出现过的物语都是真实的并与人发生过交往的，那些虚构的事物也是如此。神话里的玉皇大帝、山神水怪是以人或物的形象为基础塑造出来的。人们建造它们的庙宇和塑像，举行祭拜仪式，这是神话人物的物质基础。这些神话人物处于分类结构的上层或物语交往的中心，汇聚了大量的语言。为使它们成为大的物语而凸显出来，人们还为它们虚构了许多没有发生过的交往关系。

物语能否继续存在取决于它们能否继续和其他物语交往，能否在新出现的物语中适应新的交往关系。神话人物作为物语如果不能进一步发展，不能体现更多的交往关系，那么，随着旧物语的消失和新物语的发展，它们将逐渐消失，或成为物语的碎片，依附于其他物语。例如，科学相比神话提供了更合理的方法来解释各种现象，由此神话的色彩就逐渐衰退。现在的神话只是作为故事流传下去，或者神话人物的雕像成为景区的景观继续存在。不仅这些虚构的事物，那些在人们的观念中真实存在过的物质和语言，如古代的生产工具、日常用品、政治制度、语言等，其结局都是或也将如此。"假话"这种物语，虽然指的是它要表达的内容和人们一般认识的事实之间产生矛盾，但它本身也是物语。人们常说假话经不起反复推敲、经不起事实考验，就是指它描述的交往关系不符合人们普遍认可的交往关系。前文使用了"虚构"这个词，虚构也是一种交往，虚构出的物语也是交往关系的体现，虚构也产生意义。但人们如果不能利用多种感觉器官去认识虚构的物语，那么对它交往关系的认同就会减弱，虚构所产生的意义也会减弱。此外，"无"也是真实的物语。

人们与一些所谓虚假的物语进行交往时产生认识的偏差并不表明它不是物语。例如，笛卡儿曾给出过一个假设：

因此我要假定有某一个妖怪，而不是一个真正的上帝（他是至上的真理源泉），这个妖怪的狡诈和欺骗手段不亚于他本领的强大，他用尽了他的机智来骗我。我要认为天、空气、地、颜色、形状、声音以及我们所看到的一切外界事物都不过是他用来骗取我轻信的一些假象和骗局。[①]

这个假设的情景通过现代科技的手段很容易实现。人们在喇叭里放出鸟鸣声，但却没有鸟在场；人们看三维电影，一只老虎向你扑来，却并没有真

---

① 笛卡尔. 第一哲学沉思录. 庞景仁译. 北京：商务印书馆，1986：20.

的老虎。人们所感觉到的都是真的物语，它们的确不是鸟和老虎，但它们有些特征与真的鸟和真的老虎很相似。一个从古代来的人如果没有和它们交往的经验，就会产生误会。

不少人曾试图证明上帝存在。无论上帝是宗教里的人格神还是哲学家构造出的哲学术语，它作为物语的存在是明显的事实。教徒们通过诵读、歌颂、仪式等行为和上帝交往，它是明确的交往对象即事实存在。只不过人们关于上帝虚构了许多不曾发生过的交往关系，上帝被过度语言化了。即使这个上帝只是哲学家文本中的概念[①]，在文本中和其他概念发生了关系，他也真实存在。如果试图证明的是上帝和人一样有一个肉身，那么，无论过去的证明如何精致，现在看来都很荒谬。最多可以考证历史上曾经有过那么一个人，他离世后被人们不断语言化，从而成了上帝。

世界上除了物质和语言，并无其他事实。人们通常会认为还有意识，把它看作不同于物质和语言的一类事物。但意识只存在于人的大脑，不能呈现于外界。意识体现的是人和自己的交往，能够被人们用来讨论的意识依然是物语。人们有时会把脑电波和意识混为一谈，脑电波和声波类似，它是人的语言表达的一种方式，只不过脑电波的接收需要通过特定的科学仪器。我们或许可以将意识、语言、物质比喻为物语的气态、液态和固态。

世界已经呈现出的事物都是物语，物语的组合也是物语，人们观念中的世界也是一种物语。我们可以把世界看作已知的各种物语的组合。"物语"这个概念可以将世界中所呈现的事物都包括进来。尚未呈现的事物是什么，人们不得而知。

1.1.3　言外无物

各种物语都和人交往过，人们无法知道尚未显示的事物。与此观点类似，陆九渊提出过"心即理也"，以及"宇宙便是吾心，吾心即是宇宙"[②]

---

① 例如，斯宾诺莎在其著作《伦理学》中所采用的术语"神"。斯宾诺莎.伦理学.贺麟译.北京：商务印书馆，1995：3-43.
② 陆九渊.陆九渊集.北京：中华书局，1980：149，273.

的观点。王阳明则提出过心外无物、心外无事、心外无理等观点①。但这些观点容易产生歧义。

人们通常认为陆九渊的"心"是指个人的主观思想，王阳明的"心"既可以指类似于"天""道"这样的本体，也可以指个人的道德意识。如果把陆、王的"心"都理解为"人类的认识"而不是"个人的认识"，那么就能消除歧义。例如，陆九渊表达的是人类现在对宇宙万物有什么认识，它们就是现在这个样子。至于以后如何，则取决于人类以后的认识。王阳明指的是在人类的认识之外，没有其他的物、其他的事情和其他的规律。这是对不知道的事物进行判断，但也合理。相反，如果认为在人类的认识之外还有未知的物、未知的规律，这也是对不知道的事物进行判断，同样合理。这些观点不矛盾，只是描述事物的范围略有不同。一种是个人所知，一种是人类所知，还有一种是未来可能知道的。未来毕竟没有发生，它具有天然的不确定性，人们可以根据不同的情况评估这种不确定性的大小。

在人类的认识之外没有物也即言外无物，人的认识总是会通过语言呈现出来。言外无物并不表明不能探索新的物语。世界会不断产生新的物语，如新的星系、新的物理规律、新的日用品。人们通过促使现有的物语发生新的交往创造新的物语，以有知探索未知。

1.1.4 "交往"的概念

物语都在和其他某些物语发生关系，这是物语的基本特点。首先，所有的物语都曾和人发生过关系，没有人也就没有物语。其次，物语都是有意义的，物语的意义不能仅通过它自身来阐述。如果要向他人介绍斧头，不能仅告诉他这是斧头，还要告诉他斧头可以砍伐树木、可以劈柴。这是把斧头和其他物语的关系描述出来。没见过斧头的人初次看到就知道它的用途并不奇怪，因为他曾使用过锤子、石块、刀等类似的东西。斧头的形

---

① 参见《传习录·陆澄录》。

象中所提供的语言把它和锤子、石块、刀联系起来了。

本书称物语之间发生关系为"交往",它是物语之间以物语为媒介传输物语的行为。这种传输可以是双向的,例如两个人相互交谈;也可以是单向的,例如人看石头,但石头不看人。物语之间要么交往,要么不交往,并且某个物语必然和某些其他物语交往。物语是交往中的物语,交往是物语的交往——这既是基本的物语结构,也是基本的交往结构。物语和交往不可分割。

这个"交往"是从人们通常使用的"交往"引申而来的,在此表示物语和物语之间发生关系。人与人之间的交往是以物质、语言作为媒介进行的。本书把物语之间类似的行为也称为交往只是对"交往"概念的适当扩大。

人们已经熟知生活中的各种交往现象,现在本书对交往重新约定,它相比之前就有一些不同了。我们可以根据这种交往,重新看待以往人们所知道的各种现象。

例如,人们常用"力"描述物与物之间的交往。分子与分子之间有力的相互作用,地球与月亮之间也有力的相互作用。两个氢原子和一个氧原子通过力结合在一起,并构成水分子。氢原子、氧原子、水分子都是物语,力是物语,也是氢原子和氧原子之间的交往媒介。通过力,人们理解了氢原子和氧原子之间的交往。

例如,人与人之间通过语言进行交流,采用馈赠礼物的方式发生关系,这些都是交往。两个公司之间进行商品的买卖,这是它们之间的交往,货物、货币是它们二者之间的交往媒介;人们阅读书籍,是人与书或读者与作者之间的交往;观众观看演出时,利用眼睛看、耳朵听的方式,接收演员及舞台传递的各种语言,这是观众与演员、舞台之间不同的交往方式;"今天天气晴朗"这句话,体现了今天、天气、晴朗这三个物语之间的交往,这三者的交往产生了新的物语,就是"今天天气晴朗"这句话;"1+2=3"可以看作是 1、2、3、+、= 这些词之间的交往,这些词通过在空间按顺序排列构成了它们的交往，也可以看作 1、2、3 之间发生了以 "+" 和 "=" 为交往媒介的交往。

1.2　交往与相关概念的比较

上一节的讨论表明了交往的普遍性，这也意味着交往是基本的问题。本节将比较交往和存在、事实、关系这几个概念，以对交往进一步说明。这几个概念也是已知的普遍概念，但它们有一定的区别。

1.2.1　交往与存在的比较

西方哲学的传统是围绕某个永恒不变的事物开始讨论。虽然人们常把这个永恒的事物称作本质，但其实这只是讨论问题的策略——如果把这个普遍的、永恒不变的事物讨论清楚了，那么对其他事物的讨论就有了基本的参考。这个永恒不变的事物指 being（或 is）。中文没有与之相对应的词，通常把它翻译成存在或是。being 成为西方哲学的核心概念是因为印欧语系特有的系词结构，一个语句通常是由系词连接主词和宾词而形成的。其他事物都会变化，唯有系词不变。①

存在是存在者的存在，而交往是物语的交往，这两种表述结构一致。交往和存在大致是等价关系，原因在于：①存在者作为存在者的原因是它存在，它的存在是在其他存在者中的存在，而不是孤立的存在，人们不能知道孤立的存在者是什么，这表明存在是存在者之间发生关系；②物语作为物语的条件在于它能与其他物语交往，人们不知道不和其他物语交往的物语是什么；③所有的存在者人们都能够知道，它是物语，而所有的物语人们已经知道，也是存在者。存在者和物语、存在和交往除了称谓不同没有其他明显的区别。

---

① 张志伟. 形而上学的历史演变. 北京：中国人民大学出版社，2010：6-7.

　　"人存在"所表达的含义和"人交往"是一致的。只有交往才能确定人的存在意义。不同人的存在具有不同的意义是因为他们的交往关系不同。例如，"甲是瘦子，乙是胖子"表明甲和瘦子发生了交往、乙和胖子发生了交往。同样，"某个物语存在"和"某个物语交往"也没有区别。即使某个物语的物质部分已经不存在了，但如果它的语言还在和人交往，那么物语依然以某种方式存在。例如，巴比伦的空中花园虽然消失了，但它的故事流传了下来，那么，"空中花园"这个物语并没有完全消失。它的同时代还有很多其他物语，但没有相关的语言流传下来，它们作为物语也就消失了。孔子虽然是2000多年前的人物，但现在的人还在学习孔子说过的话，那么，"孔子"作为物语就还存在。从这些讨论中我们可以看出，交往约等于存在，"存在者的存在"约等于"物语的交往"。

　　以下根据语言哲学中经常采用的例子[①]，讨论being或"是"在句子中所反映的交往关系。

　　（1）"God is，或上帝存在"，这句话也可以理解为"上帝交往"。虽然这里没有指明上帝和谁交往，但蕴含的意味是上帝和所有物语交往。上帝被人们视为最高的存在者正是因为他可以和所有存在者交往。

　　（2）"启明星是长庚星"，指物语"启明星"和物语"长庚星"交往。这两种星星是金星的不同称谓，它们是同一物体，具有天然的临近关系，也因此具有交往关系。类似地，"金星是金星"指某个物语和自己交往。这句话和前一句的含义有差别，前者是两个不同物语的交往。这两个物语有同样的物质，甚至有很多相同的语言，但它们毕竟名称不同，这表明它们是经历了不同的交往过程而形成的。二者在意义上有差异，除非人们不再关心这种差异。在诸如"A是B，B是A"的表述中，我们最多只能认为"A约等于B"。"A是A"这句话把A说了两遍，没有产生新的意义。或许是为了强调A，或者在特定场合它在表达"A不是B"。

　　（3）"太阳是恒星"，指物语"太阳"和物语"恒星"交往。对这种交

[①]　陈嘉映. 语言哲学. 北京：北京大学出版社，2006：33-34.

往的表述，人们通常不说"恒星是太阳"，这仅仅是习惯或约定俗成的交往规则。人们通常采用较大的物语确定较小的物语的意义，认为较大的物语相比于较小的物语意义更加明确。采用"星星是月亮、金星、土星等"来表述星星和各种具体的天体之间的关系是可以理解的，但人们一般用"星星包括月亮、金星、土星等"来描述。对于不同的交往可采用不同的词来描述，以显示交往的差异。

（4）"太阳是明亮的"，指物语"太阳"和物语"明亮"交往。明亮是表示抽象概念的词，它可以被看作各种明亮事物的集合，是较大的物语。基于习惯，人们也不说"明亮是太阳"。

虽然存在者和物语大致等价、存在和交往也大致等价，但交往相比于存在是更加清楚的概念。物语的交往问题和存在者的存在问题大致等同，都是普遍的问题。

二者除了术语不同，还有其他一些不同，至少汉语不能清晰地显示系词问题是基本问题。例如，"今天天气晴朗"这句话中就没有系词，甚至没有任何动词。大量的中文语句都没有系词。如果说 being 或"存在"的问题是基本问题，那么这对中国人来说就很难理解。甚至现在，尽管中国人能够理解西方哲学中 being 的问题是基本问题，但对于它应该翻译成"存在、是"或者其他的词，依然分歧很大。中国传统文化中对交往问题却有大量的讨论。例如，《论语》《孟子》这些经典著作所讨论的"仁""义"是在讨论人与人之间的交往方式。由于交往的普遍性，我们还可以知道各门学科是在讨论各种不同物语之间的交往、揭示不同的交往现象，例如，物理学中的"力"表明了两个物体之间的关系。

尽管自古希腊以来，西方哲学就以 being 作为基本问题，但人们对它的理解依然不够清晰。这个系词没有特殊的含义，但却使用如此广泛。正如海德格尔所言，很多人是以各种各样的"存在者"代替"存在"作为讨论对象的[①]。例如，以上帝代替存在。上帝也许可以被看作最高的存在

---

① 把 being 理解为存在者并无不可，因为存在者和存在总是不可分割的。being 能够同时体现存在者和存在的含义，这正是存在者和存在密不可分的体现。

者，但其常常被人视为最高的存在。不同的人以不同方式解释"存在"时有很大的分歧。being 成了含义最丰富但也最空洞的一个词。黑格尔认为，"纯粹的存在和纯粹的虚无是一回事"。对于实存主义者来说，用"实存"（existence）代替"存在"进行讨论，也导致了对"虚无"的追问[1]。与此相反，交往在日常生活中却是普通而具体的词。虽然它的含义也很丰富，但每个人都能感受到它，并知道它的基本含义。后文将指出交往也是一种"虚无"，但这种"无"是清晰的。

据海德格尔考证，being 的希腊语最初是实义动词，后来变成了抽象含义的系词，表示不同概念之间的某种联结关系[2]。动词能够体现出的基本含义就是物语之间的交往。例如，他踢球，他喝水，他看书。把各种联结关系的词用 being 抽象与本书将人们表示各种具体交往含义的词用"交往"抽象类似。人们容易理解踢、喝、看等动词所体现的交往，但很少会考虑"花是红的"这句话中的"是"所体现出的交往。海德格尔在《存在与时间》中所讨论的存在实际上已经是在讨论交往了。

交往的含义是清楚的，将这种含义抽象为哲学的基本概念也容易被人理解。用交往代替 being，可以解除系词所造成的迷惑，把问题直接呈现出来。例如，"今天天气晴朗"这句话中没有系词，但我们可以知道它是由今天、天气、晴朗三个物语经过交往而形成的，体现了三者的交往关系。这是通过三个词在空间的临近显示它们之间的交往，或者人们说出或听到这句话时，三个词在时间上的临近显示它们之间的交往，而不是依靠系词所指示的交往。

1.2.2　交往（发生关系）与关系的不同

本书将"交往"解释为物语之间"发生关系"，它和"关系"略有区别。交往既可以指发生了关系，也可以指所发生的关系。如果交往指所发

---

① 陈嘉映主编. 西方大观念. 陈嘉映，等译. 北京：华夏出版社，2008：99-118.
② 海德格尔. 形而上学导论. 熊伟，王庆节译. 北京：商务印书馆，1996：71.

生的关系，那么我们需要通过语言把这个关系描述出来。

"关系"有时着重表述的是对关系的描述[①]。例如，在"他是我弟弟"这句话中，人们常常认为这里表述关系的是弟弟。但从"发生关系"来看，应该看作"他"和"我弟弟"之间发生了一个"是"的关系。弟弟固然体现了关系，但所有的词都体现了关系，因为所有物语都是交往的产物。各种词在人们的观念中对关系的显示程度大小不一，只有一些词是被人们用来专门描述关系的。最常见的是系词"是"，或者各种实义动词。

即使这个"关系"用专门描述关系的词来表述，如果不重视它的发生性，那么对它的表述在时间上也有缺陷。例如，人们常用抽象符号 R 表示两个物语之间的关系（aRb），它不能描述关系是如何随时间发生的。即使描述为 aR(t)b，似乎考虑了时间性，但其实这和前一种表述是类似的。后一种表述反映的只是时间轴上一个个孤立点"关系"的不同，依然是静止的。这个"关系"如何在时间轴上连续发生被人们忽视了。对于简单抽象的物理问题来说，这种表述不会产生问题。人们可以根据已探明的物理规律把 R(t)的形成原因还原出来。但如果描述人和其他物语发生的关系，这种表述就简单了。就好像把人当作滑动的木块，可以用函数描述他在前后时间点的各种状态。"汽车跑了 1 千米"和"人跑了 1 千米"是不同的交往行为。"小明跑了 1 千米"和"小华跑了 1 千米"也是不同的交往行为。

交往和关系的区别体现在交往可以被用来讨论物语发生交往时内部时间和外部时间的特点，而关系只能讨论物语的交往所呈现的外部时间，内部时间涉及人的意识。后文将对内部时间和交往的时间结构进一步讨论。

1.2.3 交往与事实的比较

维特根斯坦对世界的基本结构有另一种表述："世界是事实的总体，而不是事物的总体"，"发生的事情，即事实，就是诸事态的存在"。[②] 这个

---

① 陈嘉映主编.西方大观念.陈嘉映，等译.北京：华夏出版社，2008：1287-1301.
② 维特根斯坦.逻辑哲学论.贺绍甲译.北京：商务印书馆，1999：25.

事实约等于关系，但维特根斯坦将其等同于存在。如果能对世界的总体特征有所把握，采用不同的描述尽管会有所差异，但都有较大的相似性。在将世界抽象为一些基本概念时，不同的人会对它设置不同的分类结构，并冠以不同的称谓，进而对它们展开不同的讨论。例如，中国宋代哲学家张载是采用"太虚－气（太极）"表述世界的基本结构的①。采用不同的本体论结构有不同的时代特点，也涉及准备讨论的对象和讨论的方式的不同。维特根斯坦采用"语言－事实"作为本体，表明他准备讨论的是外部世界。

本书将世界上已经显示出来的事物称为物语，将物语之间发生关系称为交往，可能更符合现在人们日常习惯的表述。人们通常所认为的事实，不仅仅是维特根斯坦所说的事实，也包括各种事物。例如，在"手抓棍子"这个交往关系中，手、抓、棍子都会被人们认为是事实，而不仅仅是把"抓"看作事实，甚至人们会认为手、棍子相比于"抓"是更明显的事实。

相比于存在，人们对交往既不陌生，也不会像对系词一样难以把握，其更不会像"太虚"这个概念一样常常使现代人难以理解。张载所提出的"太虚－气（太极）"结构现在容易被人看作虚无缥缈的东西。

1.2.4 为什么要讨论交往问题

既然交往和存在看上去像是一回事，那么，为什么要讨论交往问题呢？存在问题不是被人说了又说吗？各种专门知识实际上也是在讨论各种具体的交往，我们又有何必要在哲学中讨论交往呢？

存在和交往虽然几乎可以等同，但表面上看起来二者又有很大的不同，因此，本书提出物语和交往的问题，是对哲学基本问题重新提出了一种讨论的方式，即从任何地方都能够显示出的交往对一些基本问题展开讨论。

由于存在的含义具有复杂性，西方哲学对存在问题的讨论经常会演变

---

① 张载.正蒙 // 林乐昌编校.张子全书.西安：西北大学出版社，2015：1-58.

成对各种不同事物的讨论。例如，把绝对理念、绝对精神、神、虚无等当作存在，讨论其他物语和这些抽象概念之间的关系。如果人们无法直接感受到这些概念，那么，构成这些概念的价值就会大打折扣，甚至哲学的价值也会变得非常可疑。

卡尔纳普曾经对形而上学进行了批判①。他的批判实际上是针对过去的形而上学中的各种基本概念、含义的模糊而提出的。这些概念不够清晰，并且词的含义随时间的变化会导致模糊性增加，从而导致人们对形而上学产生了质疑。对于这些含义模糊的概念，一方面，人们要将其视为不得已而为之的事情，它源于人们对过去的概念的惯性使用。例如，人类早期有精灵、灵魂的观念。它们后来成为绝对理念、绝对精神等概念的来源。精灵、灵魂这些观念现在看来固然毫无道理，但人类的认识总是由模糊逐渐变得清晰，这并不特别值得批判；另一方面，即使以积极的意义看待这些术语，但如果这些基本概念不容易被人理解，总是给人感觉言不及物，那么形而上学就失去了它的价值。形而上学应该成为工具、交往媒介和道路，指引人们更容易地理解世界，但这些含义模糊的词却增加了人们理解世界的难度。更何况历史上不同学者所采用的基本概念并不相同，这只会使人们越来越难以理解哲学。此外，随着世界中各种物语的不断增加，之前所构造的基本概念能否容纳新的物语，也在考验着旧的形而上学体系的价值。

交往这个词本身已经具有足够的清晰度。以往不同的人对于交流、实践、交往等各种形式的交往的讨论，都是针对每个人能够清晰感受到的交往行为开展的。这说明，交往给人的感觉是直接的，每个人都可以把握。虽然交往的意义还需要进一步被讨论，但根据人们对交往已有的认识，其容易引导人们对书中后续的各种概念进行理解。

交往问题作为基本问题重新被提出之后，它就不再是对各种具体交往

---

① 卡尔纳普.通过语言的逻辑分析清除形而上学 // 洪谦主编.逻辑经验主义.北京：商务印书馆，1989：13-36.

问题的讨论，而是应该通过讨论，根据基本的交往结构重新审视过去对交往的理解。

以上讨论虽然把交往确定为基本问题，但我们可以看出，物语同样是基本问题。这不仅因为物语和交往一样，都具有普遍性，而且因为交往和物语二者是不可分割的，都没有脱离物语的交往。因此，本书实际上也是对物语重新进行讨论。对于各种各样的物语，人们或熟悉或陌生。对于熟悉的，似乎它的含义就如它现在所是的这般；对于陌生的，人们需要找到一条线索去认识它们。所有的物语都需要通过基本的物语结构把它的含义揭示出来，这是认识物语的途径，但人们经常将物语的意义中所体现的交往忽视了。

"交往"意义的初始把握

交往是物语的交往，我们需要根据物语讨论交往。本章将讨论交往最基本的性质，作为对它意义的初始把握。这个性质是孔子提出的中庸思想。中庸的含义在实际的流传中变得复杂，本书只是试图重新返回它原始简单的含义。这个含义就是，任何物语的周围都有一些物语。

本书对"中庸"重新进行了解释，依据如下两个理由：第一，中庸是流传已久、影响广泛的思想，如果它的确是真理，那么它所阐发的道理应该具有毋庸置疑的正确性，而过去对中庸的解释不能表明这一点；第二，这种解释在中庸中要能够清晰地显示，而非主观臆断。本书只是把以往解释中多余的部分去除。

2.1 中 庸 之 道

"中庸"被孔子提出并使用过，但后来没有得到进一步发展，在流传过程中反而逐渐衰落，甚至被人歪曲成为一种折中、妥协的消极方法而加以批判。孔子在提出"中庸"的观点时仅抒发过一句感叹，"中庸之为德也，其至矣乎！民鲜久矣"[①]。这种感叹也可以用在后来的人身上。

即使后世之人认可"中庸"是伟大的方法，但对它的解释也有过度阐述之嫌，甚至从《中庸》开始就是如此，这是避重就轻的做法。例如，在称赞舜的伟大时，称他"执其两端，用其中于民，其斯以为舜乎"。似乎中庸是处理事务恰当的方法。由于这个"中"介于"两端"之间，难免让人联想到"折中"。如果因为《中庸》的这种论述使人们强调它的有用，那中庸之道就容易演变成为功利性目的服务的方法。

中庸之道实际上是认识事物的方法，也是探讨事物发展可能性的方法，它不回避事物的功利性。功利性既是认识事物的一个维度，也是事物发展的一个方向，对其考察并无不可。但功利性经常意味着对某些物语是有益的，对另一些物语是有害的。如果对功利性过于强调，中庸之道就沦为利益的讨价还价，容易成为折中、妥协的方案。功利性往往和时间相关，通常考虑的是现在的或即将出现的利益，或一段时间之内的利益。如果对功利性过度关注，则意味着在时间上对事物的认识是有限的。

从过去对中庸之道的解释来看，它也许可以解决一些实际问题，但其并不伟大。如果真如孔子所言，它是"至德"，那就需要我们对中庸之道重新认识，以显示它在任何情况下都正确无疑，是需要始终贯彻的方法。

2.1.1 "中"和"庸"的文字学解释

可以对"中"和"庸"两个字分别进行解释，进而解释中庸的含义。根据徐中舒对甲骨文里面"中"的解释[②]，"中"有六种含义：①旗帜，立中即立旗，立中可以聚众，又可借以观测风向，例如，"……卜，争贞：王立中"，"乙亥卜，争贞：王勿立中"，"丙子其立中，亡风，八月"；②中间，相对于左右、上下而言，例如，"丁酉贞，王作三师：左、中、右"；③中日，即日中，相当于后世之午时，例如，"中日至郭兮督"；④中室，

---

① 出自《论语·雍也》。
② 徐中舒.甲骨文字典.成都：四川辞书出版社，1989：39-41.

宫室名；⑤人名；⑥殷先王庙号区别字。

"中"的第一种含义指具体的物"旗"。"立中"以后，人们可以朝着旗的位置聚集，然后在一起商量事情。"立中"可能还有其他目的，例如，根据旗的飘动指示风向，或根据它的影子指示时间。任何物在空间都会形成一个"周围"。这杆旗立起来后比较醒目，容易在空间中成为标志。周围的人可以朝它聚集，这杆旗就成了某个位置"中"。有人根据不同的甲骨文字形（图2.1），还对"中"做出过其他解释。例如，它是两军对峙时，中间的非军事地带；或者是箭射到靶心的位置。这些"中"指的是一些具体的位置，而不是旗。"中"指的具体是什么位置虽然还有疑问，但把"中"解释为某个具体的位置是合理的，否则"中"无法从旗变成第二种含义——抽象的位置"中"。

"中"的第二种含义和它现在的含义基本是相同的，指的是空间中某个中心的位置。这时它变成了抽象的概念，空间任何位置的中央都可以被称为"中"。

图2.1 "中"字的不同甲骨文字形①

掌握空间位置是人的基本需求之一。人们在空间中移动并开展各种活动，需要把不同的空间位置标记下来，这样才能把握空间。通过和空间交往，描述空间位置的各种词就形成了。"中"字经历了从某个具体的物，到某个具体的位置，再到抽象位置的转变。人类在语言形成的早期，并不会天然构造出抽象概念"中"。人们容易做的是对能够直接感觉到的物进行命名从而创造词。

表示具体位置的"中"又是如何演变成表示抽象位置的"中"的呢？除了"中"之外，很多抽象概念都经历了从具体到抽象的变化过程，例如

① 此处及书中其他甲骨文符号主要引自"象形字典"网站：www.vividict.com.

"物"，根据王国维的考证，中文的"物"最早指杂色牛，随后指杂帛（古代旗帜上杂色的装饰物），后来才推广成抽象的"物"①。抽象名词"红"开始的含义也非常具体，指的是染成浅赤色的高级丝帛，后来才演变成抽象名词。being 同样是从实义动词转变成抽象系词的。

把具体含义的词变成抽象的词，我们通常认为这是人发展出了抽象思维能力，或者是人的思维能力提高的体现。这两种表述较为含糊，因为前者几乎是同义复指，后者则很难确切地描述什么叫"思维能力提高"。我们将其换种说法，把它解释为这是人在认识事物时省心的结果。试想，如果针对各种不同的中间位置分别命名为某个"中"，那将会有无穷无尽的"中"。人们无法记住这么多的"中"，只能根据现有的"中"，在其他类似的场合也使用。这种用法开始时是隐喻性的，即将这种"中"隐喻为另一种"中"，后来就成为常规的用法了。从具体的"中"变成抽象的"中"使得人们不用费心为不同的"中"造字与记忆。与前文对物质的解释一样，"中"可以被解释为各种不同具体的位置"中"的集合。类似地，抽象名词"红"可以被解释为各种不同红颜色物体的集合。当人们认识的位置"中"多了，认识的"红"色物体多了，就要采取省心的方式，构造出某个概念以表示这一类事物的合称。这时，利用原有的表示具体含义的词作为抽象概念就是简便的做法。

除了空间，人们还需要确定时间上"中"的位置。因此，"中"也有了时间上某个位置的含义。例如，中午、中年、期中考试。这种用法和空间的"中"类似，但表示的是时间这个维度前后之间的某个位置。开始时这是对空间位置"中"的隐喻性使用，后来也成了常规用法。这是甲骨文里面"中"的第三种含义。

"中"的后三种含义涉及的是名称，本书对这几种情况不再讨论。

"中"后来也可以表示等级、优劣的程度。例如，中校、好中差、中级。这和"中"之前含义的逐渐扩大是类似的，先是一种隐喻性使用，随

---

① 王国维.释物 // 王国维.观堂集林.北京：中华书局，1959：287.

后也成为常规用法。"中"的含义逐渐扩大是人们创造的物语逐渐丰富的结果。人们创造的物语逐渐增多，物语之间可能的交往也在增多。一方面，人们会创造新的词；另一方面，人们也需要利用现有的词表达更多的含义，以使语言尽可能精练。

这些空间、时间或其他不同维度称为"中"的某个位置，并不一定精确地表示与周围物语等距离的某个点，"中"更准确的含义是指这个位置的周围还有一些位置。如果没有周围的这些位置和它临近，"中"这个位置也就消失了。这也可以表述为，某个物语的周围有其他一些物语。

物语的周围有其他一些物语，这是基本的事实。空间"中"的周围有东、南、西、北，房间里床的周围有柜子、桌子、墙壁；时间"现在"的周围有过去和未来，"中午"的周围有早晨和晚上。甚至我们还可以知道，表示抽象概念的"中"在各种具体的空间位置"中"之中。这个"中"并没有特殊之处。空间的"中"只是在无边无际的空间内选取的一个位置，时间的"中"也仅仅是在无始无终的时间里选取的一个位置。每个"中"要成为特殊的"中"并不在于这个位置本身，而在于它的周围是什么。例如，古人"立中"是在地上立一杆旗，人们朝这面旗聚集商议事情，这时，"中"才有了具体的意义。如果人们不朝它聚集、不在它的周围，"立中"的意义就消失了。"立中"如果是为了测量风向，而风不在"中"的周围，那么，"中"的这个意义也消失了。"某个物语的周围有其他一些物语"所表达的含义既不是强调有某个"中"，也不是为了获得某个"中"。

对于"中庸"里的"中"，郑玄、何晏将其解释为"中和"，程颐、朱熹解释为"不偏不倚"[1]。对于"中和"，《中庸》里面的解释为"喜怒哀乐之未发，谓之中；发而皆中节，谓之和"。可以看出，无论他们如何解释"中"，结合对"中庸"的解释，他们强调的都是有个"中"，想要知道"中"是什么。这种不关注"中"以及它周围的物语，只重视"中"的做

[1] 郑男.儒家的中庸思想演进——以《中庸》、李翱、朱熹为中心的考察.上海师范大学硕士学位论文，2013：5.

法，是人们认识事物时省心的体现。

"庸"的含义有两种：许慎和郑玄将其解释为"用"；何晏、程颐、朱熹将其解释为"常，平常"①。采用哪种作为中庸之庸的含义，将涉及如何理解中庸。我们可以通过比较不同含义的中庸，对此进行分析。

2.1.2 中庸之为"用中"

如果将"庸"解释为"用"，那么"中庸"就是"用中"。至于为什么一定要用"中"，现代有人将"中"解释为正确、公正、适度，这样，中庸就是用正确的方法、用公正的方法、掌握适度原则。这种解释和"中"的原始含义差别很大。即使郑玄将"中庸"解释为"用中"，"中"也仅仅是"中和"，并没有正确、适度这些复杂的含义。"中"从表示不同维度的位置，变成了含义复杂且很难说清楚的词。这种含义的转变是在将"中庸"解释为"用中"之后逐渐发生的。"用中"体现了"用中"的人的目的。"中"这个东西有用，很容易让人联想到它是个好东西，特别是对于"用中"的人来说，它是好东西。将"中庸"解释为用正确的方法、用公正的方法、掌握适度原则，这种观点虽然不是毫无意义，但也没有深刻的含义，甚至有时还表明中庸之道是消极的方法。

所谓用正确的方法、用公正的方法、掌握适度原则，这不过是在提醒人们要对以往生活中积累的正确、公正、适度方法重视。这当然重要，但并没有什么特别之处。对于一个新出现的问题，能够提出新的正确、公正、适度的方法当然也很好，但同样也没有什么特别之处。如果"用中"成了一条基本的原则，而这条原则和已有的正确、公正、适度的方法紧密联结在一起，那么，这不过表明它是因循守旧的消极做法。

此外，今天看起来正确、公正的方法，将来则未必如此。有些东西以前不是问题，后来成了问题，需要有相应的评判和解决方法。在这个地方

---

① 郑男. 儒家的中庸思想演进——以《中庸》、李翱、朱熹为中心的考察. 上海师范大学硕士学位论文，2013：5.

通过约定形成了这种解决方法，而在另一个地方有可能形成另一种解决方法。例如，汽车在道路上如何行驶开始不是问题，汽车多了才是问题。中国的汽车在道路右侧行驶，英国的汽车在道路左侧行驶，这是解决同一个问题不同的"正确"方法。如果这些都是"用中"，那么不过是形成了大家都接受的规则，但这和"用中"的含义相差很远。

中庸如果只是"用正确的方法"，并没有特别的困难，那就谈不上"鲜久矣"。它的混乱在于不同人对"正确的方法"理解不同，每个人都可以认为自己在用正确的方法。如果只结合自身利益考虑"正确的方法"，它就容易演变成不同利益的折中。这对于问题获得解决的方法也谈不上"用中"，或许还有更好的方法。对于处理具体问题来说，"用中"不过是好坏参半，如果作为基本原理，"用中"则经不起推敲。

2.1.3 中庸之为"常中"

何晏、程颐和朱熹对"常中"的解释，体现的是想要知道"中"是什么，想把握住这个"中"。徐复观将"庸"解释为"用"和"平常"的合称[①]。如果中庸的确是"天下的定理"，那么人们使用它也属正常。但之前对中庸的解释不能显示它是"天下的定理"。

如此看来，我们需要回到"中"的基本含义，同时把中庸理解为"常中"，才能显示中庸的道理。这个道理就是，任何物语都是"在某些物语之中的"、它的周围有其他物语。这是最明显的道理，我们可以把它看作一条公理，但还需要对它进行解释。

（1）如果说"中"在"好、差"之中，同样可以说"差"在"好、中"之中，因为"好、中"都在"差"的周围。如果说"中"在"东、南、西、北"之中，同样也可以说"东"在"南、西、北、中"之中，甚至可以说"中"在"东、南、西、北、中"之中。一个物语可以成为它自身周围的物语，这体现的是物语的时间性。物语的时间性既可以体现在物

---

① 转引自李泽厚.论语今读.合肥：安徽文艺出版社，1998：166.

理时间的前后，它们是不同的物语；也可以体现在人们对它认识的前后，它们也是不同的物语。

（2）任何物语都在它周围的物语之中。周围物语可以包括空间临近的物语、时间前后的物语、同一个分类结构中的物语。空间和时间是形成分类结构的两种方式。周围物语也可以包括分类结构之外的物语。这样，我们需要对周围物语进一步进行解释。

（3）什么是周围物语？物语的周围物语是指能够和"中"这个物语交往的物语。例如，有人在图书馆看书，他的空间周围有人。如果周围的人很安静，他除了和书发生交往，不和其他人发生交往，这时他的周围物语是书。如果有人说话影响了他，他的周围物语还包括周围说话的人。或者有陌生人发给他一条短信，这个遥远的陌生人通过无线电波也成为他空间周围的物语。

中庸之道阐述的是这样一个普通的道理，任何物语的周围都有其他一些和它交往的物语。在这句话中，把"周围"去掉是同一个含义。它和本书第 1 章所表述的"任何物语都在和其他某些物语发生关系"含义相同，在此加上是为了把交往的距离显示出来。物语之间都有距离，两个物语能交往表明物语之间具有临近关系，可以跨过这个距离。

本书讨论交往时并不知道何为正确、公正或适度的方法。中庸之道所指的仅仅是物语的周围有其他一些物语，那么我们应该找出这些周围物语，考察交往这个"中"和周围物语的交往关系。

中庸之道带来的进一步启发就是要尽可能地找到并认识"中"的周围物语。这些周围的物语找到得越多，这种交往关系讨论得就越充分，物语"中"的意义就阐述得越清楚。虽然在很多情况下，人们对于"中"周围的物语是什么知道得并不足够多，但中庸之道至少指出物语的周围或许有更多的物语，应该去认识周围更多的物语。至于一定要和哪些物语交往，或者哪些交往是正确的、公正的、适度的，那就超出了中庸之道的范围。从中庸之道得出的启发就是要全面地考察"中"周围的物语，这是中庸之道的难度。对中庸的解释还有"过犹不及"的观点。"过犹不及"是指把不在周围的物语当作周围的物语，构造了虚假的交往关系，是过度语言化的体现。

"某个物语周围有其他物语"的观点过于平常，以至于人们都在使用此观点却不知道，却把中庸解释为更加复杂的含义。有人把它和亚里士多德的"中道"观念相比较，试图通过两者的相互比较印证之前对中庸的解释的正确。但"中道"观念并不受人重视，甚至受到了很大的批判。亚里士多德的"中道"也是适度的思想，表示两个极端之间的中项。黑格尔评价这种观点说，"这一切就思辨方面而言，毫无深刻的识见"①。麦金太尔则认为，"亚里士多德不惜任何代价制作中道、过度和不足这个图式的决心，导致他犯了这个错误……这个学说最终显得充其量不过展示了不同程度的有用性，而对于德性的特征，却几乎没有揭示出在逻辑上必然的东西"②。

2.2 一 和 多

"某个物语的周围有一些和它交往的物语"也可以表述为"一和多"，即一个物语和周围的多个物语发生了交往。在一个和多个物语构成的系统里面，除了这些物语之外，还有"一"和其他物语的交往关系。"一和多"最早由柏拉图在《巴门尼德篇》中谈起，我们在此将其转换为讨论物语和它周围多个物语的交往，"一和多"的问题将变得更加清晰。

为了更容易阅读，本书采用具体的物语代替"一"和"多"。如图2.2所示，假设（a）"一"是水果，"多"包括苹果、葡萄；或者（b）"一"是苹果，"多"包括甜、圆、水果。图中实线或虚线表示物语之间的交往。

---

① 黑格尔.哲学史讲演录（第二卷）.贺麟，王太庆译.北京：商务印书馆，1960：362.
② 阿拉斯代尔·麦金太尔.伦理学简史.龚群译.北京：商务印书馆，2003：103.

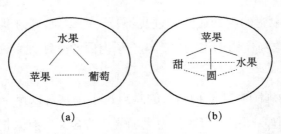

图 2.2 "一"和"多"

可以描述出"一"和"多"之间的如下关系。

（1）物语"水果"不等于物语"苹果"、物语"葡萄"；物语"苹果"不等于物语"甜"、物语"圆"、物语"水果"。这说明的是"一"和"多"中任何两个物语都不相同。

（2）物语"水果"和物语"苹果""葡萄"发生了交往［图 2.2（a）中的实线］；物语"苹果"和物语"甜""圆""水果"发生了交往［图 2.2（b）中的实线］。这由已知条件给出，说明的是一个和多个物语中的任何一个都发生了交往。由于交往产生意义，因此我们也可以认为物语"一"的意义包括它和多个物语所有的交往关系。本书将在第 3.1 节讨论什么是"意义"。

（3）物语"苹果""葡萄"和物语"水果"发生了交往；物语"甜""圆""水果"和物语"苹果"发生了交往。这和上一条类似，也是由已知条件给出，说明的是多个物语中的任何一个都和物语"一"发生了交往，其中任何一个交往行为都构成了"一"的一种意义，也构成了"多"中每个物语的一种意义。如果去除图中的虚线，"多"中每个物语的意义只是它和"一"的交往。

（4）物语"苹果""葡萄"不等于物语"水果"；物语"甜""圆""水果"不等于物语"苹果"。这和第（1）条类似，说明的是"多"中的任何一个物语和"一"都不是同一个物语。这和（1）的不同之处在于，（1）中人们可以说"苹果是甜的""苹果是圆的""苹果是水果"，但不会说"水果是苹果""水果是葡萄"；（4）中人们可以说"苹果是水果""葡萄是水果"，但不会说"甜是苹果""圆是苹果""水果是苹果"。即使人们可以说"A 是 B"，但就物语来说，这也表明"A 不等于 B"。

（5）如果物语"水果"没有和物语"苹果""葡萄"发生交往，它只能和自己交往；如果物语"苹果"没有和物语"甜""圆""水果"交往，它只能和自己交往。"一"如果不和"多"交往，那就只和自己交往，只能产生一种内部的意义，这时，"一"对于其他的物语没有意义。"A 是 A"只能体现自己在时间中和自己的交往关系，体现不出其他的交往关系。

（6）物语"水果"不是"水果"与"苹果""葡萄"之间的交往关系；物语"苹果"不是"苹果"与"甜""圆""水果"之间的交往关系。这说明任何"一"都不是它和"多"之间的交往关系，即物语和物语之间的交往并不是同一回事。

在这条关系中，(a) 中的物语"水果"到底是什么？（b）中的"苹果"到底是什么？我们不能以人们已知观念中的"水果""苹果"的含义代替它们在这个"一和多"结构中的情况。任何一个物语都是它和这个结构中所有物语交往关系的总和，即图 2.2 中所有实线，而不是单独某一种交往关系。物语的意义也包括图中没有标记出来的它自身的交往关系，但物语和自身的交往所产生的意义需要通过和其他物语交往才能体现出来。

第 1.1 节中对于什么是物质、什么是语言采取一种自明的态度，由此所提出的物语也是自明的，并在此基础上解释了交往。但如果仅在"一和多"的结构中询问某个物语是什么，就只能通过它和其他物语的交往关系来说明。这表明，所谓物语，就是众多交往关系的汇聚。这是通过交往重新给出的物语的解释。这种对物语的解释相比于第 1.1 节中对物语的解释更加深入，但它却是一种循环说明。第 3.1 节将进一步解释任何物语的意义都具有循环性。

（7）如果物语"水果"没有和物语"苹果""葡萄"发生交往，那么交往只能发生在"苹果""葡萄"之间 [图 2.2（a）中虚线]；如果物语"苹果"没有和物语"甜""圆""水果"发生交往，那么交往只能发生在

"甜""圆""水果"之间 [图 2.2（b）中虚线]。这说明如果这个"一和多"的结构还以某种形式存在，但"一"不和其他物语发生交往关系，那么这个系统能够产生的意义只能由其他物语之间的交往关系体现。

（8）物语"苹果"不是"苹果"和"水果"之间的交往关系，物语"葡萄"也不是"葡萄"和"水果"之间的交往关系；物语"甜"不是"甜"和"苹果"之间的交往关系，物语"圆"不是"圆"和"苹果"之间的交往关系，物语"水果"不是"水果"和"苹果"之间的交往关系。这和第（6）条类似，是从"多"的角度谈论物语的交往和物语不是同一回事的。

针对"一和多"，我们很容易从图 2.2 中看出上述事实。因为它们和隐含的前提"某个物语的周围有其他一些能和它交往的物语"说的是类似的，只是从不同角度看待了这个事实，就好像从不同角度观察一张桌子一样。

在"物语和周围物语的交往"或"一和多"中，既有物语，又有周围的物语；既有"一"，又有"多"，它们同时在这些交往关系中。因此，在考察物语的意义时，我们应考察这个物语和它周围物语的交往关系。这同样可以认为，在"一和多"中，知道"多"是什么、"多"和"一"的交往关系是什么，"一"也就清楚了。

3

物语的意义和哲学的目的

本书的主要目的是讨论交往的意义，交往在此成为需要被认识的"中"，或者"一和多"关系中的"一"。"交往"这个词也是物语，这涉及什么是物语的意义。本章将通过讨论，对"意义"设置一个宽泛的定义。讨论交往的意义涉及哲学的目的，因此本章还将对哲学的目的展开讨论。第4章将延续本章的讨论。在这两章，"中"周围的物语没有分化为不同的物语，仅仅是和"中"有不同的位置关系，由此产生了不同类型的交往。

3.1 交往产生意义

3.1.1 物语的交往对象

我们在此先不针对某个具体的物语"一"展开讨论，也不讨论某些物语"多"，而是仅就物语一般的交往对象进行分类。我们把周围的物语划分成不同位置的交往对象，以此区分出不同类型的交往。

对于周围的物语能够采用的基本分类是根据分类结构对它们进行分

类。各种物语都会处在某个或某些分类结构之中，我们在此把物语与同一个分类结构中物语的交往称为结构性交往，把物语与分类结构之外物语的交往称为隐喻性交往。这种划分，可以被理解为交往发生时按交往对象亲疏关系进行的划分。那些经常性的、已形成固定交往模式的交往是结构性交往，而偶然发生的、尚未形成固定交往模式的是隐喻性交往。

物语能够形成分类结构是因为人的省心。人们对于它所认识的各种物语并不是随意放置的。只有按照一定的分类结构安置，才能快速地查找到相应的物语和它们便捷的交往。最简单的分类结构可以被理解为空间中某个物和其他的物有不同的远近关系，或者时间间隔的远近造成的记忆差异，也可以被理解为人们对不同事物产生亲疏的感觉。更多的分类结构则可以被理解为物语之间因为交往而形成的公共知识或个人知识。

图 3.1 是两个基本的分类结构。"1""2""3"之间或"1′""2′""3′"之间的交往是结构性交往，而"1、2、3"与"1′、2′、3′"的交往是隐喻性交往。根据图中的位置关系，我们可以对结构性交往进一步细分。图中"1"和"2"的交往对于"1"来说称为向下交往，对于"2"来说称为向上交往，"2"和"3"之间的交往称为平行交往。这四种交往方式是以分类结构为基础可能具有的交往方式。

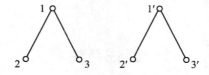

图 3.1　两个简单的分类结构

分类是普遍的现象。物语既可能只在某个分类结构中，也可能在多个不同的分类结构中。物语如果能在不同的分类结构中存在，它的差别主要在于：这个物语周围与之交往的物语不同；物语在不同的分类结构中处于不同的位置。如果两个物语同时存在于多个不同的分类结构中，那么两个物语之间也可能具有不同的交往类型。例如，兄弟俩在同一个单位，弟弟是领导，我们可以认为单位里面弟弟与哥哥的交往是向下交往，而在家庭中他们是平行交往。另外，也有可能因为所处的分类结构不同，两个物语之间的交往在一种情况下是结构性交往，在另一种情况下是隐喻性交往。

由于分类结构会随时间而变化，所以物语之间交往关系的性质也会随时间而变化。例如，把女人比喻为花，这个类比开始的时候是隐喻性的，但如果人们普遍接受了这种说法，它就失去了隐喻性而成为结构性交往。

3.1.2 物语的意义

"意义"通常会涉及人们在日常生活中形成的如下用法。

（1）它指的是某个单独的词或某件物品的含义。例如，"红"是什么意思？"踢"是什么意思？钢笔有什么用？这种询问实际上是问这个单独的物语和其他物语之间的交往关系如何，这个单独的物语自身不会产生意义。

（2）某句话是什么意思。例如，"花是红的"是什么意思？"北京昨天下雪了"是什么意思，是真的吗？这涉及更多疑问。例如，"花"是什么？"红"是什么？甚至"是"是什么？如果询问它是否为"真"，还涉及"真"是什么。这种询问和上一种情况类似，差别在于所涉及的内容更多。不可否认，"花是红的""北京昨天下雪了"即使不真实，也具有含义。

（3）以某种标准作为判断有无意义的根据。例如，"这种生活有什么意义""坚持锻炼身体很有意义""这个笑话无聊乏味，毫无意义"。这里所谓的没有意义并不是说不会产生意义，而是对"意义"设置了更严苛的标准。

从上面的讨论中可以看出，意义是物语之间因为交往而出现的东西。一种意义就是包含"物语-交往-物语"的交往过程。当物语 A 和 B 交往，它们和之前没有交往是不同的情况。没有其他的方式可以产生物语的意义，也没有必要对"意义"设置标准，因为此处讨论的是一般性质的"意义"。如果设置标准，那么标准是什么？为什么提出这种标准？这些都不清楚，并且都不是基本的问题。

单独的 A 或 B 都不能产生意义。如果交往关系用物语 C 呈现出来，那么 C 也不能产生这个意义。例如，"花（A）是（C）红的（B）"，这句话所体现的是交往产生的意义。单独的"花""是""红"都没有意义，它们只能在各种交往关系中产生意义。但人们在不同场合会说，"这是 A 的意义""这是 B 的意义"，甚至"这是 C 的意义"。这是人们采用省心的方式来理解意义，应该理解意义产生的相互性，即 A、B、C 的这种意义是在它们交往时产生的。

当人们根据日常习惯谈到某个物语的意义时，实际指的是物语和其他物语发生的交往关系。人们可以描述这个交往，以把意义显示出来，也可以不描述，甚至没有发现这个交往，这时交往的意义就是沉默的。例如，人们研究发现了病毒对人体的影响，而在这种交往没有被发现之前，病毒也和人交往并导致人生病。

物语之间不同的交往产生不同的意义。例如，氧原子既能和氢原子交往，也能和碳原子交往，它们体现了氧原子的不同意义。氧原子的意义既可以从它和不同原子的交往中得到体现，也可以从它和原子、电子、质子等抽象物语的交往中得到体现。例如，"氧原子是一种原子"体现了氧原子和原子的交往关系。与不同物语的交往，体现了氧原子的不同意义。物语与其他物语所有的交往关系的总和构成了这个物语的总体意义，或者也可以说构成了这个物语，因为人们只能根据物语的交往关系了解物语。

物语的交往关系容易发生变化，每一个新的交往都会给物语赋予新的意义，导致物语的意义或隐或显地变化。以物语的全部交往关系作为该物语的意义既烦琐也不可能，人们通常采用更简单的方式把握物语的意义。

对于某个物语来说，如果有稳定的交往对象，我们就把这些交往关系作为物语的意义。这样就不会迷失于无穷无尽的交往关系中。这是人们认识物语采取的省心方式，也是物语的意义能够作为知识传播的原因，尽管这种省心会使某些意义丢失。这些稳定的交往对象指同一个分类结构中的物语，这是物语较为固定的意义。采用"属加种差"的方法来说明某个物语的意义是更简单的方式。"属"相当于分类结构中的上层物语。在图3.1中，为了对"2"进行说明，我们主要借助它和"1"的交往关系。而"种差"则属于另外的分类结构，通常是某种人人皆知的物语，"2"也属于这个另外的分类结构。例如，"它是一朵红的花"，"花"是"属"，"红"是"种差"。如果认为"红"是"属"，"花"是"种差"，同样可以。"它"既属于"花"这个分类结构，也属于"红"这个分类结构。由于物语的意义在作为知识传递时是有限的，因此对于物语的意义我们既要注重现有知识的学习，也要重视从它的各种交往中发现新意义。

图3.1中，人们常借助顶端的物语"1"来说明"2""3"的意义，但"1"的意义从何而来呢？我们以一种简单的情况为例进行说明。对于图3.1中"1、2、3"所构成的分类结构，假设它们是孤立系统，不和外界交往，仅在这三者之间有交往。如果把它们分别换成水果、葡萄、苹果，假定这三者通过交往产生了如下意义：

（1）水果包括葡萄和苹果；
（2）葡萄是水果；
（3）苹果是水果；
（4）葡萄不是苹果。

这些句子中有"包括""和""是""不是"等词。这些词在此引导人们对两个物语交往时的不同交往关系的理解。我们还可以采取逻辑学的方法将它们表示成一些逻辑符号。把表示交往的词或符号都略去也是可以的，人们只要知道水果、葡萄、苹果之间发生了不同的交往即可。这三个单独的物语并无意义，但它们通过相互交往产生了各自的意义。这里的关键不在于水果、苹果和葡萄的意义是否说清楚了，而在于它们在一个分类结构中彼此的相对位置已经清楚了。任何物语的意义都是通过这种方式显现出来的。这四句话还显示物语的意义只是循环说明，因为这里任何物语的意义都是对它和其他物语交往的表述，而其他物语的意义也包括和它的交往关系。意义的循环性是意义的相互性的体现。

还可以把1、2、3换成另外一些物语。例如，1是水果、2是苹果、3是棍子。同样假定它们之间通过相互交往产生了如下的意义：

（1）水果包括苹果和棍子；

（2）苹果是水果；

（3）棍子是水果；

（4）棍子不是苹果。

要理解这个例子应假设自己之前并不知道水果、苹果和棍子的含义。同样，在前一个例子中也应该假设自己不知道水果、苹果和葡萄的含义。如果关于苹果的意义还有另外的表述——"苹果是甜的水果"，那么，在苹果和水果发生交往的同时，它和另一个分类结构中的"甜"也发生了交往关系，这种意义跳出了这个孤立系统。

如果把这三个物语构成的物语系统扩大，例如，扩大到世界上已知的所有物语，意义同样是在它们之间通过交往产生的，而物语的意义是更大范围内的循环说明。只不过人们在认识物语意义时经常依据的是这个更大的循环中的片断，所以觉察不出这种循环性。物语的意义是在交往中产生的，而交往需要交往的双方共同参与，因此，物语的意义只能是一种相互说明。即使曾经被人们视为终极意义的上帝或神，它们的意义也不是天然存在的。人们常利用人格神来确定人的意义，但正因为有了信仰神的人，人格神才有了意义。形成了分类结构之后，各物语彼此的相对位置已经清楚，这实际表明各物语在这个分类结构中的交往关系已经清楚，同时也表明各物语的意义在这个分类结构中已经清楚了。已经形成的分类结构固定了一种意义和交往模式，而隐喻性交往则是形成新意义的过程。

人们通常会对意义的循环持批判的态度，但意义只能来自交往。有时人们采用一些看上去不言而喻的事物解释其他事物。但这些含义明确的事物的意义也是来自各种交往，只不过由于得到了人们的普遍认可，意义被暂时固定了下来。

3.1.3 意义的理解

针对某个交往的观察，不同的人会做出相近的解释或产生理解的偏差。这不仅因为人可能具有不同的观察角度，也可能因为不同的人对于交往所涉及的物语具有不同的预先知识。物语意义的理解过程和意义的产生过程是类似的。意义产生于交往，理解物语的意义就是把它的交往关系重现出来。

例如，妈妈指着自己对年幼的孩子说"妈妈"，这利用了孩子看和听在时间上的临近，把"妈妈"这个词和这个人联系起来。在教孩子认识更多物品的时候，她不仅仅教给孩子物品的名称，还要把物品和其他东西联系起来，使得物品的意义更加丰富。人们经常做猜词游戏，不能说话只能做动作，或者只能描述相关事物而不能提到和这个词相同的任何字。这实际上就是把这个需要猜的物语和其他物语的交往关系展现出来，让人明白需要猜的物语是什么。人们学习知识、接受新物语的过程和猜谜相似。当一个新的物语出现了，人们能根据这个物语在什么之中判断它的意义。

这同样可以说明不同语言的人为什么可以相互沟通，或者语言的翻译为什么能够实现。也许开始他们语言不通，但可以先从简单的物品开始理解它们的名称，再通过其他物语和这些物品的交往，理解更多的物语，这样逐渐积累，就能相互沟通。由于语言的意义是在长期的发展和演变中形成的，所以其经常会比较复杂。在语言的翻译过程中，词和词的对应关系并不是非常精确的。不同的语言在各自的发展过程中有不同的周围物语，有些词在其他语言中只能翻译出大概的意思。

这还可以解释不同的人对同一个物语的理解为什么有快有慢。如果人们容易理解用来解释这个物语的周围物语，他理解这个物语就快。如果这些周围物语不容易理解，他就需要更多的周围物语。

这甚至还可以解释为什么会产生谣言。如果把人为操纵的因素排除，谣言的产生是因为人们对事物的理解只关注它的片面意义，然后在自己所掌握的物语系统里对这个片面意义进一步加工，使它偏离原始的"中"。

3.2 哲学作为交往媒介

哲学的希腊语翻译成中文是"爱智慧"。"爱"是表达人和交往对象"智慧"的交往。"爱"可以表明：想要和这个对象交往，甚至把这个愿望诉诸个人的情感；他正在和这个对象交往；他和这个交往对象之间有良好的交往方式，能够和它交往。我们对"智慧"可以做宽泛的理解——人类所创造的各种物语都体现了智慧。虽然人们常常认为某种物语比另一种物语更有智慧，但界限其实很模糊。特别是对完全不同类别的物语很难比较。例如，柏拉图提出的理念会比纸的发明更体现出智慧吗？如果放弃这种比较，"爱智慧"就是爱各种物语、找到途径使人理解各种物语。这时哲学所体现的目的就是成为人和各种物语交往的媒介，通过哲学人们可以认识更多的物语。为达到这个目的，哲学需要建立物语的结构。通过这个结构梳理各种物语，人们借助这个结构的指引更容易理解各种物语。过去所建立的不同哲学体系表明了这种结构的多种可能，每一种结构都是人们借以通达各种物语的桥梁。

3.2.1 哲学的常见形式

人们在哲学中通常围绕某个中心概念展开言说，探讨众多事物和中心概念的关系。借助这个中心概念，人们可以理解更多其他的事物。通过这种讨论，人们可以厘清对某类物语的认识，或者对世界的基本认识。

孤立的物语没有意义，虽然实际上也没有孤立的物语。只有借助与其他事物的交往，物语的意义才能显现出来。例如，在"一"和"多"的关系探讨中，"一"的含义清楚了，"多"中的各物语也就获得了意义。如果"多"中各物语的含义清楚了，"一"的含义也同样清楚了。没有某个"一"能够天然地对"多"的意义产生支撑。"一"和"多"的关系是相互的。"一"和"多"的关系建立之后，"一"和"多"就构成了意义相互支撑的结构。如果把"一"理解为坐标的原点，那么其他的"多"正是以这个原点为参照，确定了自己的位置。但是，"一"能够成为原点，正是因为有"多"在以它为参照，使它获得了原点的位置。如果换成另外的"一"，其他的"多"以新的"一"为原点，同样可以确定自己的新位置。这是一元论的特点。

如果形成的是"二"和"多"的结构，则表明这个结构中有两个原点。这两个原点之间的位置如果不固定，那么，关于"多"的论述就会因为这两个不同的"一"而变得可疑，这是二元论的特点。这两个原点的相对位置如果固定，其实质还是"一"和"多"的结构，即可以采用两者之中任意的"一"作为原点，构造"一"和"多"的结构。本书所讨论的物语和交往二者不可分割，以它们构造原点是一元论。过去人们讨论"知"和"行"，如果能认识到它们二者合一的关系，那这就是一元论。如果把它们当作分开的两个东西，那就是二元论。

此外，建立"多"和"多"的结构是否可能呢？它类似于"二"和"多"的结构，是可能的，但它不常见。因为人们总是希望抓住某个"一"，作为把握更多事物简单而有效的途径，这符合人的省心天性。"一"和"多"的关系远比"多"和"多"的关系简单，因此被发展成为常见的论述策略。人们有很多理由质疑"一"和"多"的结构，例如，它们将世界简单化、片面化，人为设置了一个论述中心，但这正是人们所希望的。即使一元论者也不应该认为这种结构是唯一正确的，这只是一条线索。只要人们还有愿望从整体上理解世界，希望从越来越复杂的世界中获得认识世界的能力，那么构建"一"和"多"关系的企图就不会停止，这是形而上学能够继续存在和发展的原因。形而上学的工作就是为了省心的目的所做的操心。随着世界越来越复杂，有了更多的"多"，构造世界"一和多"的结构也变得越来越困难，以至于人们认为这项工作难以再开展。但这同样意味着，当复杂性渗透到每个人的生活中的时候，人们对于寻求这条简单线索的需求会更多。哲学将从少数人感兴趣的话题变成公共的知识。

历史上的哲学家曾构造过各种"一和多"的结构。例如，泰利斯提出了"水是万物之源"，"水"和一个泛指的"万物"形成了"一和多"的结构；阿纳克西美尼则认为万物的本原是气，形成了"气和万物"的"一和多"的结构。当人们谈到万物的本原是水或气时，隐喻的效果产生了，同时，哲学的意味也形成了。今天，如果有科学家指出，世界是由原子构成的，这句话体现的只是众所周知的科学观念，并没有哲学意味。

"一和多"所体现的是最普通的关系，"一和多"的关系可以在哲学中、各门具体学科中及各种微小之处都能得到体现。任何物语都可以成为"一"，成为论述的中心，而同时有与之相匹配的"多"或不同的"多"。"一和多"的关系并无特别之处，仅仅表明任何物语都在与某些其他物语交往。任何时候，人们针对某个"一"都可以找到一些"多"，对这个"一"的意义进行阐述；也可以在原来"多"的基础上，发展出更多的"多"，对"一"的意义进行扩充。今天，借助互联网的传播，一些曾经毫无意义的词会突然变成热门的词，在不同场合下被人们高频率地使用，这说明每个物语都蕴含着与更多物语发生交往的可能性。

尽管"一和多"是普遍的关系，但哲学中"一和多"的关系与具体学科、日常生活中"一和多"的关系有明显的不同，其差别主要在于哲学中的"一和多"关系所涉及的内容的普遍性和各种物语能共同存在于某个"一和多"结构的隐喻性。

3.2.2 哲学的普遍性和隐喻性

哲学主要考虑的是如何对现有的事物构造一个结构，通过这个结构阐述它们各自的意义。当泰利斯谈到水是万物之源时，我们不能简单认为他是在发展自然哲学，他是为了寻找万物的纽带。这里水成了连接万物的纽带，万物与水同处于一个"一和多"的结构之中。各种事物之间本来没有联系，或它们的联系是局部的、没有挑明的，现在因为水而发生了联系，这就是隐喻性关系。对这个结构的讨论给现有的事物赋予了新的意义、新的交往途径。以现在的观点来看，把水作为纽带来构造万物之间的联系毫无意义。但在人类认识的早期，从关注各种孤立的事物，变成关注它们之间的普遍联系，这就为物语之间提供了新的交往途径。不同的人构造不同的"一和多"结构，只是探讨了事物之间交往的各种可能性，扩大了物语的交往范围，这就是哲学的价值。

各门具体的学科也能在它的领域内建立起普遍性的联系，但隐喻性并非其主要特征。例如，物理学中关于物质之间交往关系和物质基本结构的学说，圈定了话题的界限。物理学中的"多"主要是通过逻辑和经验等非隐喻的方法在其原有的"一和多"结构中生长起来的。即使在一些局部引入了隐喻性的新观念，它们和原有的理论也会迅速建立起紧密的联系，否则就不能存在于这个结构中。

如果要在更大的范围讨论自然科学总的特征和规律，那么，在其初始阶段，不同学科的"多"聚集在一起同样形成了隐喻效果。这是对科学进行哲学上的讨论。这种讨论随着发展如果形成了固定的模式，科学哲学就会逐渐演变成科学学。对于语言哲学来说也是如此，目前，许多关于语言哲学的讨论实际上是讨论语言学问题。

在日常生活中，各种物语也在和其他物语发生关系，这是一种更加有限的关系。例如，苹果可以和苹果树、阳光、农夫、商人、小朋友、亚当、牛顿、乔布斯发生关系。这些关系看起来可以无穷无尽，但这种看似无穷无尽的关系只有极少的人关心，甚至没有人关心。人们在日常生活中对物语的了解大多时候仅限于他在生活中已被告知的部分，而不去探求它们的新意义。

日常生活中的物语和物语之间的交往通常是非隐喻性的。生活在其中的人，他所掌握的生活规则虽然不尽相同，但都是这种文化中所蕴含的，是他们在生活中通过长期学习获得的，交往模式是固定的。如果因为某种原因，生活中出现了隐喻性交往，那么通过日常的重复，人们掌握了这种事物或关系，隐喻也就消失了。这是日常生活对隐喻的消解作用。来自不同文化的人们在相互交往中，对其他文化中的物语的不理解，也是隐喻产生的原因。

文学是隐喻产生的主要领域，但它和哲学中的隐喻有所区别。例如，"这个女人像朵花"这句话，假设它是隐喻，在文学中可以这样直接说出来，把"女人"与"花"建立起联系。而在哲学中建立这两个相隔遥远的事物的联系时，需要把中间缺省的部分补充进去。这句话就要由下面一组话构成：①这个女人很漂亮；②这朵花很漂亮；③这两个事物由于都和漂亮有关，以"漂亮"为纽带，所以这两个事物联系起来了；④这个女人像朵花。简而言之，哲学在整体上是隐喻的，在细节上是非隐喻的。当然，文学可以充满哲学意味，哲学也可以像文学一样充满更多的隐喻。这仅表明哲学和文学及各种知识的大致区别，并非将其截然分开。

4

"在……中" 交往

物语是在周围的物语之中交往的，本章将进一步讨论物语的周围是指什么、物语和周围的物语发生了什么样的交往。

4.1　似反性关系

前文指出，物语的周围有一些物语和它交往，但没有对"周围"进行很好的界定。周围可以指空间周围、时间周围和分类结构内某个位置的周围。如果泛泛而言，每个物语和其他物语都有可能交往，只不过这种可能性或大或小，或者为零。就临近关系来说，物语和空间附近的物语、时间临近的物语、分类结构内的物语交往的可能性大，和远处的物语、时间上遥远的物语、分类结构外的物语交往的可能性小。

我们在此称两个能够发生交往关系的物语彼此具有"相似相反"的性质，简称"似反性"。两个交往过的物语之间至少会有一种似反性。例如：

（1）某人在路上行走，看到一匹马。他们发生了交往关系"看"——人在看、马被看。如果人和马之间没有其他的相似性，那么他们之间的相似性则体现在空间中。空间临近使得它们在空间相似，并发生了基于人的生理本能的交往"看"。相反性则体现于他们在空间中占据不同的位置。在"看"和"被看"中他们也体现了似反性。

（2）如果人在路上骑马，那么人和马之间所具有的似反性更多。他们不仅在空间中具有似反性，马也许是这个人的财产，人和马之间还有财产关系——人拥有马、马属于人，这也体现出似反性。在"骑"和"被骑"的关系中他们也体现出似反性。

（3）人和马在墙的两边，人看不到马。这时他们虽然临近，但被墙阻隔，空间的相似性消失。如果这时马嘶鸣一声，墙阻隔不了马的叫声，人听到了。这时，空间的似反性又显现出来，发生了交往关系"听"。

（4）如果人和一匹陌生的马相隔遥远，空间的似反性消失，则他们不交往。

通过对似反性的分析，我们可以找到已发生的交往的原因，还可以为没有发生交往的物语找到使它们发生交往的理由。

4.1.1　物语的位置

物在空间和时间中会占据某段位置。自然物占据的空间是自然规律的结果，人造物所占据的空间是人们模仿自然规律创造出来的。物在时间中占据的位置是物的生灭过程。由于地壳运动，海洋变成高山，那么海洋在时间中所占据的位置结束了，山在时间中占据的位置开始了。人造物在时间中也同样出现又消失。

语言的基本单位，如词，它在分类结构中占据了某个位置，人们因此可以分辨出分类结构中不同的词。例如，"黑"和"白"在一个分类结构中，人们知道它们是不同的词。当词和词构成了一句话，这句话也因此成为一个分类结构。例如，"花是红的"，"花"和"红"通过"是"这种交往形成了分类结构。如果人们熟悉这种结构，它们之间就是结构性交往。如果不熟悉，例如"花吃红""绿是红""花是墙"，那它们就是隐喻性交往。人们可以认可这种交往，也可以不认可。

物语总是处于空间、时间或分类结构中的某个位置。它们能借助交往媒介穿过物语之间的距离，到达彼此周围，这样，人们就会认为它们之间发生了交往。这和人们对于临近的事物能够看得见、摸得着、听得到，所发生的交往一样。

4.1.2 在空间之中交往

物语可以存在于空间，物语的交往也可以在空间发生。物语的周围有哪些物语很容易被分辨出来，我们只需绕着物语沿一个又一个逐渐扩大的圆就能把不同远近的物语找到。这似乎找到了物语和空间中其他物语的"一和多"关系。但这会有无穷无尽的"多"，我们可以从中找到能与之交往的物语。

例如机器，我们需要考虑它是否牢固地安装在可靠的位置、周围环境的温度和湿度是否适宜、空气的洁净度是否符合要求、周围是否有电磁干扰。再如植物，我们需要考虑土壤水分是否合适、所在地区的气候环境是否适合植物的生长、是否有病虫害。这是机器、植物在空间周围可能会和它们交往的物语。

例如，人在工作时，他的空间周围有机器、空气、灯光、照明、色彩、噪声、各种装饰。人们在居住、商场购物、博物馆参观时，空间的周围也是类似的。

物语会和空间周围哪些物语交往取决于已有的知识，但这种知识会随时间发生变化。随着对"周围"的不断认识，一些物语消失了，一些物语新出现了，或者其交往关系更新了。

例如，亚里士多德认为重物下落比轻物快，后来伽利略修正为它们的下落速度一样快。因为在亚里士多德的年代，人们不知道空气的浮力和阻力。对于物体下落问题，周围的物语"空气"缺失了，它对下落的影响妨碍了亚里士多德对物理规律的认识。

还有以太，它曾经被认为是充满宇宙的物质，电磁波通过以太传播。

但科学家找不到以太，同时发现，没有以太，很多物理现象可以被更简单地解释。因此，以太学说被人们抛弃，电磁波周围的物语"以太"就消失了。对于不能理解的现象，人们常常构造出某种物语在周围发生作用，不仅科学上如此，在其他场合也是如此。当现有的物语不能解释所发生的事情时，人们就会苦思冥想，创造出新的物语，并构造出物语之间的交往关系。居住在山区的古人，对于不能解释的事情，构造了山神；居住在森林的古人构造了树神。当人们习惯于"波"是通过实物媒介传播的时，就构造了"以太"作为媒介。错误的因果关系就是错误的似反性关系，也是对交往的错误的描述。

古时曾经有一类接触巫术，"事物一旦互相接触过，它们之间将一直保留着某种联系，即使它们已相互远离……无论针对其中一方做什么事，都必然会对另一方产生同样的后果"[①]。这个巫术主要考虑的是空间近和远的关系，接触是一种近的关系。两个物语因为近产生了交往。这种交往却被认为和远近无关，在远处也能发生作用。这虽然荒谬，但如果把接触巫术当作寓言来解读，则它体现了人们渴望与远方的事物交往。接触巫术还可以采用另一种解读。由于它们通过接触发生了交往，交往产生了意义，而意义又属于它们双方，所以它们被误认为是一样的。它将一种似反性扩大为更多的似反性。

某个物语空间的周围有哪些物语在现有的知识水平下有相应的阐述。随着人们的交往在空间不断展开、认识不断丰富，未来在空间周围的物语也将发生变化。这些不断变化的交往，是在时间中所产生的变化。

4.1.3 在时间之中交往

物语是时间的产物，它们在时间中形成又消失。通过考古学的方法人们找寻到过去的物语，并尝试恢复它们本来的面目，但这几乎不可能。

即使不考虑物质因长期氧化而腐朽，也不考虑过去物语的含义在今天

---

① 詹·乔·弗雷泽．金枝．徐育新，王培基，张泽石译．北京：大众文艺出版社，1998：57.

是否依旧相同，物语的交往关系也会随着时间发生根本性的改变。例如，"后母戊鼎"曾经是古老祭祀仪式中的祭器，有其特定的交往空间、时间和交往方式，但它现在只是博物馆里的展品、历史学家研究的文物（图4.1）。过去和现在它的交往空间、交往时间、交往方式的不同，使得历史上的"后母戊鼎"与现在的"后母戊鼎"已成为两个不同的物语，而过去和现在两者之间的相似，只是它在时间中延续的体现。

图 4.1 博物馆里的"后母戊鼎"绘制图①

物语从形成到消失都是在时间中进行的。在它彻底消失之前，物语在时间的前后都会保留它的部分特征，否则就是完全不同的物语。这些特征在"后母戊鼎"身上就体现为几何形状的相似、材质的相似、上面篆刻文字的相似。新旧物语在时间上的延续性（或称时间上的相似性），是在时间之中讨论物语的基础。

把过去的物语、现在的物语、将来的物语看作不同的物语，这些物语均处于过去的物语、现在的物语和将来的物语之中。在时间中对物语展开讨论，就是围绕着这三者展开。

人们对过去的物语已有所了解。要进一步讨论过去的物语的意义，就是在它所对应的时间点，和它在时间前后的物语进行交往。交往的结果将

_____
① 该图由饶盛瑜绘制。

导致过去的物语成为新的过去的物语。

现在的物语是人们对于物语现在所了解的情况，但对它的了解还需要在时间的维度上将它与过去的物语、未来所期许的物语进行反复交往。这样，人们才能真正认识现在的物语。

未来的物语在时间上还没有真正形成，人们可以根据过去或现在的物语的情况，预计它未来将如何，这构成未来物语的一个基础。在此基础之上，它又和过去及现在的物语进行反复交往，构成一个新的未来的物语。

过去的、现在的和未来的物语经过如此这般循环的交往，我们才能将它们在时间上的不同状态阐述清楚。

空间和时间的临近构成了两种基本的交往方式，甚至在语句中也能体现出空间和时间的特点。写在纸上的语句是多个词在空间上的位置临近，人们按照规则给这些词安排了说、写、听、阅读的顺序，这样，不同的词在说、写、听、阅读的过程中也体现了时间的先后顺序，产生了不同的交往关系。

例如，"今天天气晴朗"这句话是由三个词通过它们在空间特定的排列顺序构成了这种交往关系，这句话里没有系词指示交往关系。"花是红的"也是三个词在空间中的排列顺序构成了这种交往关系。这里"是"既可以被看作指示交往关系的系词，也可以被看作和其他词没有区别，仅仅是这些词在空间排列中一个普通的词。

例如，"我打他"和"他打我"是三个同样的词在空间中临近构成的句子，但由于不同的词在空间中出现的顺序不同产生了不同的交往关系，含义也不相同。

例如，有这样一个游戏的语句——"研表究明，汉字的序顺并不定一能影阅响读，比如当你看完这句话后，才发这现里的字全是都乱的"。这句话中把字和词的顺序打乱了，但空间间隔不太远。人们按照已形成的思维惯性，在快速阅读的时候很难发现其中的空间和时间的错乱。

4.1.4 在似反性的物语之中

除了空间和时间，我们就临近关系可以知道，物语和它同在一个分类结构中的物语容易发生交往。什么是同一个分类结构中的物语呢？

有一种分类结构人们很熟悉，即二元结构。例如，"黑"和"白"，这个结构也可以变得更复杂一些，在"黑"和"白"之间添加"深灰""灰""浅灰"，这五个物语是同一个分类结构中的物语。根据习惯，人们说"黑"和"白"是相反的，"黑"和"深灰"相似、"深灰"和"灰"相似、"灰"和"浅灰"相似、"浅灰"和"白"相似。从这可以看出，所谓"黑"和"白"相反其实与认为它们相似是一致的。这并不仅仅因为"黑"与"白"之间有一些中间物语，把它们联系在一起，还因为它们是在同一个维度上发展出的物语。如果询问"黑"与"好"是相似还是相反就是没有道理的，因为它们不在同一个维度，它们之间没有相似或相反的特性，除非"黑"和"好"的隐喻关系已经建立起来了。例如，在京剧里面，"黑脸"可以代表忠耿正直、铁面无私，这样它就可以表示某种"好"。

因此，我们在此称的"深灰"、"灰"、"浅灰"、"白"和"黑"都是相似相反的关系，简称似反。一个物语和同一个维度的其他物语都是似反的关系。例如，1、3、8、9这四个自然数彼此都是似反的关系，葡萄、苹果、梨三种水果彼此也是似反的关系。甚至，1、3、8、9和自然数也是似反关系，葡萄、苹果、梨和水果也是似反关系。

能够同处于一个分类结构之中，说明这些物语之间具有相似或相反之处。相反是特殊的相似关系，以往更多地是表示二元结构中两个物语的关系，例如，好与坏、对与错、正与反、有与无。这些被人们称为相反关系的物语虽然看上去截然不同，但就临近关系而言，其实是最接近的。真正相隔遥远的物语不是好与坏，而是好与棍子、棍子与电磁波。但即便如此，如果好与棍子、棍子与电磁波在某种情况下发生了交往关系，例如本书这个场合，那么它们在这个场合依然具有似反性。它们在这里发生交往，是因为此处举例时将它们并列在一起发生了偶然性交往。

空间临近的物语之间具有天然的似反性，空间的临近是它们的相似之处，而它们占据不同的空间位置是它们的相反之处。人类早期常利用空间关系来构造分类结构，但经常将这种空间的似反性错误地扩展为其他方面的似反性。

时间上临近的物语也天然具有似反性，它们不依赖于空间和分类结构。物语在时间的过去、现在和未来构成了似反性关系。

物语与似反物语之间的关系，在老子的《道德经》中被表述为"反者道之动"[1]。虽然物语未必就和其"反者"发生交往，即使交往也未必出现新的"道"，但因为临近，"反者"无疑是物语可能的交往对象之一。如果与"反者"的交往是一种新的交往，它就能出现新的意义。"反者道之动"中的"反"是与"正"对应的一个概念，这些二元结构中的概念是同根同源的，有着天然的相似性。但在流传过程中，由于二者之间更明显地表现出截然不同的特性，所以这种成对概念不免让人更重视其相反、对抗的一面，而忽视了其相似性。

物语和似反物语之间的关系在黑格尔的观念中，就是自身与自身的否定之间的关系。这种自身的否定可以指自身在时间上的似反性物语，时间上的过去、现在和未来物语之间构成相互否定的关系；也可以指与自身同时存在于某个分类结构中的其他物语。

物语常常处于不同的维度之中。空间、时间、好坏、黑白、多少、轻重、善恶、混乱/有序、虚实都是一种维度，水果也是一种维度，自然数也是一种维度。所谓维度就是指某个类别。物语在它似反性的物语之中，也就是物语和它似反性的物语同处于一个分类结构。

对于分类结构我们还可以将其解释为更一般的情况——任何已发生的交往都形成了分类结构，它还可以被表述为已经发生交往的物语都体现了似反性。这个已发生的交往可以以物的形式出现，例如"飞机会飞"这个

---

[1] 出自《道德经·第四十章》。

事实。"飞机会飞"所体现的似反性并不如"黑和白"所体现的似反性那么明显，它需根据飞机的飞行原理进行解释。当流体力学的知识表明物体在空气中运动时，不同形状的表面会受到不同大小的力，那么机翼上下表面的形状就和这条科学原理体现出似反性。这个事实也可以语言的形式出现，即"飞机会飞"这句话。人们将这种机器命名为"飞机"时正是因为考虑了它和"飞"的似反性。

似反性关系包含了因果关系。对于已发生的交往所体现的似反性探求，实际上是探求这种交往发生的条件。即使隐喻性交往也有它发生的原因，同样需要体现物语之间的似反性。隐喻性交往相当于形成了一个临时的分类结构，物语在这个临时的分类结构中交往。只不过这种分类结构不是人们经常使用的结构。例如"女人如花"，"女人"和"花"在"美丽"这点上是相似的。如果人们构造的某句话体现不出任何似反性，即使这句话中的每个词都在彼此空间附近，但它们之间没有交往关系，那么这句话也毫无意义。

似反性关系还体现出一种指示。对于尚未发生的交往，似反性表明了交往的可能性。如果要发展物语新的交往关系，我们可以寻找和它具有似反性的物语，促成新的交往。似反性所提供的指示在于人们对物语之间的交往所具有的必然性或偶然性条件的认识，它的更简单的指示是对二元结构中"相反"物语交往关系的探求。

4.2 根据分类结构所规划的基本交往方式——类比

第3章以分类结构为依据把交往对象划分为不同类型，由此产生了不同的交往方式。按照人们的习惯，我们也可以把这些交往称为物语之间不同的类比形式，即向上类比、平行类比、向下类比和隐喻性类比。类比体现了它是以分类结构（类）为基础的交往（比）。各种物语不会自己产生分类结构，但它们能够被人认识，人会为它们规划出分类结构，这是人们认识各种物语的基础。

各种交往都可以被归结到这四种基本的交往类型上。它们实际也是人们讨论问题所采用的各种方法。人们讨论问题无非采用某个观点支持另一个观点，这些支持性的物语和被支持的物语在分类结构中位置的不同就是不同的类比方式，并有着不同程度的可靠性。物语之间所发生的交往可以在这四种类比中找到对应关系。

例如，"打"这种交往似乎与这四种交往方式不相关，但如果在这四种基本交往方式的对照下，我们就可以发现，不同的"打"能够体现不同的特点。对于"小明打小华"，如果小明明显比小华强壮，人们会对这种欺负人的行为表示愤慨。如果小明和小华体格差不多，"小明打小华"虽然不文明但人们并不以为然，因为小华也可以打小明。如果小明明显比小华瘦弱，那么，"小明打小华"就会引起人捧腹大笑，人们会认为小明是自取其辱。强和弱是一对似反性的概念，在人们的观念中被置于分类结构的不同位置。

以下通过这四种类比对各种交往现象进一步梳理，讨论不同物语因在分类结构中位置的不同而形成的不同交往关系。

4.2.1 命名和隐喻

我们先讨论一种原始的情况，即物语最初是如何形成的。虽然人们并不知道这个物语是什么，又是如何形成的，但可以就今天的情况做一些合理的推测。例如，假设这个物语是海。本书借用于坚所给出的启发性说法——"那个最初的人看见了海，他感叹到，嗨！"[1]这时，自然界存在的那个原始物"海"和人因为感叹所发出的音"嗨"结合了，物语"海"就形成了。这是对海的命名。

---

[1]　于坚. 拒绝隐喻. 昆明：云南人民出版社，2004：125.

物的"海"和语言的"嗨"开始并不在同一个分类结构中。物的"海"位于地球的某个地方，语言"嗨"我们在此假设它是人的简单发音之一。它们结合在一起构成了物语。创造"海"的人把它告诉其他人时，就是人和人之间物语的交往。如果其他的人接受了这个物语，"海"在人群中的基础就牢固了。

物语"海"包括物和语言两个组成部分，这三者构成了分类结构，即物语"海"包括物"海"和语言"嗨"。这是通过对物的命名形成的分类结构，也是最初物语形成时的分类现象。这个最初的物语也是"在……之中"。物语"海"在物"海"和语言"嗨"之中，在它们三者的分类结构之中。

最初物语的命名是个隐喻的过程。前文称隐喻性交往是两个不同分类结构的物语之间进行交往。在这里，开始并不属于某个分类结构的物"海"和语言"嗨"结合在一起的现象是一种原始的隐喻。虽然这个隐喻只是于坚构造出来的，但他依然设置了似反性的理由。海—感叹—嗨，他将人在看到大海和当时不自觉发出的声音联系起来，体现的是人的生理、心理方面的相似性和时间的相似性。

以上讨论的是虚构事例，但命名正是这样发生的。现在的物语多了，命名方式既可以采用隐喻性类比，也可以采用结构性类比。现在的命名如果采用隐喻性类比，我们也很容易看出它所满足的似反性。例如，在杜尚的装置艺术作品《泉》（图4.2）中，他通过将物小便器重新命名为"泉"，构造了一个新的分类结构。物"小便器"和名称"泉"本来属于不同的分类结构，现在将它们结合构成这件作品，这个过程就是隐喻性交往。小便器和泉的相似性在于，它们都和流水有关；相反性体现在它们不是同一个事物，并且一个污秽、一个洁净。污秽与洁净的冲突中还体现了另一种似反性。这件作品曾引起很大的争议，并对人们的观念产生了冲击。无论人们对这个作品持有什么态度，它和其他艺术作品构造隐喻、进行创新的企图并无不同。

图 4.2 《泉》[①]

4.2.2 向上类比

分类结构是意义相关的结构，结构中的每个物语都与其他物语交往，产生自己的意义。人们如果利用分类结构上层或顶层的物语说明分类结构下层的物语，相当于将上层物语作为坐标原点，利用原点确定其他物语的坐标。

处于分类结构上层的物语通常是重要可信的物语，我们可以用大和小的关系来说明这种重要、可信。因为"大"容易被发现，人们选择交往时处于优先的位置，被认为是可信的。这种"大"既可能因为物语本身很大，构造分类结构时被置于上层醒目的位置；也可能因为它处于交往的中心位置，频繁的交往使得它的意义丰富，这个物语变得很大。人们利用这些大的、容易交往的物语作为其他物语意义的指引。

分类结构既可以是社会公共性的，也可以是个人的，所以上层的物语既可以对公众是可信的，也可以对个人是可信的。不同时期处于上层的物语可以包括：固定下来的可靠知识、众所周知的事实、巫术中代表自然力量的龟壳、各种自然神、宗教中的人格神、宗教经典、文化中明示或约定

---

① 该作品由杜尚创作。

俗成的规则、长者及专家、单位的领导、有名望的人、城市中的标志性建筑、主要的节日等。对于单个的人来说，他所选择作为向上类比的物语可以更加私人化，一些很偶然的话语都可以成为人生信条，被当作向上类比的物语。生活中有财迷、官迷，把金钱、职位当作人生信条，作为安排生活的中心。这可能导致人成为金钱、职位的奴隶，但不可否认，它们也是生活中"大"的物语。

数学和逻辑被人们广泛应用，是可信的类比物，通常被人们置于分类结构的上层。它们为语言的扩展提供了现成可靠的方法，使语言的扩展容易进行，它们是物语交往的催化剂。各门学科中积累下来的定理、定律，在人们的观念中都是可信的类比物，都被置于分类结构的上层。

今天看来，巫术中以龟壳的裂纹作为启示是荒谬的，但远古的人对此深信不疑。乌龟曾经处于物语分类结构的上层，它的背后有一位帮助解读的卜官。经验丰富的卜官，对着弯弯曲曲的裂纹有时能够提供合理的建议；或者让问卜的人在众多不可预期的道路中选择一个，帮助他们消除选择的烦恼。与巫术有关的一些心理和行为还广泛存在，但其在今天已经是文明的碎片，不能被人们当作可靠的类比物。它们曾经的作用和现代知识在今天的作用是一样的。

把人作为向上类比的对象相比采用知识的可信度差。因为人通常有种不确定的因素，而积累下来的可靠知识是经历大量的交往被人们固定下来的。在"人-人"的交往关系中，人们很容易认为他和其他人是同类的，心理上的亲近感使人更容易把人作为类比对象。如果把其他人当作向上类比的对象，那么那个人本身需要非常可靠。"君仁莫不仁，君义莫不义。"[①]人们如果以皇帝作为向上类比的对象，他仁义，普通人才可以通过和他类比同样达到仁义。

对于分类结构众多的上层物语来说，人们依然会为它们设置不同的上下结构，以确定在采用它们作为向上类比的对象时不同的优先级别。

① 出自《孟子·离娄下》。

4.2.3 平行类比

图 3.1 中 "2 和 3" "2′ 和 3′" 之间的类比是平行类比。如果两个物语在分类结构中位置平行，人们如果不假思索，就会根据某一个物语所具有的性质，设想另一个物语也同样具有这个性质，虽然这个性质已经超出它们的似反性。同一类的事物在人的心理上是距离很近的事物，在物语的交往中，也容易被选择作为交往对象。这种交往方式在古老的巫术中存在，在现代科学中也同样存在。

空间中相邻的物语可以被看作空间这个分类结构下的不同物语。空间的临近容易被认为发生了交往。乌鸦在中国人眼里是不祥的鸟，但在中国有"爱屋及乌"的成语，表示因为爱房子里的人也爱那房顶的乌鸦，这是因为空间临近产生的平行类比。

中国古代有避讳的现象，避讳的对象有帝王、长官本人及其父祖、圣贤、长辈等人的姓名。遇到避讳的字，就改用其他的字或用空格代替，包括意思相近的字，或者代以对原字笔画增减的另外一个字或字音相同的字。音相同的字有时也属于避讳的范围。避讳是古老的语言禁忌，它包含多种类比的情况。需要避讳的人在分类结构的上层，所以避讳是向上类比时发生的。避讳的心理根源在于把人的名字和他本人等同看待。这种等同的心理是平行类比。把避讳的字扩大到同音字，即把两个音相似的字视为同类字，这也属于平行类比。在用其他字代替所避讳的字时，采用的是同义字、同音字或字形相近的字，这也是平行类比，但替代的过程则是隐喻性类比。如果替代所避讳的字已经有了固定的模式，则其属于平行类比。这时的类比对象不再是某个字，而是其他人所采用的避讳方法。

科学中也常采用平行类比，这个过程需要在一些可靠理论的指导下进行，同时包含向上类比。例如，不少实验研究会采用相似原理，利用该原理，人们可以通过对一个较小的模型做实验，进而把实验结果推广到另一个较大的模型上。在植物学中，如果某地区和另外一个地区有相似的地理气候环境，人们就会据此认为某地的作物有可能在另一个地区也能种植。

平行类比并不可靠，但它为科学语言的发展找到了一条可以进行尝试的交往途径，即利用现有的似反性关系寻找新的似反性关系。

在特定的人群中，人们会因为各种原因把人划分成不同的层次结构。即使这样，这些层次结构的作用领域也有限。很多时候人们会忽略各种层次结构的影响，仅仅把他人当作同类。他们互相观察、互相模仿、互相影响，有着普遍的从众心理。人们通过观察他的同类，为自己的行为处事找到理由和支撑。

4.2.4 向下类比

归纳法就是向下类比。具体含义的词变成抽象含义的词，也是归纳。归纳的目的是希望从数量较多的单个事件中获得共性认识。

数学中的一些公理是通过和各种数量现象、空间现象类比获得的。物理学中很多基本原理是通过对大量物理事实进行总结得到的。这些通过无数向下类比获得的知识，通常被人们认为非常可靠。

骂詈语中也包含大量向下类比的情况。骂詈语广泛存在于日常用语中，它主要是通过把他人与分类结构下层的物语类比，达到侮辱他人的目的。有一句古老的骂人话——"尔母婢也"[①]，把他人的母亲与婢女类比，这是和身份低微的人进行类比。还有与动物进行类比的情况，例如骂人"猪狗不如"。这句话稍微变化一下，效果其实一样，如说某人"和猪狗一样""比猪狗好点""比猪狗强一亿倍"，关键在于把对方和低等动物建立起类比关系。另外，骂詈语中还有一些与污秽不堪的事物进行类比的现象。这些污秽不堪的东西在人们观念中处于分类结构的下层。

骂詈语还有一些特殊的情况。有时字面上说的是骂人的话，但表达的是戏谑或亲密的关系。与之相反，还有字面上不是骂詈语但表达的却是骂人的含义的情况。这时其不再是向下类比，而是隐喻性类比。

---

① 出自《战国策·赵策·秦围赵之邯郸》。

4.3　隐喻性类比

隐喻性类比也即隐喻。当两个物语在人们的观念中不明显属于同一个分类结构时，它们发生的类比就是隐喻性类比。

隐喻也形成了分类结构，要求二者具有似反性。隐喻性类比中两个物语的相似性并不常见，有时只发生在特定的场合。例如，将空气和鞋子类比通常会令人不解，但如果是老鞋匠指着满屋子的鞋子对学徒说"它是我们的空气"，人们就能理解二者的相似性。

发生隐喻性类比的两个物语之间的距离比较远。不同的人对于事物之间的距离会产生不同的感觉。例如"女人如花"这句话，对于言者也许是平行类比，而对于听者则有可能是隐喻性类比。不同文化的影响、个体的知识结构不同都会导致这种差异。隐喻是建立交往、逐渐消除距离的过程。

两个物语之间的距离会随时间发生远近的变化。即使古老的隐喻对于现代人而言仍是隐喻，也仅仅表明这两个事物无论在过去还是现代，都是距离较远的事物。某个隐喻被人们广泛采用，那么它们之间的距离就在缩小。反之，如果曾经很近的事物，逐渐被人们遗忘了它们的关系，那再次类比时就是隐喻性的。正如过去的时尚，沉寂多年之后又成为新的时尚一样。时尚创造了新鲜的美，是隐喻性交往。当隐喻被跟风消耗，时尚也就逐渐消退，而多年以后卷土重来则是再次创造隐喻。

我们在前文以海的形成为例，设想了最初物语的形成过程。最初物语形成时，构成这个物语的物质和语言在这之前不属于同一个分类结构，而命名后则属于同一个分类结构，因此它是隐喻性的。这也表明世界是从隐喻开始的。

隐喻性类比是有难度的类比方式。因为省心，人们并不是天然就喜欢构造两个遥远事物的交往关系，而是更习惯在他所熟悉的分类结构之内类比。分类结构给物语交往提供了现成的方式，但这也成为限制其他交往方式的原因。很多时候，只有当结构性类比不能满足物语扩大的需求时，人们才会考虑隐喻的方式。富于创新的人们可以自觉地采用隐喻的方式，为物语寻求更多的交往对象。

4.3.1 文学中的隐喻

隐喻通常被认为是文学中的一种修辞手段，这样，我们在此所指的隐喻就是对修辞学中隐喻概念的隐喻性使用。实际上，我们在此对隐喻的使用，也许更接近隐喻一词的本来含义。隐喻一词源于希腊语 metapherein。其中，meta 是"超越"的意思。图 3.1 中用两个分类结构显示了这种超越的关系。pherein 表示"传达、传送"，这体现了交往。两个物语跨过它们分类结构交往就是隐喻。

早期的文学作品大多会押韵，这是通过音的相近找到不同词的相似之处，建立隐喻关系。其还可以根据字形相似、物的某种特征相似、物语的意义相似、物语引起人的情感相似等建立隐喻关系。或者通过词与物关系的错位建立隐喻关系。各种文学流派、文学主张的实质是类似的，它们基于作家所处的年代，寻找新的描写方法，发展构造隐喻的新技巧。

完全写实的作品也有可能构成隐喻，因为每个人的生活对于其他人来说都具有不同程度的隐喻性。对自己生活的真实描写，对于他人来说有可能是奇特的、新鲜的。如果作家真实地描写某种生活，那些已经发生的交往就为构造这些物语之间的联系提供了充分的理由和必要的逻辑。这种联系对于其他人来说如果既熟悉又陌生，那构造隐喻的似反性要求就成立了，如果完全陌生，构造隐喻的效果就比较差。

文学中物语以文字的形式呈现，不受物的困扰，其交往更加自由，这是隐喻能够在文学中被普遍采用的原因。但即使在《西游记》这样充满想象的作品中，它描写的世界也与真实世界有着千丝万缕的关系。如果作品与物质世界完全脱离关系，它对于他人就是不可理解的，也就失去了它存在和传播的基础。文学作品并非以通俗易懂为目标，有些作品甚至长时间存在较大争议。这不仅因为每个人对世界的理解都有他的独特之处，也因为作家对语言较为敏感，往往采取独特的视角来观察世界。

文学作品中很多鲜活的隐喻随着被人们所熟知，已经不能再被称为隐喻。作家还在不断寻找新的隐喻，或对古老的隐喻变形处理，以重新达到隐喻的效果。例如，"女人如花"是一个比较老的隐喻。为了让它重新像一个隐喻，人们可以用一些具体的但人们不太熟悉的花来形容它。例如，可以采用充满异域风情的花——曼陀罗、风信子等来形容女人。如果用油菜花形容女人，则带着乡土气息。也可以用"少女和鲜花"表示隐喻关系。这时体现隐喻性交往的并非"少女""鲜花"，而是"和"。除非在某些特定的上下文之中，"和"并非人们描述"少女""鲜花"之间关系常用的词。在单独的"少女和鲜花"语句中，"和"的使用带来了一些陌生感，相当于把"少女""鲜花"之间的距离拉远了，这也能重新产生隐喻的效果。隐喻是让两个物语之间的交往关系保持一个适度的距离。它让距离远的事物变近，让距离近的事物变远。

文学作品中采用隐喻的方式言说，很大原因在于作者总是希望展现的世界尽可能丰富。隐喻的本体构建了一个基本的描写世界，而喻体则扩展到了另一个世界。这种关系有时是平行的或相反的，就像庄子睡觉时梦到自己成为蝴蝶，而清醒时认为自己是蝴蝶变成的一样。如果两个物语所处的分类结构足够遥远，但能在文字中建立牢固的关系，那么文学作品就能给人巨大的想象空间。如果通过不断的隐喻与更多的世界建立关系，那么作品将呈现出丰富多彩的世界。这是文学对隐喻持有的基本立场。

4.3.2 日常生活中的隐喻

日常生活中很多语言都是隐喻的结果，在后来已成为固定用法而被人们所熟知。日常交往中的语言以简单、易于交流为主要目的，人们不关注语言的创新。人们奉行"拿来主义"，把现成或有趣的隐喻拿过来使用。

使用隐喻可以达到很多效果，例如，使语言丰富，让谈话有趣，或者因为禁忌的需要等。

在日常生活中，人们对于隐喻主要在于推广，即把一种隐喻从少数人推广到更多的人。那些形象生动的隐喻容易传播，容易上口的隐喻也易于传播。如果某个隐喻能进入日常生活被人们广泛使用，那么，本体和喻体之间的关联就会被人们所熟知，新的分类结构也就形成了，之前的隐喻性类比也就转变为结构性类比。

处于某种文化结构中的人们，很难摆脱现有的结构内的交往模式的影响。由于同在一个分类结构中，因为心理距离近、因为省心，所以结构性类比相比于隐喻总是容易的。当习惯于"龙生龙，凤生凤，老鼠的儿子会打洞"这种心理结构的人们，突然听到有人发出"王侯将相宁有种乎"的质疑时，这种质疑就是那个时代振聋发聩的话语。

在特别放松的时候，人们可以部分摆脱分类结构的束缚。最常见的是做梦。睡眠时人的大脑停止了部分工作，对于日常生活中所形成的分类结构控制力减弱。这时，原本不同分类结构中的物语就容易在梦中发生关系。梦中发生的交往和真实生活中有些相似，但很多时候会发生错位和偏离。由此产生的启发就是，我们可以通过研究梦境中最不容易变形的交往关系，去发现人们内心中根深蒂固的观念。

适量的饮酒所产生的效果和做梦类似。酒精对人的神经系统有轻微的麻醉作用。人们对世界的秩序或现有各种分类结构的认识在酒的作用下会部分地减弱，那些抑制人说话的规则被人们抛开了。不同的文化对酒都有大量的描述和不同程度的推崇。例如，杜甫在诗中写"李白斗酒诗百篇，长安市上酒家眠，天子呼来不上船，自称臣是酒中仙"。欧洲文化中也有对酒神精神的讨论。人们对酒的推崇构成了另一个隐喻，即渴望摆脱束缚，向往更自由的生活。与此类似，生活中还有一种普遍的关于爱的隐喻，其也是文学中永恒的主题。爱经常被看作是摆脱了分类结构的束缚，推动了不同阶层、种族间人与人交往的媒介。

人在紧张焦虑的时候也容易对现有的分类结构的理解产生偏差，这时，人的正常思维能力受到抑制，隐喻性类比也容易发生。

4.3.3　科学中的隐喻

科学中较少采用隐喻性类比，因为科学研究的类比模式已经非常固定。科学中的隐喻，本体可以指某个科学门类中的物语，喻体既可以指另一个科学门类的物语，也可以指非科学领域的物语。与结构性类比相比，隐喻性类比结果的可信度需要进一步检验。较少采取隐喻性类比的原因还在于它有较大的难度。人们的思维要跳出分类结构的限制，与其他类别的事物建立交往关系，这通常很困难。之前提到，世界是从隐喻开始的，并不仅仅指最初的命名是隐喻行为，也指人类各种创新思想的开端，都包含隐喻的成分。

隐喻性类比虽然不属于科学研究中的常见方法，没有特殊规律可言，但有时会给科学研究带来一些明显的创新。例如，化学家凯库勒在梦中受到首尾相连蛇的启发，提出了苯的环状结构；卢瑟福在研究原子结构时，注意到原子系统与太阳系之间的相似性，因而做出了电子环绕原子核旋转的推论，这些都是隐喻性类比。

5

不同知识类型所体现的交往类型

　　交往总是物语之间的交往，因此，交往所产生的意义和发生交往时的两个物语相关。对于物语之间交往所产生的意义，人们可以通过语言把它表述出来。有些表述出来的东西人们认为没有什么意义，就说这是废话。有些表述出来的东西人们认为有意义，并且把它当作知识郑重其事地告诉其他人。废话和知识都是物语之间交往关系的记录，但它们也成为物语被人们交往。

　　本章将对知识展开分析。世界之中的物语是琐碎的，它们之间交往所产生的知识似乎也是无穷无尽的。为了能够对知识进行整体把握，我们就不能针对各种具体的知识进行讨论。但同样，我们也不能把所有的物语混作一团，因为这样的话，物语和物语之间的交往就显示不出区别了。因此，我们有必要将物语分为不同的类型。不同类型的物语之间的交往体现了不同的交往类型，它们交往所产生的知识也是不同类型的知识。

　　一种可采用的简单分类是将人和其他物语区别开来。人们容易知道人和动物、白云、词语、组织机构等其他物语是不同的。我们在此把其他物语称为语物，即物语包括人和语物。这种划分似乎是清楚的，但所采取的理由至少在现在是模糊的。例如，动物、白云、词语、组织机构这些语物之间也有巨大的差异，人和动物、组织机构也有很多相似之处。我们在此仅简单解释，认为其他物语都是由人创造的。例如，自然物"山"虽然是由地壳运动形成的，但只有在人将它命名之后它才是物语"山"，它也体现了人的创造。语物中也可以包含人，例如，社会组织是一种语物，它的成员包括人。社会组织也会创造语物，所以此处对人和语物分类的原因并不严格。后文将通过与交往进行对照，进一步讨论人和语物的区别，但在此姑且仅简单认为，归根结底所有的物语都是由人创造的，所以人相对于其他物语就有了一种特殊性。通过这种分类，它们两两组合，产生了三种可能的简单交往方式：①人和人交往；②人和语物交往；③语物和语物交往。

除此之外，还有一种可能的交往方式是人和自己交往，即"我思"这种行为，后文会对此单独讨论。这些不同物语之间的交往是它们各自的意义产生的过程，也是它们各自显现的过程。例如，在人和自然物交往的过程中，人产生了意义，自然物也产生了意义，人和自然物都显现出来了。在父亲和儿子交往的过程中，父亲产生了意义，儿子也产生了意义，父亲和儿子都显现出来了。在风吹动树的过程中，当这种交往被人观察到的时候，我们可以知道风出现了、树也出现了。每一个交往过程都提供了一种意义产生的方式，也提供了交往中物语的一种显现方式。

弗雷泽针对人类思想方式的一般发展过程，提出了一个公式：巫术——宗教——科学。但他划分的依据不够简单清晰，这三者的似反性并没有明显地体现出来。例如，在谈到巫术和科学的相似之处时，他认为："巫术与科学在认识世界的概念上，两者是相近的。二者都认定事件的演替是完全有规律的和肯定的。并且由于这些演变是由不变的规律所决定的，所以他们是可以准确地预见到和推算出来的。一切不定的、偶然的和意外的因素均被排除在自然进程之外。"[①]但实际上，人们总是在尝试认识世界的各种规律，这不仅体现在巫术和科学中。人与人交往中的规律同

---

① 詹·乔·弗雷泽．金枝．徐育新，王培基，张泽石译．北京：大众文艺出版社，1998：76.

样是世界规律的体现。宗教中假借神的名义说出的教义，也体现了人们对世界规律的认识。

从上一章对基本交往方式的讨论可以看出，人思考问题的方式可以归结为四种基本的类比方式。在巫术、宗教和科学中，这些交往方式都有可能发生，因此我们不能认为人类思考问题的方式发生了变化，不同之处仅在于，不同时期人类可以与之交往的物语发生了变化。特别是向上类比时，分类结构中那个可靠的上层物语发生了变化。每个时代都有不同的物语，物语之间有不同的分类结构，人的交往根据时代的特点而开展。人不能跳出他的时代，与未知的物语发生交往关系，或者顽固地与那些已逐渐消失的物语进行交往。

做一个类似的比较，这四种类比方式就像干细胞的演化规则一样。虽然人体不同的器官差别很大，但它们都是由同样的干细胞按照相同的生物学规则分化演变而来的，只不过不同的外部因素刺激了干细胞朝不同的方向演化。过去和现在的不同，仅在于人类社会总是在不断地创造物语，世界中的物语在不断积累和变化，人类可以交往的世界总是在不断丰富。没有什么特别的理由能够表明人类的思想方式发生了变化。即使是当今社会的人，如果他从小远离人群，不和现代社会的各种物语进行交往，而是和鸡生活在一起，他也有可能变成具有鸡的习性的"鸡娃"。

本书依然采用弗雷泽的分类方式，但把它们看作三种主要知识类型的分类，而不是人类思想方式的分类。巫术、宗教、科学这三者体现了明显的差异，可以被看作是过去知识生产的三种主要模式，它们还对其他各种知识产生了影响。例如，巫术对早期的医学产生了影响；宗教影响了文学、艺术、政治；科学影响了人类造物的各种技术，影响了现代医学和现代的各种知识。实际上，它们和各种知识都纠缠在一起，甚至这三者也纠缠在一起。

这三种知识模式在时间上的界限并不清晰，但我们大致可以认为，巫术出现得早一些，随后宗教出现了，再后来科学又出现了。目前这三种知识都在影响人们的生活，只不过在不同场合体现得多或少。在对这三者讨论之前，我们应该明确这种观念——人类社会通过各种交往，会不断产生新的物语。这种物语不断创新的过程可以看作人类社会的不断进步。人作为生物体，其自身也在发生变化，但这种生物性的变化速度缓慢。相比之下，人创造物语的速度快很多。人们周围的物语在不同时代差别很大，有时在人的短暂一生中就能感受到巨大变化。

既然人类社会的进步是一种常态，我们就没有必要特意强调这三种知识类型的优劣。例如，以科学的正确论证巫术的愚昧没有特别的意义，这是最清楚的事实。如果关注点不在它们谁优谁劣，那么可以思考它们之间究竟发生了什么实质性的变化，因而产生了这三种有明显区别的知识类型。可以发现，这三种主要的知识类型，恰好体现了交往对象的不同所呈现出的三种不同类型的交往关系。

通过把物语分成人和语物，我们可以发现巫术、宗教和科学中所体现的分别是人和语物的交往、人和人的交往、语物和语物的交往。这是这三种知识模式表现出的最显著的特点。这样对它们进行划分，可以过滤掉三者之间纠缠不清的各种细节，为它们找到清晰的边界。

根据物语的其他分类原则，我们也可能对过去的知识进行不同形式的梳理，但本书目前并没有其他分类的依据。即使有可能采取其他分类方式，也不会比"人-语物"这种分类更加简单直接。对物语过于复杂的分类会导致对不同知识梳理的结果不够清晰。

5.1 巫术：人和语物的交往

早期巫术的各种细节人们并不清楚。人类学家根据遗留下来的一些观念或者原始部落的巫术，知道了它的一些基本观念。例如，万物有灵观念、占卜和自然神。时间过滤的是细节，这些观念能流传至今表明它们是巫术的基本特征。它们都体现了"人–自然物"这种交往方式，这和人类早期的主要活动有关。

5.1.1 万物有灵观念

泰勒曾讨论过万物有灵论。这种观念认为，所有的物都有灵魂，它有两个基本信条：一是认为所有生物的灵魂在肉体死亡或消失之后能够继续存在；二是相信各种神灵可以影响或控制物质世界的现象和人的今生及来世的生活，同时神灵和人是相通的，人的一举一动都可以引起神灵的高兴或不悦。① 在笔者看来，灵魂观念中最令人感兴趣的方面是人们把人和万物混在一起的理由，以及为什么会产生"灵魂"观念。

人们通常把万物有灵解释为远古的人们不能分辨出各种自然物和人的区别，即"物我混同"，认为它们和人都是相似的。这种解释很不到位，甚至会让人产生很大的困惑。人难道分辨不出自己和山的区别吗？分辨不出自己和马的差别吗？这令人难以理解，至少这种解释不够精确，需要重新解释。

将人和自然物混在一起的做法是将人和自然物置于一起构建了分类结构，人只是这个分类结构中的一种物语。除了人与物的分类结构之外，人与人之间同样存在分类结构，但后者在当时处于相对次要的位置。人类早期虽然逐渐有了社会协作，人与人之间的交往关系也在逐步发展，但人与自然物的交往关系更重要，它是每个人与外界主要的交往关系。人们要从自然界获得赖以生存的各种物质资料，避免自然界的各种危险。这时，频繁交往或重要性交往就构造出了容纳人和自然物的分类结构。不同地区的人们交往的自然物不同，这种分类结构也不同。

同在一个分类结构中的两个不同物语具有似反性。前文虽然提到相似和相反其实是类似的，但似反性总可以同时表现为两个特点，即相似性和相反性。这个相反性指的是它们不相同，如果它们没有差别，在分类结构

---

① 爱德华·泰勒. 原始文化. 连树声译. 上海：上海文艺出版社，1992：414.

中它们就相当于同一个物语，我们没有必要将它们区别开。它们之间的相似性是它们能处在同一个分类结构中的理由。这两点对于同处于一个分类结构中的物语来说应同时具备。

在人和自然物的分类结构中，人并不是分不清他和自然物的不同，而是天然就知道这些不同，因为人和山、人和马的区别很明显。但他们的相似之处体现在哪里呢？现在虽然容易看出来，人和自然物的交往关系发生在空间，空间是联系人和自然物的纽带，人对自然物有需求，他要吃树上的果子和水里的鱼，这也体现了相似性；但以空间关系来说明人和自然物之间的相似性并不能让人满意，这是一个微弱的似反性理由。以需求关系来说明人和自然物的关系较为复杂，当时的人们还不能形成太复杂的观念。人们需要简单、直接、形象的理由来解释这种分类结构的理由，这样才能够在所有人的内心形成共鸣。如果人和自然物的交往不重要，人们就会听之任之，不讨论它们之间的相似性。但这种交往在那个时代如此重要，所以人们就必须创造出一种知识，为他和自然物之间的共同点找到解释。

灵魂是人们针对人和各种自然物构造出的物语。处于分类结构中的人有灵魂、山有灵魂、树有灵魂，一切都有灵魂，也就有了相似性。灵魂是一个巧妙的物语，这主要是因为它看不见、摸不着，可塑性强，可以用来解释一切疑难问题。虽然人们为了增加它的可信度也会为灵魂建造实体，但总的来说，它看不见、摸不着。灵魂如何对人、对物施加影响是细节问题，关键是它解决了主要的问题，即同一个分类结构中的物语有了共同点，这样，似反性中相似性缺乏的问题就解决了。通过建立这种分类结构，人就可以发展与自然物更多的交往方式，如祭祀、占卜。这些交往虽然现在看来毫无意义，但这表明人类早期面对自然界时，并不希望只是被动地受自然界控制，人们在尝试主动与自然界交往。

5.1.2 占卜：人与乌龟壳的交往

占卜是人与自然物之间交往的一种方式，体现了人主动和自然物交往。根据记载，商朝时人们利用龟的腹甲或牛的胛骨来占卜吉凶。人与甲骨的交往包含三个主要过程：人在甲骨上钻；用火灼烧产生裂纹；卜官对甲骨裂纹的意义进行解释。人们认为甲骨上的裂纹是甲骨的语言。卜官知晓这种语言，他们通过观察裂纹便知事情的吉凶。如果甲骨不容易获得就采用蓍草，这就是所谓的筮法。

龟壳裂纹的形状是"卜"字的由来，弯弯曲曲的"卜"形图案就是龟壳对人的启示。龟壳之"卜"实际上是人类的语言。在与龟壳的交往过程中，人们借助龟壳的"卜"形裂纹，通过解释裂纹的含义不断练习说话。在对龟壳形状不一、弯弯曲曲的裂纹进行联想和描述时，人类的语言逐渐变得复杂。并不是在每次"卜"的过程中，卜官的解释都富有创造性。他们通常有固定的说辞，只是在偶然发生了稍许改变时，产生了新的说法，这就是人类语言的发展。占卜过程不能像现代科学的实验一样精确地控制条件，因此每次占卜的条件都可能发生变化。乌龟壳的大小和形状不同、钻的位置力度不同、灼烧程度不同，这些都对交往结果——"卜"形图案产生影响。交往过程的变化，蕴含了交往意义的变化和卜官对它解读的变化。

卜官虽然通晓占卜语言，但语言不能凭空而来。他需要与甲骨裂纹不断交往，才能使语言朝各个可能的方向发展。在"卜"的过程中，人们通过主动刺激物而获得语言，这是实验的方法。"卜"的非凡意义也体现于此。伽利略因为在物理学中引入了实验的方法而被人们广泛推崇，但考虑到不同时代的人可以凭借的材料不同，伽利略的实验方法未必会比占卜的发明更伟大。

占卜是人们以自然物为交往对象而获得语言、指引生活的一种方式。它通常就地取材，如果牛骨头容易获得就利用牛骨头占卜，如果某种植物容易获得就利用植物。但所取用的材料必然有某种重要的特性，以使人们认为它可以担当这个角色。例如，乌龟的寿命长，蓍草的寿命也长，这是古人选取它们作为交往对象的理由。

古人的认识能力有限，对于自然物不了解其特性。那时的人可以创造简单的工具和日常用品，但人造物没有某些自然物的神秘性，重要性也较低。某些自然物在分类结构中占据了上层位置。分类结构中下层的物语常常以上层的物语为交往对象来确定其自身的意义，这也是人省心的体现。

由于乌龟获得了尊崇的地位，所以其在巫术中得到了广泛的利用。人们通过向上类比的方式与乌龟进行交往，获得行动的依据。我们可以推测"卜"的形成原因如下：①首先这是能接触到乌龟的地区；②通过长期观察，人们发现乌龟的寿命比人长；③"死亡"割断了人和另外一些人（通常是长者）之间的交往，交往关系的断裂也意味着活着的人的意义失去了一部分，这引起了人们心理的失落与害怕，所以人们希望长寿，即使今天，某种对自己有重要意义的物语消失，人们也会感到失落，这是同样的道理，因为人的意义并不会只体现在自己身上，而是体现在他和其他物语的各种交往中；④人们把"乌龟的长寿"与"死亡"或"人的短寿"进行了比较，推崇乌龟，认为乌龟是尊贵的动物；⑤人们把龟壳作为乌龟的替代品，认为龟壳是尊贵的物；⑥人们渴望在更多领域获得来自尊贵的物的启示；⑦人们渴望获得来自乌龟的更多的启示，试图和乌龟交往；⑧人们发现龟壳上可以产生裂纹，认为这是乌龟的语言，也是乌龟对人们的启示；⑨这种说法得到了人们普遍的接受；⑩人们发现通过钻和灼烧龟壳也能产生裂纹，由于这种语言产生的方式简单，能满足人们希望随时随地与乌龟交往的愿望，于是人们接受了这种裂纹产生的方式，认为这也是来自乌龟的启示；⑪占卜作为人与乌龟之间的交往方式得以固定。

5.1.3 "自然神－人"的分类结构

巫术时代形成了各种自然神，也形成了"自然神－人"的分类结构。自然神的影响虽然逐渐减弱，但时至今日并没有完全消失，例如，萨满教里面有多种多样的自然神。

"自然神－人"的分类结构是在"自然物－人"的分类结构基础上形成

的。人和自然物交往密切构造了包含人和自然物的分类结构，将自然物和人放置于分类结构中可以快速搜索。或者通过这个分类结构，人们可以发展出相应的类比方法。其中最重要的是，知道向上类比的对象是谁。人们经常需要和那些可靠的对象进行类比，通过它们的指引来认识这个世界。

神的基本特点是它们在物语的分类、分层结构中处于较高的层次甚至顶端。能够成为神的自然现象或自然物具有某种特质，人们推崇它们、依赖它们，或者由于不了解而恐惧它们。人们需要经常和它们交往，这时有太多的语言指向它们，这些自然现象和各种动植物逐渐变得重要起来。当它们的重要性在群体中得到明确，其就具备了成为神的心理基础。一些偶然的因素使得其中一种或多种自然物逐渐演变成神。神被塑造出来之后，它们在分类、分层结构中的位置会进一步得到强化，围绕它们展开的神话将逐渐增加。

人类制造出神，是构造分类结构的结果。人们将神安置在分类结构的顶层，把自己安置在从属于自然神的某个位置。所谓神话就是对物语的过度语言化，这种过度语言化的对象可以是任何事物，可以是不同的自然物，可以是人，甚至也可以是科学。构造不同的神仅仅是因为不同时期、不同地域，人们的主要交往对象不同。在神化自然神的过程中，人们频繁地与自然神交往，使得更多的意义被附加到神的身上，它们的形象更加丰满。当人与自然物的交往退居到次要地位时，"自然物-人"的分类结构将变得松散，甚至消失，自然神的意义也将消退。

5.2　宗教：人和人的交往

宗教中最基本的特征是建立了"人格神-人"的分类结构。人格神实际上是具有广大理性的语物，但它的形象和人相同。这个分类结构虽然体现的是人格神和人的交往，但实际反映的是人和人的交往。

5.2.1 宗教的理由

在人类社会早期，首先出现的是自然神而不是人格神。这是因为，当时人与人之间的差异远小于人与自然物的差异。人们的分辨能力在早期还处于较弱的阶段，首先能够分辨出的是人与自然物之间的差别。构建人与人的分类结构所需要的似反性要求仅能满足相似性，而不能满足相反性。例如，人们没有必要对 10 个苹果进行分类，但如果水果里面有西瓜、葡萄和苹果，人们就会很自然地对它们进行分类。

虽然现在人与人的差异也远小于人与自然物的差异，例如，人的差异小于人和马的差异，但我们并不把人和马放在一起构建分类结构。相比于人和人之间的交往关系，人和自然物的交往关系退居到次要地位，并且这时，人完全有能力分辨人和人之间的差异。人们通常认为人和马之间没有相似性，建立分类结构所需要的相似性条件缺乏，即使人和自然物交往，形成了特定的分类结构，但人们清楚这个分类结构的理由是什么，而不会认为人和自然物在本质上是相似的。例如，"人骑马"实际上也形成了分类结构，但人和马的这种关系被局限于这个结构之中。

人通过与自然物的交往，创造了更多的物语，使人的交往能力得到了提高，包括语言能力、认识能力、制造物的能力等。人类交往能力的提高又进一步促进了人和人之间交往关系的发展，促使人和人之间分类结构的逐渐形成。不同的人在分类结构中有不同的位置，这种位置差异是人和人之间的天然差异。这个分类结构逐渐形成的过程也是人和人之间的差异逐渐形成与深化的过程。处在分类结构不同位置的人，拥有不同的外部交往环境。

人和人的差别包括两方面：一方面是生物性的差别，另一方面是人能够认识到的这种差别，即语言性的差异。这些都可以归结为交往关系的差异。人类社会在逐步发展的时候，这些差异互相促进。语言性的差异作为知识传承下去，强化了人对差异的分辨能力，使人能够在此基础上进一步认识新的差异。社会之中人和人之间交往关系的差异也促使人们进一步描述这种差异，其关于差异的知识也在增加。

人和人之间的差异，包括在分类结构中人和人位置的不同，都是普通的现象并不值得批判，但实际却引起了很多的批判。因为人与人之间的差异过去更多地体现出的是等级制度与人和人的不平等。这种不平等难以消除，原因在于人类已经形成了大量关于这些不平等的语言，并有了大量支撑这种不平等的物，人的心理结构已经如此。这种不平等可以归结为不同的人在进行社会交往时，交往受到的抑制程度不同。我们应该从逐渐改善人和人之间的交往关系着手，逐步消除最根本的不平等——交往关系的不平等。如果是这样的话，那人和人之间的差异只是任何物语在分类结构中所具有的结构性差异，并无特别之处。

人与人之间的分类、分层结构的逐渐形成，是人的社会协作和社会分工的形成及发展过程。社会角色的不同既是这种社会分工的结果，又为进一步形成不同的社会阶层提供了可能。例如，卜官身份的确立为区分人和人之间的差别提供了一种可能。与普通人相比，卜官拥有对一种特殊而重要的语言的解释权。如果占卜在某个人群中是普遍的行为，那么卜官不仅是人与自然物交往机制中的中心，也是人和人交往机制中的中心。凭借对这种沟通机制的占有，卜官可以掌握"占卜"之外更多的语言，所以卜官在人群中越来越突出，逐渐在人的分类、分层结构中占据上层的位置。

宗教的基本特征是建立了"人格神-人"的分类结构，人格神是这种分类结构中的顶层物语。这是"自然神-人"的分类结构及人和人交往关系共同发展的结果。这种分类结构的基本策略是借助所树立起来的人格神的伟大形象，通过人与人格神的交往，规范人和人之间的交往行为。在"人格神-人"的分类、分层结构中，人格神是人们交往的终极参照物，人们需要通过与人格神的交往确定自己的意义。相比于各种自然神，人格神的形象与人相同，能够让人在心理上更加亲近。在对人格神不断语言化的过程中，根据人的需求，人们赋予了他更多的内容，使得人格神的教谕渗透到人类生活的各个方面，影响和规范了人们的生活。这些内容已经超出了自然神能够对人们所提供的指导。

人格神具有超凡的能力，但这不是关键。宗教在各种可能的道路中，给信徒们规范和挑选了一条适合他们行走的道路。宗教吸收了人类文明的优秀成果并影响了人类文明的发展，它的语言渗透到生活的各个方面。宗教给人精神上的支撑，规定了人们的道德及社会规范，影响了风俗习惯。人们不断强化宗教或人格神的地位，将宗教的教义作为交往对象来理解世界。甚至在现代科学的早期，人们需要以宗教教义或人格神的伟大力量解释科学规律。

在当今的科学时代，情况正好相反。现在，有些宗教也认为自己很"科学"，例如，它认为它的宗教理论能够解释科学中的前沿问题，或者它们教义中的某些观点符合科学观念。但这些科学问题并不会从宗教中产生，那么，宗教对这些科学问题的解释又从何谈起呢？实际上，其最多只是把宗教中的一些概念的含义似是而非地扩大。科学问题只能用科学语言才能解释清楚，它依据长时间发展起来的有特定含义的科学术语来进行解释。目前，宗教对科学的解释，只是小的物语试图以反抗或顺从的方式从大的物语获得支撑，这和以前科学家用宗教解释科学性质类似。早期的科学相比于宗教来说是一个小的物语，现在情况则相反。这并不是从信仰宗教的人数和从事科学研究的人数来比较的，因为目前依然有大量的人信仰各种宗教。这种比较基于它们创造的物语数量的多少。宗教曾经创造出了大量的物语，但它现在已逐渐失去了物语的创新能力，而科学不但已经创造出了丰富的物语，而且现在依然在创造各种新的物语。

5.2.2 神的教诲

宗教经典是神所说的话，人与神的交往主要是以宗教经典为交往对象的，这样，人和神的交往就具体化了。所有宗教经典的基本立场都是构造并维护"人格神-人"的分类结构，这是最重要的，但也仅仅是其中的一部分内容。一个物语在不断发展的过程中，如果有足够的活力，它必然渗透到它能够到达的各个角落。它也将吸收各种可能的知识作为自身的语言，包括历史继承下来的知识和各种新产生的知识，如巫术、政治、日常生活经验、大众心理、医学、科学等。我们可以认为，宗教是以构造"人格神－人"的分类结构为基本策略的，通过充实人格神的语言来实现它的自我发展。这个过程是根据人的需求自然发生的，但在发展的过程中，其也是一些富有才智之士刻意为之、共同商讨的结果。

宗教的经典和教义中的大部分内容是把人格神凸显出来，使它成为大的物语，维系着"人格神－人"结构的稳定。这些内容可以包括一些表面的东西，例如人格神具备法术，它们创造人、创造自然，但仅仅依靠这些完全不能取信于人。人格神更多地是通过它的语言生产给人以全方位的指引，制定奖励和惩罚规则维持结构，通过制定的仪式，运用视觉和听觉等各种交往手段加强人们的记忆，使得"人格神－人"这种结构更加稳定。

假借人格神之口所制定的规则通常来源于日常生活中的交往经验，具有较大的合理性。例如，摩西十诫和伊斯兰教中的内容。这些规范主要是人和人之间的交往方法，它们被宗教吸收后也成为宗教的语言。通过维持"人格神－人"结构的稳定，这些人和人的交往方法也得以传承下去。

5.2.3 诵：人与神的日常交往

教徒们每天都要诵读宗教经典，这是教徒最基本的修行方式，也是和人格神的交往方式之一。诵读的形式多样，教徒可以独自诵读，也可以聚集在一起诵读；可以在每天固定的时间诵读，也可以随时随地诵读；诵读的经文可以是一大段，也可以反复念诵固定的几句或一句。

诵读的现象如此普遍，不同宗教中诵读的内容又完全不同，以至于我们可以认为宗教经典的内容对于普通教徒来说并不是最重要的事情，而每天不断地诵读才是重要的。如果说宗教提供了一种生活方法、提供了一个主要的交往对象，那么生活的方法则有多种可能，能够作为人类交往对象的宗教话语或人格神也可以是多样的。教徒仅仅是因为偶然的原因选择了某种宗教，如果看不见、摸不着的人格神与人构成了"人格神-人"的分类结构，那么，如何维持这种分类结构才是最重要的事情。要维持这种结构，最基本的方法就是要在这个结构内形成经常性的物语交往。通过人格神与人的交往，人格神和人都显现了出来，"人格神-人"的结构也显现了出来。如果没有交往，这种分类结构就会随着人的记忆的消退自然消失。

诵读宗教经典是克服惰性、维持"人格神-人"结构的基本方法，它也是人与人格神交往、学习宗教语言的过程。人的记忆力是有限的，这是一种惰性。如果不是天天练习，人从宗教经典中学习到的语言会逐渐被淡忘。人的理解力也是有限的，这也是一种惰性。人对宗教经典的理解是基于过去的经验或其他人的指导的，如果不能时刻提高自己的理解，他终究无法应对各种疑问。一个人年复一年、日复一日地诵读着他早已熟悉的几句话、几段话，或几本书，并不仅仅是为了记住这些话，也不仅仅是为了理解这些话，而是为了随时随地把这些话和日常生活中遇到的事物建立关系。如果人能把所有的日常生活和宗教经典建立联系，就能形成稳定的"人格神-人"心理结构。

仅仅记住没有用，仅仅理解也没有用。诵的目的是纯熟，熟到不自觉的地步。有时候理解反而会妨碍纯熟，因为要理解就有可能产生疑问，有疑问就有可能在心里产生抵触，就会影响把宗教的语言当作交往对象。如果随时扩展宗教语言的交往对象，那么由宗教的语言所衍生的日常话语将逐渐丰富，旧的疑问也就不再成为疑问。对于人来说，重要的是用很多语言不断充实自己，而不是纠结于各种疑问。因此首先是纯熟，其次才是理解。积累岁月，见道弥深。诵读能够通过长期的口腔运动、机械记忆，抵制因为遗忘而造成的记忆损失，也能抵制其他宗教或世俗话语体系的影响。

诵读经典是学习和熟悉经典的过程。当教徒在一天中某个固定时刻诵读经文时，他知道宗教语言已经成为他每天生活中不可或缺的环节；当他随时随地诵读一两句经文时，他能够知道人格神已经渗透进生活的各个角落。

5.2.4　颂：朗朗上口的交往

和人格神交往的时候还需要简单的形式，才能使人更容易与之交往。宗教中普遍采用音乐作为人和神交往的方式。宗教音乐的基本特点是歌颂神。通过这种朗朗上口的方式，宗教语言在教徒内心产生共鸣，神的形象得到强化。

音乐是特殊的语言。首先，音乐本身不含有具体的字、词、句，它只是通过音的长短变化和音调的高低变化构成一段有规律的声音组合。音乐记忆属于机械记忆，并且它有规律，容易记忆。这个特点使得它容易造成不同人的共鸣。

其次，音乐脱离了具体的字、词、句，也就脱离了具体语言的束缚，很容易让人从一类事物类比到另一类事物。人们在听音乐时容易产生丰富的联想，如果对这种联想进行引导，音乐就能对大众心理产生很强的暗示作用。

还有一种音乐包含歌词，它既保留了音乐有节律的特点，又对音乐的意义进行了引导，为特定目的服务，这种音乐形式在当今社会使用非常广泛。例如，国歌通常有歌词，国家利用国歌的旋律和歌词的意义，凝聚人民对国家的情感。

宗教中歌颂神的方式都是类似的，由于音乐相比于普通语言具有这些优点，所以音乐在宣扬神的过程中能够使人更容易接受神的话语。在重要的宗教场合和仪式上，音乐的使用更加明显。宗教仪式的实质就是利用多种交往手段、利用人的各种感觉器官进行交往，加强人的记忆。

5.3　中国古代社会中的人和人的交往

中国古代社会与很多国家相比有较大不同，中国社会缺乏影响力广泛的宗教。宗教在中国人的内心世界中只占据较小的位置。

宗教构造了"人格神-人"的分类结构，人们通过人格神给自己定位，筹划自己的交往。与宗教平行的还有一套政治机构，但它仅能涉及部分人和部分事，不能涵盖普通人的日常交往。宗教的"人格神-人"结构满足了人们更广泛的交往需求。这两套分类结构满足了人们不同的需求，它们常常交织在一起，相互影响。

中国古代是宗法社会。与宗教社会相比，中国古代社会建立了一套以宗族为核心的分类结构，即"祖先-人"的结构。在这个分类结构中，除了尊崇祖先之外，最重要的规则就是父与子，即相邻两代人之间的交往关系。孔子用"父父子子"说明了这个关系。这句话并没有具体阐明他们应该具有什么关系，仅仅指出了父子关系中两个人角色的不同，就把这个分类结构说清楚了。

宗法社会是以血缘关系为基础的，构造和维系着人和人之间的交往关系。虽然其形式发生过变化，例如，真正的宗法制度在周朝末期已基本消失，但其本质却随着时间的推移在中国社会渗透得更深，从早期的贵族阶层渗透到了社会的基层。它满足了人们的基本需求，在人群中确定自己的位置就是人的基本需求之一。确定了位置之后，人们不再茫然，可以以此为起点发展自己与社会的交往方法，否则他会感到无所凭借、无处用力。宗法社会的优缺点都根源于分类结构本身。它的优点在于满足了人们的基本需求，而缺点在于这种覆盖全社会的分类结构缺少变化，容易对社会交往产生阻碍。社会的分类结构形成后，其成为人和人之间可以遵循的交往规则。这个分类结构构造了全社会成员共同的心理结构，具有相当的稳定性。自古以来，中国一直是个大国，全体社会成员的共同心理结构形成了巨大的惯性，同时由于来自外部的刺激较少，所以想要改变有很大的难度，而稳定性也就成了惰性。它抑制了人与物语的交往、抑制了人对物语的创造，也束缚了人性。

宗法社会的特点在语言中也得到了体现。汉语里面表示亲属关系的称谓特别多。亲属称谓多体现了亲属关系是人和人之间重要的关系，人们与亲属的交往是重要的社会交往关系。在众多的亲属关系中，按照远近亲疏又会形成复杂的分类结构。语言量的增加、关系的远近亲疏，在语言细密之处必然形成各种不同的词。某一类词的数量的多少就反映了这类物语在交往关系中的频繁程度和重要程度。

5.3.1 家谱：人的分类结构

家谱在古代中国盛行，它记载了家族的繁衍发展历史。家谱的内容丰富，其中最主要的一点就是，按照世代关系记录家族中每个人的姓名，并画出世系图。家族中不同世代的人构成了家族中人的分类、分层结构。家谱的基本含义很清楚，它是确定家族中每个人在家族历史和生活中的位置的坐标。每个人根据位置的不同，发展他的交往方法。

家谱经历了从官方修订到私人修订的变迁。官方修订的家谱从周朝到唐朝逐渐发展，记述了皇家及权贵的家族史。隋唐五代之后，修谱之风从官方流传到民间。明清时期，几乎各家都有家谱。这表明，随着时代的发展，社会交往关系逐渐扩大，普通人之间的交往也变得越来越重要，需要有谱系图厘清人与人之间的关系。

中国的家谱主要记录的是男性成员的事情和他们的传承关系，女性成员一般仅记录名字，除非有特别值得标榜的事件。按照中国传统的观念，女性出嫁后就属于别的家庭。同样是构造亲属关系，不同的文明社会也可能存在不同的形式。列维-斯特劳斯考察蒙都哥摩人发现，男子跟他的母亲、外祖父、外祖父的母亲等同属一个世系，女人跟她的父亲、祖父、祖父的父亲等同属一个世系[①]。

族规家训也是家谱中的重要内容，它规范家族成员的交往行为。家族是社会中的小单位，它的族规家训要符合当时社会的法律法规及道德规范。家族中提倡什么、禁止什么也在族规家训中体现。此外，族规家训还包括家族内财产、婚姻、劳动生产等规章制度，以及家族中各种仪式的程序等内容。

家谱中对于有名望的人、有功绩的人采用传记记述。传记分为列传、内传和外传。列传是记录家族中有功绩的男子的传记，内传是记录家族中有品行的女子的传记，外传是记录家族中已出嫁的有品行的女子的传记。所记录的事情包括对国家、民族、社会的贡献，对地方、家族的贡献。这些人和事成为后世子弟学习的榜样。

5.3.2 族规家训：交往规则

族规家训是家族内部的规训语言。族规家训是"家族"这个物语进行语言生产的一种形式，它对家族成员的作用与宗教经典对教徒的作用相当。各种组织都有类似的规训内容，它们的基本目的都是维持组织的结构、对组织中成员的交往行为进行指引。家族中的成员，特别是晚辈，通过对族规家训的不断学习，可以获得生活中的各种交往方法。

族规家训主要包括家庭伦理关系、个人修养、邻里关系、家庭财务等方面的内容。其中前两点最为重要，并且两者之间有较大的关联。

虽然家庭对于所有人来说都非常重要，但它在中国文化中有特殊的含义。家庭是中国社会的基石，家庭关系支撑起了家族中人和人的交往关系，向外支撑起了整个社会人和人的交往关系。中国文化强调每个人在家庭中角色的不同，中国传统家庭成员的各自特点可以简单概括为"父慈子孝、兄友弟恭、夫信妇贤"。不同的族规家训对家庭伦理关系的论述侧重

---

① 克洛德·列维-斯特劳斯. 结构人类学（2）. 张祖建译. 北京：中国人民大学出版社，2006：562.

点有所不同，但大致都是围绕父子、兄弟、夫妻的关系进行阐述的。慈、孝、友、恭、信、贤这些词表达的含义是不同的，这表明父子、兄弟、夫妻之间遵循不同的交往规则。例如，父慈子孝是合乎规矩的，而父孝子慈则是荒谬不经的。每种交往关系都有它固定且单一的交往对象或交往方向（图5.1）。

　　家训中强调修身是因为中国古人是从儒家"修身、齐家、治国、平天下"的观点来看待个人修养问题的。"修身"是作为"治国、平天下"的基础而存在的，所以对于帝王、士大夫，乃至普通人来说其都是最重要的事情。普通人并不一定期望治国、平天下，他们的"修身"反映在对伦理关系的不断练习中，以适合人和人之间交往的需要。

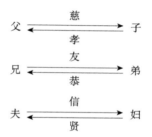

图 5.1　家庭内部的交往规则

　　族规家训是家族内每个成员，特别是后世子弟必须勤加学习的内容。家族内重要的仪式、聚会，经常需要诵读族规家训。家族内通常会有一套奖惩措施来评价家族成员对它的执行情况。这些和宗教的情况类似。

　　"人格神-人""祖先-人"的分类结构，体现的主要是人和人的交往。如果某人代表他的家庭、家族和另外一个家庭、家族就某些事情进行协商，则这是语物和语物之间的交往。如果某人因为明显违反宗教或宗族中所规定的交往规则，而受到相应机构的惩罚，这种交往行为是人和语物的交往。

　　中国人的家谱曾经被当作旧文化的糟粕遭到清理。经过数十年的间断后又有人开始修撰家谱，原因在于人们需要坐标来给自己定位。正如人们已经知道没有创造天地和万物的人格神，但不影响人们信仰宗教一样，这也同样是因为需要用坐标给人定位。我们很难预计过去的宗教观念、家族观念今后将如何演变，但社会只要处于开放的状态，能够促进物语的创新，社会的结构就会根据人的需求和它的自身规律演变，人们也能发展确定自己位置的新方法。

5.4　科学：语物和语物的交往

科学与巫术、宗教不同，它所涉及的主要是语物和语物之间的交往。人们对科学会做出不同的解释，甚至有人把它和知识、真理等同。狭义的科学是指以物理学为基础发展起来的各门自然科学，这是现在通常所理解的科学。虽然自然科学有更早的渊源，但直到近代，其才逐渐发展成为多种门类、规模庞大的知识体系。此外，现代人文学科、社会学科中也体现了语物和语物的交往关系。例如，语言学讨论的是词、词与词构成的句子，以及与此相关的更多的语言问题。

自然科学中的核心内容没有涉及人和人、人和语物的交往，这也成为一些人对科学提出质疑的理由，他们认为这反映了人的缺失。但科学对人和人的交往无疑产生了很大影响。科学发展出了一套规模宏大的知识体系，而这些知识又转化成各种具体的物品，在生活中发挥出巨大的作用。例如，互联网是科学的成果之一，它促进了当今社会的交往，现在已深刻地影响到人和人的交往。

对于巫术、宗教和科学的关系，人们通常会被它们之间纠缠不清的关系所迷惑。我们在此把它们各自最主要的特征列出来，以此作为区分它们的理由，这正是为了消除各种非主要因素的干扰。科学中最基本的特征是物与物相互交往的力、物与时空的交往运动以及科学术语体系。科学也影响了人和人之间的交往、人和物的交往，但这些并非科学最基本的特征。

人类的主要知识类型从宗教转变为科学，实质是从探讨人和人的交往转变成探讨语物和语物的交往。人们可以将这种转变用一些具体的社会原因来解释，但如果忽略各种具体原因，我们可以把这归结为旧的知识生产方式已经暂时不能创造更多的新知识，社会的发展需要通过对新的交往模式的关注创造新的知识。科学提供了和之前不同的知识生产方式，这是世界自我发展模式的创新。

5.4.1　科学术语及分类

科学主要是对语物和语物之间的交往关系进行讨论，也建立了各种语物的分类结构。我们既可以认为科学中建立了一套科学术语的话语体系，也可以认为其创建了一套物质体系，这二者是一致的。我们在此对科学给出一个简单的定义：科学是由科学术语构成的语言系统，它讨论的是物和物之间的交往关系。科学也涉及物和空间、时间等语物的关系，但空间、时间本身是物和物交往的产物。

科学术语的形成原因和巫术、宗教、日常生活或各领域所形成词语的原因没有区别，它们都是在对物语之间的交往关系进行描述时形成的，它们是交往关系的汇聚。这种描述，人们有时会感觉是在描述物语，有时会感觉是在描述交往关系，但实际上二者都包括了。例如，对于"花是红的"这句话我们既可以认为在描述"花"（物语），也可以认为在描述"红"（物语），还可以认为在描述"是"（交往关系）。

科学追求的是语言的创新，这与日常生活中的语言有大量重复的情况不同。现代科学所采取的基本策略是以数学和逻辑作为知识产生的催化剂，不断对语物和语物的交往关系进行描述，进而产生数量庞大的科学语言。为了简化这些科学语言，大量的词形成了。数学和逻辑是在人类长期发展中形成的稳固可信的知识，它们自身也在不断地发展。但在科学中，它们的作用主要体现为——根据数学和逻辑的规则，在现有被人们视为可靠知识的基础上，采用数学和逻辑，尽可能地减小语言扩展时的不确定性，这种措施能够促进科学语言的逐步积累。当科学的成果一个又一个地固定下来时，人们以此为路标探寻新的问题。

另外，数字具有天然的分类结构，它也有助于科学中分类结构的形成。例如，根据流体流动时雷诺数的大小，我们可以把流动分为湍流或层流；根据波长的大小，我们可以把电磁波分成无线电波、红外线、可见光等不同种类。

科学术语的大量产生也意味着新物质的大量形成。古希腊人认为，万物由土、气、水、火组成，中国的古人认为，万物由金、木、水、火、土组成。现代科学通过对物质之间交往关系的不断讨论，可以知道世界是由更多的基本元素组成的，目前已知的是 118 种元素。这些基本元素的数量大量增加，内容和过去的也完全不同。科学术语和物质种类的增加有其具体的过程，但在整体上我们可以把二者的增加看作物语增加的不同表现形式。

此处所说的"物语的增加"和物理学中的"质能守恒定律"并不矛盾，它们是两回事。质能守恒是指质量和能量的总量是守恒的，而物语的增加指的仅仅是物语种类的增加。物语的增加正是交往产生的效果。因为交往产生意义，所以意义可以被人用语言描述出来。新的交往产生新的意义和新的语言，这导致物语增加。其中的物质可能只是组合形式发生了变化、命名方式发生了改变。例如，氢气和氧气发生化学反应后出现新的物"水"，开始的两个物语就变成了三个物语。这只是一个比喻，实际上，人们是先知道水，后来才知道氢气和氧气的。

科学中数量繁多的术语以各种分类结构的形式出现，这体现在科学中形成了各种不同的学科，不同的学科又形成了各种分支学科。数千年前，萌芽状态的自然科学语言总量很少，它不仅还没有分化成不同的学科，而且它自身都混杂在其他各种知识中。现在的学者大多只能从事少数分支的研究，从事某一领域研究的学者通常很难理解其他学科的术语。即使因为相互借用的关系，一些术语在不同的学科中共同使用，但因为术语所处的分类结构不同，相同的术语在不同学科中的意义也存在差别。科学的发展使得不同学科之间越来越难以相互理解，科学家只能在自己狭小的领域内进行研究。这与方言的形成类似，或者与巴别塔的故事类似。

我们可以通过一种假想的情况讨论方言的形成或语言变迁。例如，两组本来语言完全相同的人，迁徙到不同地域，他们各自在不同的地方与当地的自然物交往，发展语言。如果不是人为原因，故意要把语言朝不同方向发展，我们可以把语言的变异归结为地理因素。由于地理环境不同、交往的物有差异，他们各自发展出不同的新词。不同的新词与旧词在构成句子时，因为音节相互影响，所以要使构成的一句话说出来顺口（这是一种省力的模式），就将使旧词发音产生变化。新词和旧词在分类结构中的位置的不同，也会造成旧词含义的逐渐变化。这种单纯因为地理环境的不同造成的语言变化，可以被看作语言变化的一种原始形式。除此之外，各种来自外部的语言或物质的影响，都会引起语言的变化。

《圣经·旧约·创世记》中巴别塔的故事则隐含了这样的道理——人们建造通天塔时，随着通天塔越来越高，参与建造的人越来越多，交往的话语越来越多，他们各自发展的语言使得语言之间的差异越来越大，人和人的交往也越来越困难，于是最终产生了语言的"变乱"，这导致通天塔难以建成。

目前很多小的语种正在逐渐消失，说主流语言的人越来越多。例如，在汉语中，由于教育的普及、普通话的推广、信息传播的便捷，大多数人能够说普通话，不同地域人群之间由于方言所产生的障碍逐渐减小。根据这些，人们似乎会认为，语言的差异越来越小，但在新知识迅速发展的今天，语言的差异主要体现在由于学科的划分，各种分支学科的发展造成的不同学科之间语言的巨大差异上。由此，人与人之间不能相互理解，这是另一种语言"变乱"的形式。

人类社会每一种知识模式的兴起和发展，都有它的时间性，其并不会一直处于蓬勃发展的状态。当它们变得庞大时，就会产生沟通困难的情况，阻碍其进一步发展。过去的巫术、宗教是这样，现在的自然科学也同样如此。当人类的话语体系变得越来越庞大的时候，就需要有某种知识能够帮助人们理解不同的话语，这是哲学的任务，哲学不是狭小领域的专门知识。

5.4.2 科学的创新

曾经有人询问科学的大树是如何生长起来的，事实上，它就像树一样，以分类结构的形式生长起来。开始时，它是一颗弱小的种子，后来长出细小的树干，随着树干的生长，又在树干上长出很多分枝。树干在变粗、分枝也在长大，分枝上又逐渐生长出新的细枝。科学家不断围绕物的交往关系展开言说，关于物的话语就会不断产生。这些新的话语累积起来，会形成新的科学术语，以这种简化的形式将科学中的话语凝聚起来，科学的大树因此就越长越大。但是，树并不会无限地长高，生物学中的交往机制抑制着它们。各种知识归根结底是人创造的，要想促进科学的进一步发展，更有效的交往平台需要被提供。

科学总是在试图创新。创新不是特别的东西，而是指找到新的交往关系。当语物之间某种交往关系被某个学者掌握并确定下来之后，其通过论文的形式被其他学者分享，其他人只需要讨论另外的交往关系即可。这是科学中基本的创新之路。

如果认识到科学之树其实是一颗语物之树，那么我们就可以进行更加有效的创新。例如，可以在某个领域针对新的语物展开讨论。这种新语物既可以是从别的类别中引入的，也可以是在这个类别中新创造的。新的语物和其他语物的交往关系往往还没有被人充分讨论，容易产生新的科学语言。新引入或新创造的语物与现有的语物应具有似反性。科学中的物语创新和其他场合的创新并无不同。

创新是普通的现象，区别仅在于这种创新的结果如何。人们根据不同的标准对它进行评价。有时是根据其有用性，例如，这种创新所引发的经济效益、它对于疾病医治效果的提高等。科学中的创新总是体现在科学术语的创新。如果新的科学术语不容忽视、能够牢固地扎根于原有的分类结构中，或者使得新的分类结构更加简单清晰，或者创造出新的物，那么其就容易给人深刻的印象。这时的创新通常被认为是有效的。

5.4.3　巫术、宗教、科学三者关系的启示

以上通过对三种不同知识类型的讨论，描述了三种可能的交往方式。这三种知识类型虽然在时间上有交错，但总体上体现了先后顺序。这种先后顺序也表现出一种规律，我们可以用黑格尔的否定之否定规律解释。黑格尔的否定指的是自身对自身的否定，"正"和"反"的关系体现在时间上。但"正"并不是仅有一种"反"的形式，而是可以有多种否定形式。某个物语在同一个分类结构中的其他物语都是它的否定形式。交往关系被分成这三种基本类型也构成了一个分类结构，在这个分类结构中，每种交往方式的否定形式包括其他两种。具体表现为：宗教中人和人的交往关系是对巫术中人和语物的交往关系的否定，而科学中语物和语物的交往关系则是对宗教中人和人的交往关系的否定。在这种否定中，社会螺旋式地发展。

发生这种转变的原因在于物语系统中天然具有这三种可能的交往关系。这三种交往关系之间"正"和"反"的关系也体现在空间中，它们不是发生在这里，就是发生在那里。只不过在某个历史时期某个问题显得比较突出，人们需要重点考虑这个问题。因此，在时间上出现了先后顺序。这个重点考虑的问题，也是人类新知识产生的主要领域。如果某个问题已经讨论得比较多，难以产生更多的新话题，那就让我们转变思路对那些讨论尚不充分的问题展开讨论，即所谓"穷则变，变则通，通则久"①。

根据否定之否定的规律，我们可以猜测科学之后人类的主要知识形态，这也许又是一种关于人和语物交往关系的讨论（图5.2）。这并非不可能，而是正在发生的事情。目前，针对人的各种生理学、心理学、认知科

---

① 出自《易经·系辞传》。

学，以及人机工程的研究的开展，受到了越来越多的关注。这些虽依然被认为是科学内部发生的事，但也许其正是为另一种知识形态的充分开展所做的准备。这种人和语物的交往关系与巫术中人和语物的交往关系相比又有明显的不同，这可以被看作是人和语物交往关系在时间中的自我否定。

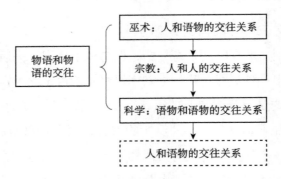

图 5.2　人类社会三种主要知识形态

　　现代人工智能的发展，甚至还可以让人们进一步猜想，未来人和人之间的交往问题将演变成人与机器人之间的交往问题，这种情况同样可以看作是人和人交往关系在时间中可能的自我否定形式，或者人被进一步语物化后，人和机器人的交往关系成为语物和语物交往关系的自我否定。

　　巫术曾经是主要的知识，现在受到普遍批判，变成了无足轻重的角色。人和人之间的交往知识在各种主要宗教创建后，目前并无更多的发展。中国的情况也是如此。我们大致可以认为，从孔子开创了儒家学说开始，人和人之间的交往规则就逐渐确定了下来。这种知识随着时间的推移，在人们的内心逐渐沉淀，它们曾经具有的活力也随着时间逐渐被消耗。自然科学目前依然显示出蓬勃生机，但作为自然科学基础的物理学，近几十年并没有产生创新性较强的科学话语。当科学话语体系发展得越来越庞大，以至于人们很难理解其他领域的研究时，或者科学家为了研究所需的巨额资金到处游说时，科学就和通天塔一样在这个阶段很难再有比较大的进展。自然科学在当代的成果主要体现在造物的技术方面，这是语言的物质化现象。一方面，物可以充当交往媒介，改善各种交往；另一方面，物也是交往对象，人将因为和各种物交往而操心。自然科学现在的进步还体现在对生物及人的研究方面，这些知识也是人和语物交往的知识基础之一。

过去的变化并不能预测什么，但可以引起人们的思考。人和语物的交往问题越来越受到人们的关注，甚至会引起人的焦虑。有人对科学发展导致的物质文明丰富，但人文精神匮乏表示焦虑；有人对原子弹的出现焦虑；有人对政府所拥有的权力产生焦虑；有人会对人工智能的发展感到焦虑。电影《摩登时代》中，卓别林所扮演的工人在流水线上，像机器一样做着简单重复的劳动，最后发疯进入了精神病院。当代诗人许立志也用诗歌记录下自己在流水线上，人变得像兵马俑一样，排列整齐、按部就班的呆板生活①。

这些现象体现的都是人和语物的交往关系。即使不以焦虑的心态对待人和语物的交往关系，它实际上已经成为遍布于人和外界交往各个方面的需要认真对待的问题，包括人们的工作、娱乐、休闲和出行。举一个简单的例子，当今社会每年因为工伤、道路事故、医疗事故、环境污染而死亡的人数，远大于暴力犯罪的死亡人数，也远大于战争的死亡人数。一些热点社会问题，例如医患矛盾，体现的是个人（病人）和机构（医疗机构或机构中的某个成员）之间的交往关系出现了问题，而不是两个普通的人之间的交往出现了问题。这些都显示有必要对人和语物的交往展开基础性的讨论。

---

① 许立志．流水线上的兵马俑// 秦晓宇．我的诗篇——当代工人诗典．北京：作家出版社，2015：359.

6

人和语物为什么交往

前文谈道，每个物语都会和某些物语发生交往，交往是物语之间的交往。这个观点有意义的前提是要有物语，这也意味着要有交往，虽然根据日常经验这是确定无疑的。我们在此把它们当作讨论的前提条件。如果把一切当作虚无，认为既没有物语，也没有交往，我们或许可以展开另一种形式的讨论。但即使有过类似的学说，也无法做到彻底的虚无。因为只要有所说，就有所指，物语和交往就都会出现。这种讨论的真实意图是改变人们认识世界的固有方式，讨论物语之间新的交往可能。

第5章提出了人和语物的交往问题，这也是本书需要讨论的另一个问题。相比于物语之间的交往，人和语物的交往更加具体及特殊。虽然把物语分成人和语物两种类型时，就蕴含了人和语物交往这种可能的方式，但针对这种可能的方式，我们还需要回答人和语物为什么交往。经过这种讨论，我们才可以知道人和语物之间的交往是确定无疑的事情，它由一个可能性的问题变成了一个发生性的问题。

人和语物的交往同样也是明显的事实。人们每天都在和各种具体的物、语言、机构打交道，因此，这部分的讨论实际上是澄清如下三个问题：①人和语物如何产生；②人为什么要和语物交往；③人和语物交往的条件是什么。

6.1　人和语物如何产生

通过科学的方法人们知道了人和语物是如何产生的。例如，考古学和生物学研究揭示了人类从南方古猿进化为现代人的过程。自然科学也揭示了宇宙是如何形成的、地球的形成时间、地球生物的演化、地理地貌的演化。这些情况人们大致是清楚的，它们也有很大的可靠性。即使有所疑问，人们也应该在专业的领域内进行讨论，因为这些问题所涉及的问题领域已经比较清楚。

当询问人和语物如何产生的时候，实际上是在询问人和语物的意义是什么。尽管不同的人对于人和语物的意义有不同的理解，但如果知道他们有意义，人和语物就是已知的东西，那么，如何产生就不成为问题。人和语物意义的显现方式就是他们的产生方式。

交往产生意义，因此，人和语物都是在交往中显现的。人和各种物语的交往产生了人的意义，语物和各种物语的交往产生了语物的意义。我们通过这些意义才能知道人是什么、语物是什么。人、语物各自的交往既是历史中发生过的事情，也是正在发生的事情。我们在此从更原始的情况展开讨论，讨论他们最初的交往情况。

6.1.1　直立行走带来的交往变化

人的直立行走是已知的基本事实，汉字的"人"最初是一个垂臂直立的形象（ ，甲骨文）。中国人的祖先通过这种方式来把握人的基本特点，区别人和其他四肢动物。有研究表明，人采用直立行走的方式比四肢行走时消耗的能量大为减少①。虽然这尚不能成为最终的结论，导致这种变化的

---

① Sockol M D, Raichlen D A, Pontzer H. Chimpanzee locomotor energetics and the origin of human bipedalism. Proceedings of the National Academy of Sciences of the United States of America, 2007, 104（30）: 12265-12269.

外部原因依然需要进一步研究，但目前这种对直立行走的解释相比于其他解释更容易让人接受。并且与那些尚存疑问的内容相比，人类的祖先从四肢行走变成直立行走是众所周知的事实。

人的行走方式反映的是他和大地的交往方式。人直立行走使得人和大地的交往发生了变化。在这种新的交往方式中，这个直立行走的人显现出来。与此相关，人的上肢闲下来了。这个闲下的上肢并没有变得毫无用处，而是更加有用。人的上肢摆脱了"走"这种固定的交往行为之后，可以发展出更多的和周围世界交往的方式，如抓、握、打、摸等。通过这些不同形式的交往，人的上肢变得更加灵巧，人的手出现了。人的下肢专门用来行走，这时脚也出现了。在甲骨文中，手（ Ψ ）的字形是五指张开的样子。表示脚的"止"字是一幅脚掌剪影（ $\mathbf{L}$ 或 $\mathbf{Y}$ ），像脚趾头张开的脚掌形状，以三趾代五趾。人身体中的手和脚通过直立行走分化成了不同的东西。

直立行走后，人观察世界的角度也发生了变化。相比于比四肢着地，人更容易转身观看，周围更多的世界进入他的眼帘，而不会再是因为四肢着地仅盯着眼前的小块土地。直立行走改变的虽然只是人和大地的交往方式，但实际改变的是人和周围世界的交往方式。在这种交往中，人和周围世界都得到了新的显现。

考虑到直立行走更节省能量，人可以有更多的体力与自然界发生更频繁的和多种多样的交往，他们可以走到更远的地方和新的环境发生交往。人和他的周围世界在这种交往中又进一步得到新的显现。如果不是因为这种改变，人类的祖先还会保持他和自然界曾经的交往方式。例如，和人类亲缘关系较近的黑猩猩，它们走不出自己熟知的丛林。

人类的祖先和自然界的交往有了新的方式之后，又导致了一个新的后果，新的交往产生了新的意义。虽然人们可以用语言把这个意义描述出来，但即使不用语言描述出来，这个意义也已经产生了。这些交往行为构成了图像，人和自然界所发生的新的交往构成了新的交往图像，人们看到了这些图像。这些图像最初还没有语言的内容，仅仅对人的眼产生了不同的光的刺激，但这和人之前所看到的图像已经有了很大的不同。这些新的交往图像是刺激人脑进化的外部原因，人的大脑需要更复杂的结构才能记住它们。

6.1.2 语言的出现

语言的起源问题实际也是物语的起源问题。不同学者对于语言的起源有不同的说法。例如，有人认为语言的起源是人们模仿各种音响"汪汪说"（the bow-bow theory），或者是人们天然的发音反应"叮咚说"（the ding-dong theory），也可能是由于大声喊叫和惊叹而产生的"呸呸说"（the pooh-pooh theory）[①]。这些都是人们曾经提出过的合理猜测，在人与自然界、人与人交往的过程中，它们都是各种特殊的可能而不是基本的原因。

人类形成语言的过程，是人类与自然界的交往、人与人的交往逐渐增加的过程。我们可以把人的直立行走所带来的交往变化看作是导致交往关系逐渐增加的原因。交往的增加和变化导致关于各种事物新的意义在增加。对事物意义的相互交换是人与人交往的一部分，它的难度和复杂性不是依靠生物体各种简单的声音和肢体语言能够承担的，需要发展出新的交往媒介。人的交往从依据生物体本能进行交往，发展为利用语言、物语作为交往媒介的交往。这些变化需要人的生物体结构发生变化才能实现。

科学研究表明，人的大脑与动物的大脑相比，除了人的大脑皮层的表面积、大脑的重量与体重之比占优势以外，最大的区别是人有关于语言的第二信号系统，而大脑又有以第二信号为刺激条件的高级神经活动区域，这是人类的高级智能所在。其他动物的大脑只有关于声、光、电、味刺激的第一信号系统。

考古学也发现，人类的祖先南方古猿发展出了多个直立行走的人种。现代人类的祖先是智人，与此同时的还有尼安德特人。尼安德特人的体格

---

① 布龙菲尔德. 语言论. 袁家骅，赵世开，甘世福译. 北京：商务印书馆，2008：4.

更加健壮、脑容量比智人更大，他们会制作工具，也会使用火。智人和尼安德特人曾经有过激烈的冲突并一度处于下风。但智人的语言能力优于尼安德特人，智人的语言器官进化得更加完全，形成了复杂的语言，有利于人与人之间的交往，而尼安德特人的发音能力非常有限。虽然我们难以直接证明语言在智人和尼安德特人的竞争中所发挥的作用，但如果考虑到语言在促进人的交往中的作用，它所产生的作用也许是决定性的。最终地球上保留下来的人种具有复杂的语言能力。人会说话，也能听话，他对其他人说话，也听其他人说话。这些不同寻常的交往方式成为人的标记，也成为人的显现方式之一。在说和听的交往中，人显现了自己，也显现了他人。人与人之间的交往成了以物语为媒介的交往。人把其他物语之间的交往，也转变成了物语之间的交往。例如，风吹倒一棵树，这是自然发生的现象，这个交往中没有语言，但是人类有了语言之后，早期可以把它解释为风神的发怒，科学知识丰富以后则将其解释为空气的力的作用。

6.1.3　自然物和人造物的出现

自然物的形成是自然规律作用的结果，人逐渐形成的复杂语言能力体现在对各种自然物的命名、对人自身命名上。这时，自然物也因此成为物语。对自然物的命名既是人通过和自然物交往显示自身的一种方式，同时也是自然物作为物语显现的方式。物体的形状是物与空间的交往方式之一，人们看到了这些物的形状，根据它们的形状为它们命名。例如，根据太阳的形状将太阳命名为"日"。日的甲骨文字形"⊟"是一个圆圈"○"内加上指事符号"▁"。还有一些甲骨文字形"◉"和"◇"是这个字的微小变形。人们看到月亮，发现了它的圆缺变化，就用半圆表示月亮。月的甲骨文字形"☽"是在半圆形"☽"中加一短竖指事符号"｜"。

在对自然物命名之前，人与自然物的交往和其他动物与自然物的交往没有区别。而在这之后，人与自然物的交往就成了物语之间的交往。人类对于自然物的认识程度仅反映了人类当下的认识水平，依然有各种交往关系尚未被人类认识，没有被语言表述出来。如果人们觉察到了某些交往，但对其仅有模模糊糊的认识，没有用语言表述出，这时就"只可意会，不可言传"。如果某些交往行为实际就在人们眼前发生，但人们尚不知道，这就是"熟视无睹"。那些交往图像只有形成概念，被词语描述出来，并且根据词语在分类结构中的不同位置把它们区别开来，人们才能够理解。

人在手出现之后可以和自然物进行更多、更复杂的交往。例如，与自然物石头的交往。旧石器时代，人可以通过打，对石头进一步加工，具体的有碰砧、摔击、锤击、砸击、间接打击等；在新石器时代，人和石头的交往更加复杂，人采用磨的方式加工石头。人们使用这些石器，把它们当作交往工具开展新的交往。人们发明这些工具，把复杂的、有难度的交往分解，一部分变成利用他的手就可以完成的交往，一部分变成工具和最终交往对象之间的交往。人们还可以通过制造其他工具，把一些有难度的交往转变成利用眼睛、耳朵就可以进行的交往。

在旧石器时代，人类学会了利用火，并在新石器时代能够利用火烧制陶器。磨与烧制的过程包含了更复杂的交往行为，这是人的交往能力进一步提高的表现。磨制出的石器和烧制出的陶器，可以被看作真正意义上的人造物。

人和自然物、人造物的交往，既是人的显现方式，也是自然物、人造物和语言的显现方式，甚至也是空间的显现方式。

6.1.4 空间的出现

空间的出现最初是人和外部物语交往的结果。即使现在，人们对空间的感知大多数是通过他的感觉器官来把握的。例如，人们看到近处和远处的树，他并不精确地知道这两棵树与自己的距离，但通过它们产生的视觉差能够判断出它们的远近关系。

根据古老的汉字人们可以猜测，人们最初对空间的把握是通过在大地上行走实现的。人通过他的脚一步一步地走，使得空间呈现出来。"步"的原始含义是行走，它的甲骨文有三种不同的字形（⿰止⿰、⿰、⿰），它经历了从繁到简的变化。开始时它是用四个"止"和甲骨文"行"（⿰或⿰）构造出的，"行"字像四通八达的十字路口，表示道路，也有用两个"止"和"行"构造出来的。后来"步"字得到进一步简化，仅采用上下两个"止"表示。"步"是人和大地交往时出现的东西。在这个交往中，空间"步"显现出来，"步"也成了度量空间的长度单位，表示左、右脚各迈一次的长度。在"行走"这种交往中，人和空间都得到了显现。

除了行走（"步"）之外，人还有多种利用自己的身体使空间显现的方式。古代中国的许多长度量词都来源于人的身体。例如，"寸"（⿰，篆文）是手腕下面到动脉的距离，即中医里面切脉的位置。十寸为一尺、十尺为一丈、八寸为一咫[1]，中等身材的女人的手的长度为一咫。"寸"在甲骨文中没有被发现相应的字，很可能是因为它不是人们最早使用的长度单位。这种交往或许不如"走"体现出的交往关系明显，但实际上这是通过人身体的两个部位之间的交往，使空间"寸"得以显现。这时，人的身体得到了细分，这些部位得到了显现，空间也获得了新的显现方式。

另外一个早期的长度单位"寻"，它的甲骨文字形"⿰"是一个人张开两臂"⿰"，测量席子"⿰"的长度。这是人利用自己的身体和人造物交往，使空间得以显现。这种交往同时显示了物所占用的空间，也是物的一种显现方式。

现代社会普遍采用科学的方法使空间显现出来，利用语物和语物之间的交往来显示空间的距离，而不是利用人的身体来显现。例如，国际单位制中所采用的"米"，最初是以经过巴黎的地球子午线的 1/40 000 000 的长度，现在是把"光"在真空中 1/299 792 458 秒的时间间隔内行程的长度作为 1 米。这些定义既显现了地球、光这些"物"，又显现了空间"米"，甚至也显现了时间"秒"。所谓"定义"，就是建立某个物语和其他物语的交往关系。

---

[1] 笔者注：1 寸 ≈ 3.33 厘米；1 尺 ≈ 33.33 厘米；1 丈 ≈ 333.33 厘米；1 咫 ≈ 20.5 厘米。

6.1.5　外部时间的出现

时间是抽象的概念，人们把握时间的常见方式是根据人体外部物语交往关系的变化来进行。人们观察到某种变化，将这种变化用时间显示出来，我们在此称这种时间为"外部时间"。

人们最容易观察到的变化是太阳和月亮位置的变化、月亮形状的变化。这两种变化都是自然物和空间交往方式的改变，它们形成了不同的交往图像，能够被人观察到。"时"的甲骨文"🉐"由"🉐"（之）和"🉐"（日）构成。"🉐"由"止"（🉐，甲骨文）和一横指事符号"🉐"构成，表示脚踏大地，"之"因此具有行走的含义。中国古人通过观察太阳在天空中位置的变化来确定时间。"日"在后来的演变中，有了白天的含义，表示太阳由升到落的时间。

表示夜晚的"夕"字最初和"月"是同一个字，表明人们是根据月亮确定夜晚的时间的。古人观察到月亮的圆缺具有周期性，将月亮从消失到重新出现的第一天（农历的每月初一）称为"朔"。"朔"由"屰"（🉐，甲骨文，像一个颠倒的人）和"月"构成，表示月亮的盈亏周而复始。月亮盈亏变化的一个周期也称为"月"，即农历中的一个月的时间。"旬"的金文"🉐"由"🉐"（匀，表示相同）和"日"构成，表示把一个月分为三等分。更长的时间周期是"年"，"年"的甲骨文"🉐"由"🉐"（禾，表示谷物）和"人"构成，表示农人载谷而归。人们一年一丰收，这也构成了时间周期。与"年"相同的时间周期是"岁"。"岁"的甲骨文"🉐"或"🉐"表示施刑，它用于表示时间，这与一年一度祭祀时对犯人的施刑有关。

"日"和"月"一起，结合其他的各种事物，表达了更多的时间概念。例如，太阳西沉为"昏"，太阳落山为"暮"，日浴草木为"早"，荷锄出工为"晨"，晨光微露为"曙"，太阳高升为"晓"，月亮初升为"夕"，月高人静为"夜"，安定入宿为"冥"，月尽日出为"朝"。

"昏"的甲骨文"昏"由"氏"（氏，即"低"，表示垂在地上）和"日"构成，表示太阳从空中垂落到地上。"暮"的甲骨文"暮"或"暮"，表示太阳隐没在丛林或草丛之中。"早"的甲骨文"早"由"日"和"屮"（屮，即"草"）构成，表示草木沐浴在朝阳中。"晨"的甲骨文"晨"由"林"（林，田野）和"辰"["辰"（辰）的反写形式，表示人手持石锄，劳作的样子]构成。"曙"的篆文"曙"由"日"和"署"（拘押、处置的意思）构成，表示日光挣脱黑暗的包围，透出第一线微光。

各种各样的时间概念出现之后，人们在不同的时间周期中，将时间进一步划分为更小的时间单位，这是在不同的时间范围内规划出它内部的分类结构。

根据于省吾的考证，人们在商代和西周将一年划分为春、秋二时，所以也称"年"为"春秋"。"春"字的甲骨文"春""春""春"表示大地回暖时植物复苏发芽生长。"秋"的甲骨文"秋"像长须长足的蟋蟀，或另一种写法"秋"像蟋蟀躲在巢穴里，表示天气转凉。后来，人们在将一年分为二时的时候，春、秋分别是这二时的称谓。西周末期，人们将一年分为春、秋、冬、夏四时，后来逐渐演变成春夏秋冬四时[1]。再后来四时又进一步被划分成八节、二十四节气。

除了对"年"进行划分，人们还对"日"进行了划分，设定了更小的时间单位。例如，把一天分割为十二个时辰，这些时辰都有相应的物对应。即使现在人们采用更精确的方法定义时间，其也同样是和相应的物对应的。例如，在国际单位制中，"秒"定义为铯133原子基态的两个超精细能阶间跃迁辐射振荡 9 192 631 770 个周期的持续时间。这时，时间在铯原子内的辐射振荡（这里包含了空间）中显现出来。人们还有各种计时工具，时间也在这些计时工具中显现出来。

在自然物和空间的交往、和不同的自然物的交往中，时间显现出来了，这也是其他各种语物的显现方式，这同时也成为人的显现方式之一。

---

① 于省吾. 岁、时起源初考. 历史研究，1961，（4）：100-106.

例如，"时"表示的是太阳的运转，但同时这也表明人看到了太阳的运转。只不过太阳的运行每个人都可以看到，计时工具显示的时间每个人也都可以看到，不同的人看到的都一样，所以我们就没有必要特意把人呈现出来，这是外部时间的特点。

6.1.6 内部时间的出现及"我思"

物语已经发生过的交往、正在发生的交往、尚未发生的交往是物语交往关系的变化，它们构成了物语的过去、现在和未来。时间成为联系物语过去、现在和未来的纽带。人们通过观察语物过去、现在的不同，感受到外部时间。人们甚至也可以预测语物未来的情况，这也是对外部时间的感觉。人可以看到其他人过去、现在的不同，也可以预测其他人的未来。这种不同显露在外，每个人都能观察到。

物语显露在世界之中，即使不同的人在通过看、抓、听等方式和它们交往时，对它们的认识也会产生差异，这没有特别之处。例如，人们对某个词或物的意义理解出现的差异、对空间的感觉出现的差异，这是对人的平均认识所产生的或大或小的偏离。人们可以通过外部的语物的指引，减小这种偏离。例如，人们编纂字典、规范词的含义，使众人对某个词的理解大致相当；人们采用度量工具，规范空间的测量。因此，我们没有必要区分这些物语对人而言是外部的（显露于世界的）还是内部的（人们认识中的）。例如，对于"花是红的"，人们没有必要特意强调"我看到花是红的"。对于外部时间，它既是显露于世界的，也是每个人认识中的，同样没有必要特意强调这种时间在不同人身上的不同。对于"现在是下午六点"，没有必要强调这个"下午六点"是谁看到的、谁感觉到的。

但有一种时间完全属于个人，任何其他人都感受不到，这就是"我"的时间，也即每个人的内部时间。内部时间反映的是"我"和"我"交往的变化，"我"和"我"的交往就是"我思"。

人们对于"思"的认识依然有很多不够清楚的地方，但有一点确定无疑——"思"总是自己的。"思"是在个人的头脑中完成的交往，每个人的"思"其他人都不知道，只有自己能够知道。虽然人们因为"思"有时会有一些情绪的变化，呈现于脸部或肢体，但这些呈现出的是表情语言或肢体语言，并非"思"本身。或者人们可以用仪器检测人的脑电波，但它呈现的依然是语言，同样不是"思"本身。

每个人在任何时刻所"思"的无非两种东西：一个是自己的过去，一个是自己的未来。人们会质疑这种观点，因为每个人都能明显感受到所"思"的事物各种各样，所以为什么仅仅是自己的过去或自己的未来呢？

"思"这种交往行为不会和任何身体之外的物语发生交往。人们可以通过看、听、摸等行为和其他物语发生交往，但"思"这种行为并不和其他物语交往。人们只能看到其他物语，然后有所思；听到某句话，然后有所思。"我"和其他物语交往产生了意义，这是交往过程所产生的意义，这个意义既属于自己，也属于交往的对象。这个交往是显露出来的，其他人也可以看到。但这个意义被"我"按照"我"的方式记忆和理解了，它构成了"我"所了解的自己意义的一部分，是"我"和其他物语交往产生的意义在自己身上的呈现。这是"我思"的交往对象之一，即自己的过去。

人们在"思"的时候还会构造一个未来交往的对象。例如，"我"想要和某人交往、"我"准备去什么地方，或者预测某种东西未来会怎么样。这种尚未实际发生的交往属于个人的未来，它在未来可能发生，也可能不发生，但在"思"中它预先发生了。这些未来的交往对象，并不属于其他的物语，只属于自己。这也是"我思"的交往对象之一，即自己的未来。

"我思"所体现的就是将个人的过去、现在和未来联系在一起。现在只是过去和未来的连接点，正是"我思"所发生的时刻。"我思"中所呈现出的时间并不显露在外，而是内部时间。

对于外部时间是否连续，人们可以采用数学或物理的方法处理，认为它连续或不连续。从时间需要通过交往来显现的观念出发，人们在日常生活中对应的外部时间是不连续的。人们白天通过太阳、晚上通过月亮感觉时间，或者通过看手表感觉时间。外部的物是不连续的，这就造成了外部时间的不连续。人们还可以知道外部时间的过去、现在、将来之间有间隔，这也是不连续的体现。这个间隔在数学上可以被处理成无限小，因而构造出外部时间的连续性。但无限小并不能被人们所感觉，甚至没有任何仪器可以检测到这种无限小和连续性。[①]因此，外部时间似乎是不连续的。与此相反，尽管没有证据表明外部时间的连续性，但人们对外部时间的感觉是连续的，这是因为，人的内部时间总是连续的。内部时间的连续并不需要做什么假设，人们任何现在的"思"总是表明人在和自己的过去、未来交往，过去、未来重叠在现在的"思"中。因此，任何"现在"都包含了"过去"和"未来"。这种因为重叠而产生的连续是真正的连续，每个人在每个时间点都能感受到。它不是时间轴上一个个时间点按顺序出现的连续，而是前后时间交织在一起又向前推进。人们是根据内部时间的连续来构想出外部时间的连续的，进而再构想出空间的连续。

"思"是和自己的过去、自己的未来发生交往的现象，在"思"的过程中，自己的过去、现在和未来都在人自己的身上显现出来。"思"对其他人不产生意义，但它是人自身的显现方式之一，对自己产生意义。"思"是每个人自己的东西，是每个人生命的一部分。对于"思"所产生的意义，人们可以通过和其他物语发生交往把它表达出来。例如，人经过思考后对其他人说出一句话。这时，"思"所产生的意义就向外显现出来了，变成了可以呈现出的交往。

6.1.7 社会组织的出现

人类在旧石器时代的中晚期已经开始逐渐形成氏族部落，这个时期，人类的语言正在逐渐形成和丰富。考古学发现，距今 10 ~ 15 万年时，智

---

① 此外，外部时间连续性的证明是基于空间的连续性的假设，但空间的连续性同样是基于外部时间的连续性假设。

人喉管的解剖结构已经能够支持发出复杂的声音了。距今 4 ～ 7 万年时，一些地区原始人的生活方式发生了重大的改变。例如，工具制造更加多样化、复杂化；艺术表现力进一步丰富；食物资源也更加丰富。这是人类交流能力提高的结果。

早期的文字描绘出了人与人聚集在一起的情景。例如，"从"的甲骨文 "𠇑" 表示两个人相随，"众"的甲骨文 "𠈌" 表示更多的人相随。当人和人在一起交往时，他们相互显现对方。但仅仅人和人在一起并不表明就会形成社会组织，还需要其他条件。早期的文字中表示社会组织的例子有"族"和"旅"。

"族"的两种甲骨文 "🏴" 和 "🏴" 所表达的含义相似。前者包括 "🏳"（旗，部落标志）、"🏹"（矢、箭，表示武装力量）、"🔲"（口，表示部落、村邑），后者去掉了表示村落的 "🔲"。徐中舒对"族"的解读为，"从㫃从矢，㫃所以标众，矢所以杀敌。古代同一家族或氏族即为一战斗单位，故以㫃矢会意为族" [1]。

"族"字的结构把社会组织的主要特点描述出来了，即一个组织要有旗帜，把这个组织标记出来。"㫃"的甲骨文 "🏳" 或 "🏳"，像旗帜随风飘动的样子，它是"旗"的本字。组织之所以成为组织，这在于它的成员经常要聚集在一起商量事情，这时，在什么地方聚集就是需要考虑的。早先的时候，人们可以在地上立一个旗杆，并在杆的顶端用羽毛等进行装饰，表示这是某个特定组织聚会交往的场所。在约定的时间，大家就可以朝这个高高挂起的旗的方向行走，聚集在这个交往空间进行交往。"旗"是这个组织名称的图像化形式，它是对组织成员的指引。即使在现代社会，人们也常采用这种形式，如国家的国旗、大型组织的旗帜。

"族"字中的"矢"把组织的功能体现出来了。大家有共同的目标是成立组织的原因，成立组织能够完成一个人做不了的事情。早期人们以血缘关系成立组织，目的是在和其他氏族部落的战斗中取得胜利。当今社会

---

① 徐中舒. 甲骨文字典. 成都：四川辞书出版社，1989：735.

杀戮减少了许多，但人们成立各种组织，也是为了某个特定的目标，甚至是为了在和其他组织的竞争中获得胜利。

当人们朝着某个旗帜聚集的时候，当人们共同商量如何御敌的时候，组织就显现出来了，组织中的人也就显现出来了，属于组织的物也显现出来了。对于个人而言，他既是组织的一员，组织也是他的交往对象。

与"族"类似的还有"旅"。"旅"是古代的军队编制单位，500人为一旅，士兵们追随着飘扬的战旗，行军征战。"旅"的甲骨文字形"𣄰"由"𐎛"（旗帜）和"𢓅"（从，多人）构成，有的甲骨文字形"𐎘"仅保留一个人。众多的人在一起并不会成为组织，但众多的人在旗帜的指引下交往，就成了组织。

6.2 人为什么要和语物交往

上一节讨论了自然物、人造物、语言、空间、外部时间和社会组织等语物的出现。这些语物都是由人创造的或参与创造的，显现在世界之中，其他人也具有和它们交往的可能，这种可能变成真实的交往有如下四种情况。

（1）为了某个目的，人去寻求和某个语物交往，即如果能够找到这个语物，并缩小他们之间的距离，人和它发生了交往，这种可能性就变成了现实。

（2）因为临近，人不得不交往，即这个语物已经在人日常的生活周围，人一睁眼、一抬手就能和它们相遇，可能性也变成了现实。

（3）偶然发生的交往，即某个语物既不在人的目的之中，也不在人日常的生活周围，其仅仅因为偶然的原因到达人的周围，恰好被人发现、接触到，这时，小概率的可能性也成了现实。

（4）人成为语物的交往目标，被语物交往，即也许人并不预计和某个语物交往，但语物有它的目的，语物也在搜寻交往对象，某个特定的人恰好被语物搜寻到，它和人发生了交往，这时可能性也成了现实。这个能够自己搜寻交往对象的语物目前特指组织机构，未来也许还包括高度智能化的机器人。

6.2.1 人的目的

人的目的产生于"思"中。人通过"思"，与自己的过去或未来建立交往关系。当"思"和未来建立关系的时候，这个未来虽然并非现实，不能显现于世界之中，但它对人的行为产生了引导。人根据这种引导和各种外在的物语展开交往，这时的交往才能够显现于世界之中。

人的"思"包括容易觉察的和不容易觉察的。人们有时容易感觉到自己的大脑在思考，在思考中人对于未来可能有多种设想，这些都是人潜在的目的。人们对外的交往会受到某个或某些目的的影响。此外，人们有时不容易觉察到自己的某些"思"，以为它是自然而然发生的。这种"思"是人的潜意识。潜意识不容易被觉察，这表明这种"思"发生的速度极快。当"思"的过程已经程序化，被人熟知了，人就不容易感觉到"思"的过程。潜意识是人类在漫长的进化过程中或者在某个文化环境的长期交往中所形成的比较固定的心理；或者是人经过专门的训练，如体育运动、艺术训练、科学训练等，熟练掌握的思维规则。

人作为生命体，其基本目的之一是维持生命体的正常运行。这既是人自身演化过程中的生理需求，也是人基本的"思"的构成。此外，人作为物语，他的基本特征是和其他物语交往。这个特征既是人的，也是石头的，但石头不会"思"。人作为会"思"的物语，这个"交往"本身也成为人的基本需求，同样构成了人基本的"思"。人准备交往的对象各不相同，他可以准备和人交往、和各种不同的物语交往，这体现了人各种不同的目的。但交往是人时刻需要准备的，只有通过交往他才能发现自己的意义。

　　斯宾诺莎曾引用过这样的诗句："我目望正道兮，心知其善；每择恶而行兮，无以自辩。"[①]这种情况可解释为人在设计自己的目的时潜意识地运作。这时，人能够觉察到的善成为次要目的，而潜意识中的恶成为主要目的，导致了人的恶行。相反的情况也是可能的，因为善或恶都并非人的本质属性。中国古人说"勿以恶小而为之，勿以善小而不为"，它所体现的道理是，善恶形成习惯后，习惯对人的目的会产生潜移默化的作用。人与外部物语的交往如果和人能够觉察到的"思"不同，人们可以"反思"，去发现自己的意识中那些不易觉察的东西。

　　"思"是个人的过去和未来的连接。人的目的不会凭空产生，它基于个人过去的交往而产生。个人的交往总是和周围的物语发生的交往。因此，人的目的虽然在本质上都是个人的，但可以根据个人和周围物语进行分析。

　　人的目的中的个人因素包括人自身的生理、心理状况，这些是外在的物语所不能替代的。例如，个人的饥渴感、个人的病痛，这些生理的感觉也许每个人都经历过，也有知识讨论过这些感觉，但这些都不能代替每个人自己的感觉，也不能代替由它们所产生的"思"。或者例如，每个人过去的交往经历所产生的心理，也许其他人有类似的交往，但发生在这个人身上的交往只属于这个人，其他的物语都不能代替这个人去感受他的心理状况。不同的生理、心理状况的叠加构成了不同的人。

　　个人的生理、心理状况虽然只和个人有关，但它显露于外的现象也可以成为科学家的研究对象，发现它们的某些规律。个人可以通过学习这些知识，帮助理解自己。这些知识和其他物语类似，对个人而言都是外在物语。

　　个人的周围物语是构成人的目的的另一个因素，包括他的日常交往对象——交往的人、使用的物品和语言、受过的道德教育、阅读的书籍、工作、休闲娱乐方式等。这些经过长时间形成的交往对象，由于惯性今后也

[①]　斯宾诺莎. 伦理学. 贺麟译. 北京：商务印书馆，1995：182.

很可能成为人的交往目的。根据某个人以前的交往对象，他人也容易了解他对自身目的的设计。

人们准备去和这些物语交往是人的目的。人们以它们为媒介去和更加遥远、更难交往的物语交往，也是人的目的。

例如，一部电影上映，某人知道了这个消息准备去看电影，看电影是他的目的。为了达到这个目的，他要去电影院，去电影院也成为他的目的。为了去电影院，他需要穿过他和电影院之间的空间、乘坐交通工具，这些也成为目的。他通过达成一个一个的小目的，最终达成了他看电影的目的。

例如，他的工作单位是他每天打交道的周围物语。他每天上下班需要穿过家和单位的空间距离，这个过程中又有各种其他的小目的。

再如，某人看到一句话，不理解其含义。理解这句话就成了他的目的。他需要理解这句话中几个陌生词语的含义。为了理解这些陌生的词语，他需要把这些词和过去熟悉的词建立关系，通过这些过程逐渐理解这些词和这句话。

6.2.2 人不得不和物语交往

有些物语人不得不交往。这些物语指空间和时间中这个人临近的一些物语；或者和这个人同属一个分类结构的物语。因为人具有物的属性，他在空间中要占据一定的位置，他在空间的附近有其他一些物语。人同时还具有语言的属性，在词的分类结构中占据一定位置，这个分类结构已经预先给予了他某些交往对象。

假设人有一个简单的目的——看电影。在去电影院的路上，他与沿途的人和物发生了交往。他看到了沿途的植物、道路上的车、路边的广告牌、同一个交通工具里的其他乘客。这些都是他必然会交往的。他闭上眼睛，但周围的声音传到耳朵里。他到了电影院，室内有许多宣传海报，其中一个吸引了他，他从随便看看变成停下来仔细看。他进入放映厅坐在椅子上等待看电影。坐什么椅子并不是他的目的，但他根据电影票的座位编号坐在某个具体的椅子上和它发生了交往。人所构造的各种目的，都会因为要达到这个目的而衍生出各种不得不交往的物语。

此外，人出生就有了身份，他的父母及某些亲属关系就确定了，这给予了他在人的分类结构中的某个位置。他所在的国家、社会环境、文化背景也确定了，这些成为他成长过程中的周围物语，他不得不和这些物语交往，不得不接受某种价值观。他可以喜爱这种文化或者反感这种文化，但即使反感，这也是交往的一种方式。人在成长的不同阶段、不同时间和不同场合都有不同的身份。他是小学生、中学生、大学生；他是儿子、丈夫、父亲；他是工厂的工人，不得不和机器交往；他是公司的领导，不得不和下属交往。每个人的身份使得他不得不和某些物语交往。

这些不得不交往的物语对人产生的困扰主要来自以下几方面：使人的体力和脑力不堪承受，造成人的认知障碍，限制了人的交往范围。人走在路上，如果对于路上的行人和车水马龙只是随便看看，那这种交往不会对人产生困扰。如果路上过于嘈杂、汽车尾气太多，就会使人身心疲惫。人如果从事轻体力和轻脑力工作，那么这种不得不交往不会对人产生困扰，但如果长期从事高强度的体力和脑力工作，人会感到疲倦甚至厌倦。这些不得不交往的物语对人产生了压迫性的力量。当它们超出人的承受能力时，人会因此感到疲惫、烦躁、焦虑。

如果人因为不得不发生的交往而说假话、做违心的事，比如，在世界理性的观照下，他完全不能认同这种交往的意义，或感到这种交往产生的意义很荒谬，又不得不去做，那就会造成认知的混乱。或者即使是一种正当的交往，但它把人局限在一个狭小的领域，如果发现不了新的意义，而旧的意义也被洞悉为无意义，这时人们就可以尝试摆脱某些不必要的目的，或者跳出某种身份。当完全摆脱后，人又会产生内心的失落，因为过去的交往构成了人的意义，也成为他对自己身份认同的一种方式。他可以采用新的目的代替旧的目的，进入某个新的身份中，获得个人新的意义。

这时人们依然有各种不得不交往的物语，但通过这种选择，可以尝试和容易交往、能够产生新意义的物语去交往。

对于不得不交往的物语，人们也可以顺势而为，把它们纳入自己的目的之中，可以并不逃避和它们的交往，而是考虑如何改善这种交往、与它们交往得更加顺畅。对于造成人身心疲惫的交往，人们可以通过分析交往过程，引入新的交往媒介，把人的身体所承担的交往工作降低到适宜人的程度；对于沉闷乏味的交往，人们也可以改变与它的交往方式，使它产生新的意义。例如，在工作中不断提高业务水平，可以不断赋予手头工作新的意义。

6.3　人和语物交往的条件是什么

物语和物语能够发生交往首先应该是临近的，人和语物的交往也不例外。只有临近，其才有可能成为彼此周围的物语。所有的交往关系都需要通过人使它显现出来。人们既可能为临近的物语构造某种不曾发生的交往关系，也可能因为不了解而忽视了某种实际已发生的交往。不管交往是否发生、如何发生，人在不同时期对不同物语之间交往关系的共同认知已经成为当时人们的知识。随着时间的推移，人们对临近物语交往关系的认识也会发生改变。

人和语物的交往有时通过他的身体去承担。如果人的身体容易承担这个交往之物，那么可以用"上手"来表述这种状况。用"上手"表示人的身体和外物的交往考虑到了手在人的对外交往中所发挥的主要作用。

人和语物交往的另一种情况是人需要阅读语物的各种语言，进而他能够理解语物的各种语言，或者这些语言在他的内心留下了痕迹。人和语物发生了预期的语言交往就是"上心"。

临近、上手、上心，这三者是人和语物发生交往的条件。

6.3.1 临近及数量关系

空间和时间被人规划出来之后，所有的物语都处于特定的空间和时间中。空间和时间又成为描述物语的两个基本物语，成为反映临近关系的现成的参照系。物语在空间或时间中的间隔是物语之间距离的两种形式。

例如，物理学中将两个物体之间的万有引力表述为与它们之间距离的平方成反比。这个力似乎无论远近都在发生作用，但两个物体相隔遥远，这个力极小，所以就不考虑它们之间的这种交往。

再如，人们说出一句话，这些词在时间上依次出现，这就构成了词与词之间的交往关系。或者写在纸上的一句话，词与词之间通过空间彼此相邻，这就构成了词与词之间的交往关系。这种空间的临近同时也反映在人们阅读它的时候，时间上的临近。在诗歌中，我们可以采用空格、换行、强制分段等方式调节词与词之间的距离，构造词与词之间特殊的交往关系，表达特别的含义。这种对距离的调控在视觉和听觉上产生的距离感觉不同，导致了一些诗歌在阅读和聆听朗诵时的不同效果。

空间和时间是构造物语之间远近关系的基本方式。与此类似，任何物语都可以作为坐标的原点，度量某些物语之间的距离。例如在人们的观念中，水果和苹果、葡萄是临近的，水果与木头稍远，水果与铁更加遥远。对于物语在空间和时间中的距离，我们可以采用数量对它进行描述。其他物语之间的距离有些需要根据公共知识或个人经验对它们进行度量。

数量关系中包含了"数"和"量"。"数"描述了间隔的大小，"量"描述了间隔的类型。数字是容易扩展、具有天然分类结构的符号。"量"则具有各种形式，如"米""秒""千克"等。在数量关系中，"数"和"量"的组合体现的是两个物语的间隔中所具有的分类结构。汉语中还有大量其他的量词。例如，表示泛指的量词"个"。"个"既可以成为单独的量词，但是是什么量并没有阐明，仅仅表明它是有清晰边界的物语；也可以和它后面的名词组合在一起，共同构成量词，"一个人"指的可以是"一／个／

人"，也可以指"一／个人"的重量。对于那些不容易分开的物体，如"水"，人们就用可以分开的物"杯"把它分开。同样，"杯"既可以成为单独的量词，也可以和它后面的名词共同构成量词。"一杯水"所体现的数量关系既可以是"一／杯／水"，也可以是"一／杯水"的重量、漏完的时间和体积等。

有些物语之间的距离不容易用"数"来度量。例如，深红和浅红，如果不采用物理学的方式，人们只能用一些程度副词来描述它们的距离，认为它们有某种临近关系。对于红和蓝，如果不采用物理学的方式，人们会认为它们之间距离遥远。同样，穷人和富人之间的心理距离有多大、好与坏之间的距离，人们也难以度量，只能泛泛地说它们的距离很遥远。这些相同类别的物语尽管难以度量，但人们可以在它们之间建立更多的分类结构，使它们之间的距离更清楚地显示出来。而不同类别的物语，例如，善与棍子，它们的距离则无法度量。

物语之间能够交往，物语应该跨过它们之间的距离，消除它们在空间、时间或其他分类结构中的距离。如果它们自身做不到这点，就借助其他物语作为交往媒介来实现。物语之间如果之前没有交往的可能性，而通过交往媒介实现了它们的交往，那交往媒介的功能就是建立它们之间的分类结构关系，通过所建立的分类结构给二者提供交往通道，消除它们的距离。

所有的语物都由人创造或参与创造，所有的语物都和人发生过交往。如果考虑到人和人之间的相似性，那么所有的人都潜在地能和各种语物进行交往。但实际的情况是，由于距离太遥远、道路不清晰，或者阻碍太多，各种潜在的可能性交往即使耗尽人的一生也无法实现。

6.3.2　上手

如果人和语物具有临近关系，那人和语物交往的可能性就会大大增加。人的眼睛可以看语物，他的手可以触摸语物。上手状态就是用来描述人的各种生理特点能否适应和语物交往的。

　　例如，用来铲沙子的铲子，如果铲柄太粗，人的手很难握住，这时我们就称它难以上手；如果铲头太大，每次装满沙子都使铲头太重，人用起来费劲，铲了几次就感觉疲劳不想再铲了，这种情况也称它难以上手；如果每次不装满，这时虽然容易上手，但过大的铲头自身消耗了人的劳动能力，也不合适；如果铲头较小，人容易上手，但每次能铲的沙子比较少，铲完一堆沙子所需要铲的次数增加了，对于工作来说也不合适。因此，对于铲子来说，比较好的上手状态是它的铲柄尺寸合适，人容易握住、容易用力，铲子自身重量较轻，铲头大小合适、每次所铲沙子的重量适合较长时间的工作。

　　如果汽车的头部空间太低，人进去后会有压迫感，那么我们也称它不容易上手。如果油门和刹车的踏板离得较远，腿短的人很难踩住，那么它也不容易上手；或者经常使用的按钮离得远，操作很别扭，这也称不容易上手。上手状态有时指人和语物之间短暂的交往容易实现，有时指持续的交往容易实现。

　　人和语物的交往通常需要身体各个器官的参与。人的眼经常参与人和语物的各种交往，这需要有合适的光照，同时语物还要处于人适合的视野范围之内。人的听觉、嗅觉等其他器官在和语物交往的过程中，语物的气味、声音也要适应人的生理特性，否则对人来说，这也称不容易上手。

　　人阅读的时候，固然体现了人和作者之间的交往，但同时体现的还有人和书的交往。印刷精美的书让人赏心悦目，是容易上手的表现。如果书太重难以捧在手上阅读，也是不容易上手的状态。

　　人们发明各种工具是把人和语物的交往从不容易上手的状态变成容易上手的状态。例如，起重机将人和重物的交往变成人和起重机的交往，显微镜将人和肉眼看不到的物体的交往变成人和显微镜的交往，椅子将人休息时坐在地上这种费劲的交往变成坐在椅子上这种容易的交往。

　　当人的交往对象由重物、细微之物、大地变成起重机、显微镜、椅子的时候，对于上手状态的改善就变成了对起重机、显微镜、椅子的改善，或者对人自身特性的训练，使得他适应和起重机、显微镜、椅子的交往。人不断发明新的物，也不断发展相应的交往方式，并使新的交往容易上手。

6.3.3 上心

人和语物的交往，不仅需要通过人的身体感受到语物，还需要认识、理解语物的语言。同样，语物在和人交往的时候，有时也需要认识和理解人，例如，病房的设计需要考虑病人的特点。

语言所有可能的形式——话语、文字、符号、颜色、形状、声音等，都可能被语物所采用，成为它所表达的语言。人和语物交往，需要理解语物的语言。要实现这点，要么语物的语言以清晰、通俗易懂的方式呈现，人能够根据他现有的知识理解这些语言；要么人经过专门的训练掌握这种语言。

如果标志语的潜在阅读对象不是外国人，它就没必要使用外语。如果它潜在的阅读对象不是专业人士，而是受教育程度参差不齐的大众，那么其应该避免使用复杂而专业的术语。例如，病人进入医院看病，需要经过不同的环节，和不同部门打交道。在这个过程中，各种引导语言应该简单，对于患者才是容易上心的语言。医学虽然是专业化的知识，但医生与患者沟通的时候，应该避免使用太专业的术语，否则患者不理解，这就失去了沟通的意义，并且患者会因为不理解而增加焦虑情绪。或者再如，竞选人应使用通俗易懂的语言，才能把自己的观念无障碍地传递给选民。

不同领域的符号是较为特殊和专业的语言，需要经过专门的训练才会成为上心的语言。最常见的是各种交通标志，司机需要经过培训，学习各种交通符号。各门知识领域都有其经常使用的符号，不同的行业也有各自使用的符号。在虚构的武侠小说中，各门派在江湖行走时也各自有和同门联络的符号。

只有掌握了语言的理解规则，人们才不会对其视而不见、听而不闻，这些语言才会成为对人产生意义的语言。

第 2 部分
交往过程诸环节分析

进一步讨论的对象

"交往"是普遍的概念，任何物语都是交往中的物语，因此，"交往"这个"中"在所有的物语之中。针对各种物语讨论它的交往特性是有意义的，但这项工作在本书之中既不可能，也没有必要。前文通过三种方式对"交往"进行了讨论，但依然不够充分。为了进一步阐述"交往"的意义，我们需要对它周围的一些主要物语的意义进行讨论。这样，"交往"的基本意义就清楚了。

"交往"的周围还有哪些主要的物语呢？所谓"主要"并非指它们相对其他物语来说具有某种优先权，而仅仅是因为它们是人们现有的观念中所熟知的，通过讨论它们容易使更多的人能够借此理解"交往"。

我们之前把"交往"解释为"物语和物语之间以物语为媒介发生关系的行为"。这种解释是从人们通常所理解的"交往"的含义扩展而来的，它包含了人们对"交往"的已熟悉的基本认识。这种解释并非关于"交往"的定义的。根据定义的一般特征，它是利用几个大的概念，对一个小的概念进行界定。但"交往"已经是最普遍的概念，我们不能通过这种方式对它进行界定。从这个基本认识着手能够找到"交往"周围的两个基本物语：一个是作为交往对象的物语；一个是作为交往媒介的物语。前文将物语分为人和语物，因此这里需要讨论的是三种物语——人、语物和交往媒介。

此外，时间及空间是在物语和物语的交往中所呈现的物语。这种呈现的方式是相互的，它使时间和空间呈现出的物语也在交往中呈现出来，与时间和空间的交往也成了它们的一种意义。时间和空间的普遍性使得人们把物语看作是被时间和空间所规定的事物，康德甚至把空间和时间看作是先验的事实。物语的交往都处于具体的空间之中，这个空间本书称之为"交往空间"。物语的交往还处于时间之中，我们也需要把时间的特性讨论清楚，指出时间对于交往来说到底意味着什么。因此我们还需要讨论两种物语：交往空间和时间。

"交往"处于人、语物、交往媒介、交往空间及时间这五个物语之中，对"交往"的讨论就是对这五个物语交往特性的讨论。

对"交往"的补充澄清

对于两个物语之间发生关系的交往，我们知道，"交往"不是指正在发生交往的这两个物语，第 2.2 节中对"一和多"的讨论也表明了这一点①。例如，"棍子击打小球"，这个"交往"既不是指棍子，也不是指小球，而是指发生在二者之间的击打。再如，"今天天气晴朗"可以被看作是今天、天气、晴朗三个物语发生的一种交往关系，但这个"交往"既不是"今天"，也不是"天气"和"晴朗"。这句话中没有具体的词描述交往，而是直接将这三个词按一定顺序放置在一起，交往就发生了。人们可以用语言把这个交往过程描述出来，就是"今天天气晴朗"这句话。

海德格尔指出，存在不是存在者。过去对存在的讨论实际上是通过建立存在者（物语）的分类结构，讨论结构中的顶层物语。二者的区别在于很多学者所构造的顶层物语只是用来代替存在的存在者，并非存在本身。例如，以"上帝"作为这个顶层的物语。上帝也许是交往最广泛的物语，这是过去的学者用它代替存在（交往）的原因。但是，过去的分类结构顶层的物语都只有一定范围内的普遍性，其在不同的文化中会变得不可理

---

① 前文谈到"物语是众多交往关系的汇聚"，而此处谈到"交往不是正在发生交往的这两个物语"。如此人们也许会问，正在发生的交往是否属于物语的一部分呢？这里需要注意到已经形成的物语和正在交往的物语二者之间有时间的差异。正在发生的交往不属于现在之前的物语，而属于现在之后的物语。

解。例如，人格神对于没有宗教信仰的人来说就很难理解。

二者的相同之处在于，存在依然需要以存在者的形式表现出来，才可能被进行讨论。在海德格尔的讨论中，为了避免对 being（或 sein）这个过于抽象的概念进行讨论，也需要采用 dasein（此在或在交往）作为替代的词进行讨论。海德格尔用 dasein 表示人的存在。虽然所有的存在都需要通过人显示出来，但"人的存在"相当于在"存在"中增加了一个"人"，而不是真正的存在。dasein 和"我思"类似，不过在概念上更加接近 being（或 sein）。"我思"体现的是人的"去交往"或者"和自己交往"，它被笛卡儿当作存在（交往）的替代者。

用来表现交往的物语不仅指交往双方的两个物语，还包括用专门的物语表示这个交往关系。例如，在"棍子击打小球"这个交往关系中，不仅要通过"棍子""小球"表现这个交往关系，还要通过"击打"这个特定的词表现这种交往关系；或者在"花是红的"这句话中，要通过"是"来表现"花"和"红"之间的交往关系。如果采用"物语""交往"来代替"存在者""存在"，那么，对存在者存在的讨论就变成了对物语之间交往的讨论，对"存在"意义的讨论就变成对"交往"这个物语的意义进行的讨论。任何物语都无法通过自身显示自己的意义。人们能够大致清楚"交往"的含义，是因为已经了解了生活中的各种交往现象。但日常生活中所获得的这种理解过于具体，不能成为"交往"的一般意义。

"交往不是正在发生交往的这两个物语"这个观点近似于萨特的观点"存在即虚无"，或其他将存在归结为虚无的类似观点。例如，在"棍子击打小球"这个交往关系中，如果不用"击打"将二者的交往关系表述出来，那么，交往既不是"棍子"，也不是"小球"，它什么都不是，只是一种"虚无"。人们可以用"击打"将二者的交往关系表述出来，但"击打"并非二者之间所发生的交往，其只是用于描述"交往"的词。人们通过提出"击打"的概念，使"交往"显现出来，通过对"击打"这个词的理解，理解了二者之间的交往。在这两种观点中，前者是显而易见的事实，而"存在即虚无"则给人的感觉是一切事物都没有意义，像是一种玄学。

物语产生于交往过程，新的物语产生于新的交往过程。例如，"今天天气晴朗"这个物语是今天、天气、晴朗这三个物语在交往中创造出来的；"击打"是"棍子"和"小球"在交往中创造出来的；第 4.2 节提到的物语"海"是物"海"和语言"嗨"在交往中创造出来的。这些物语都是人通过对交往的描述创造出来的。如果不是因为发生了交往关系，这些物语没有其他的方式可以被创造出来。不仅如此，任何物语都是在交往中被创造出来的。例如，今天、天气、晴朗这三个物语分别是在其他的交往关系中创造出来的。

想要对交往进行分析，就需要通过对参与交往的各种因素进行分析。对于一个具体的交往行为进行分析，就是对参与交往的各种具体物语进行分析。例如，对于"棍子击打小球"进行分析，就是对交往对象"棍子""小球"和交往媒介"力"进行分析，对"击打"时二者的空间位置、速度（时间项）进行分析。对于抽象的交往则是对交往过程的诸环节——"人""语物""交往媒介""交往空间"和"时间"进行分析。

人之人性：复杂半理性

前文把物语分为人和语物，但尚未讨论清楚二者的似反性。

通过科学的方法，人们可以获得人的某些共性。例如：人都有心脏、眼睛，以及人在生理、心理、运动等各方面有许多的共性。这些都体现了人在某一方面的共性。许多方面共性的汇合可以丰富人的知识，但根据这些单独的特性无法对人进行整体把握。要获得人的普遍共性，就需要将人视为整体，考察他在交往中所体现的共性。

有人会认为，人不可避免地都要面临死亡，如海德格尔所说的"向死而生"，所以以死亡作为人的共性探讨人的意义。但就死亡而言，人和语物没有区别，所有物语都不可避免地要经历形成、发展和消失的过程，连地球都有寿命。也有人会认为人会说话，把说话当作人的共性，但有些语物也可以做到这点。只要人成为语物的组成部分，语物就能产生语言。例如，社会组织就可以自发地生产语言。有人认为人会思考，例如，笛卡儿说"我思故我在"，所以以此作为人的基本特性。这和语物产生语言的情况类似。当社会组织中的人在思考组织的过去和未来时，我们可以认为语物也在思考。

要获得人或语物在整体上所体现出的共性及它们的似反性，我们需要根据"交往"对其进行讨论，以人或语物在"交往"中最清晰可见的特性作为依据。如果根据由"交往"引出的概念对人进行讨论，如善或恶，那么所得到的只是人在某一方面的共性。况且"善"或"恶"这些概念本身还具有很大的模糊性，需要被进一步讨论。

7.1　过去对人性的讨论

7.1.1　人性善还是人性恶

对于人性善恶问题的讨论由来已久。孔子认为，人的本性都差不多，只是后天的习性造成了人的各种差异，"性相近也，习相远也"[1]。孔子既承认人的共性，也承认人的差异，并解释了差异的来源，但没有讨论共性是什么。后来的学者提出了四种学说，即"有善有恶论""无善无恶论""性善论"和"性恶论"。

春秋时期世硕提出了"有善有恶论"，认为人性有善、恶两个方面，人变善还是变恶在于培养。告子则认为"人性之无分于善不善也，犹水之无分于东西也"，"生之谓性"，"性可以为善，可以为不善"[2]。告子把人性看作无所谓善恶的自然属性。孟子质疑人性是自然特性："然则犬之性，犹牛之性，牛之性，犹人之性欤？"他认为人天生具有仁、义、礼、智这四个善端[3]。孟子的性善，指的是人从天生的性情上，都可以是善良的，"乃若其情，则可以为善矣，乃所谓善也"。但是"求则得之，舍则失之"，他也认为人有善有恶。荀子同样认可人的自然属性才是人性，但他把人的自然属性归结为好利、疾恶、耳目之欲等这些恶的东西[4]。荀子认为，如果放纵人的本性，人类社会就会出现各种恶。只有通过师长和法度的教化、礼义的引导，人类社会才能趋向安定太平。

---

① 出自《论语·阳货》。
② 出自《孟子·告子上》。
③ 出自《孟子·告子上》。
④ 出自《荀子·性恶》。

这四种观点都是围绕善恶讨论人性的。在图 7.1 的善恶之轴上，不同观点的区别主要在于善和恶哪个是人的基本属性。"有善有恶论"根据的是善恶之轴中体现的整体状况；"无善无恶论"取的是这个轴的中心位置"善和恶还未显露出的状态"，以其为基本属性；"性善论"和"性恶论"取的是这个轴两端的不同位置，以其作为人的基本属性。

图 7.1　善恶之轴

中国古代社会最重要的问题是人与人之间的伦理问题，所以人们主要围绕善恶来讨论人性。善恶观在各种文化中都是重要的概念，但它们都不是最基本的物语。如果继续以善恶来讨论人性，那只能得到人的一部分特性。善与恶在不同的时间和交往空间中会发生变化，以什么作为善恶的标准还有一些模糊。当本书引入基本概念"交往"后，我们可以通过"交往"对善与恶进行讨论。

此外，善恶观念虽然和交往有关，但过去仅仅和人与人之间的交往有关。人之人性不仅体现在人和人的交往中，也体现在人和语物的交往中，但人和语物交往的伦理学目前并没有被建立起来，那么，如何以善恶来讨论语物的共性呢？从古人对人性善恶的讨论来看，他们虽然在善和恶哪种特性是人的基本特性上产生了分歧，但各种观点都认为人在事实上是有善有恶的。如果以善恶对语物进行讨论，人们免不了会认为语物同样是有善有恶的。这样，人和语物的各自共性很难被区分。对于人和语物的善恶问题，后文会进行讨论。但对于人的共性和语物的共性的讨论，本书不再以善恶作为参照，而是以更基本的"交往"作为参照来讨论它们各自的共性。

7.1.2　以理性作为考察人性的维度

西方文化对于人性的考察常采取不同的维度，善恶是其中一种。另外常见的是在"理性""感性""非理性"的维度上讨论人性。

亚里士多德把人与动物加以区别，认为人的本性在于他具有理性。"人的功能，决不仅是生命。因为甚至植物也有生命"，"人的特殊功能是根据理性原则而具有理性的生活"[①]。亚里士多德在承认人的理性的同时，也认为人有欲望与兽性这些非理性的因素。"人类的欲望原是无止境的，而许多人正是终生营营，力求填充自己的欲壑。"[②]但本书的观点恰好相反，笔者认为动物的行为才具有理性，这涉及对理性的进一步解释。

在基督教文化中，人是上帝用泥土创造的，所以人身上具有神的理性，但这也意味着人的理性具有局限性。和善恶观一样，不同的学者都认为人是包含理性和非理性的因素的，只不过对于理性或非理性哪个是人的根本特征产生了分歧。笛卡儿重视人的理性思维。休谟的人性论反对传统的理性观念，认为人是情感的动物。康德则认为应该由理性来规定人的本质。叔本华和尼采认为人的本质是意志、冲动、激情等非理性的因素。

早期的经济学经常将人假设为理性的。这种假设很难令人满意，因为每个人都能时常观察到自己和他人身上各种非理性的情况。实际上，"理性"是什么还需要进一步被澄清。它通常指人行为处事有方法、遵守规则。这表明，"理性"是和"交往"密切相关的概念，但需要在"交往"的参照中进一步被讨论。

人之为人就是因为他在和各种物语交往，也在和自己交往。每个人潜在的交往对象是整个世界。对人性的考察应该基于他的潜在交往对象是世界这个观点而展开。世界由各种各样的物语所组成，会呈现出各种特点，但只有一个特点既让我们无法置疑，其又清楚明了地显示了出来，那就是世界中的物语数量和种类的多。因此，我们从"世界的多"开始讨论人性。

① 苗力田.古希腊哲学.北京：中国人民大学出版社，1989：562.
② 亚里士多德.政治学.吴寿彭译.北京：商务印书馆，1983：73.

7.2 世界的多

7.2.1 世界的多样性

"世界的多"和"世界的多样性"含义接近。世界的多样性就是物语的多样性,它常以物质的多样性、生物的多样性、人的多样性、语言的多样性、知识的多样性等形式出现。物语的多样性既是事实,也是人们的共识。

多样性可以体现在空间上。不同地域之间从自然地理环境到风俗习惯、从食物到方言、从建筑风格到穿着服饰,都显示出了巨大的不同。

多样性也可以体现在时间上。人们在时间中不断创造各种物语。开始的时候,物语数量较少,物语之间可能的交往关系也较少,这时产生新物语的速度很慢。但随着交往的不断发生,更多的物语逐渐产生。物语之间可能的交往关系随着物语数量的增加会呈现出非线性的增加的趋势,使得新物语出现的速度加快。

除了空间和时间,物语所处的任何分类结构,都可以构成一种维度。物语在各种不同的分类结构中的交往和发展,会形成不同类型的多样性。例如,同一个词在不同的分类结构中会具有不同的含义,或在不同的分类结构中具有完全不同的物语。此外,还会因为个体的认识差异而产生多样性。例如,张三认为某幅画好看,李四却认为一般;李四认为好看的画,张三又认为一般。

7.2.2 "多"的另一种解释

汉字"多"还有"超出"的含义,即物语或物语之间的交往关系,超出了人们的心理预期、超出了人的认知,甚至超出了人类的认知,这时人们就能感觉到"多"了。

每个人以他有限的生命和各种物语进行交往，他只能了解其中微不足道的一部分。此外，现在依然有大量未解之谜。即使一些物语的交往规则是由人设计出的，但实际交往时的情况往往出人意料。新物语的出现，可以解决旧的交往问题，但同时有可能带来新的交往问题。例如，某种工具的发明是为了改善交往，但与这种工具的交往又成为新的交往问题。

物语的意义是它所有交往关系的总和，但人们在传递知识时，并不能把物语所有的意义都传递，而是出于省心只传递那些主要的意义，实际上，物语的实际意义总是超过能够被人们传递的部分，这也是"多"的一种形式。

每个人在与世界交往时，还有"我"这个天然的交往对象。这个"我"既是"过去的我"，即人们对于过去自己的认识；也是"未来的我"，即人们对于自己未来的期望。这个"我"与自己如影随形，如果对他过于关注，则人们容易忽略与更广阔世界的交往，这是"我"对"世界"的遮蔽。"世界"被"我"遮蔽，也是一种形式的"多"。

"世界的多"是促进人及人类社会不断产生新的交往、不断产生新知识的动力，因此我们也可以认为它是世界不断前进的动力。人们总是通过促进交往来获得新的知识，促使新物语出现。例如，哲学家们将哲学的起源归结为人的疑惑、好奇。疑惑和好奇的产生是因为世界是"多"的，超出人类或哲学家现有的知识，人们需要新的知识去解释那些他还不能解释的事物。任何知识领域向前发展的动力都可以被归结为"世界的多"。人们总是不断对各种新问题、疑难问题进行思考和筹划。为了解决这些问题，人们发展了新的物语。

有人会将人类社会的发展归结为人与人之间的竞争，也有人将其归结为人与人之间的合作。竞争与合作只是人与人交往的不同形式，上述看法都有其片面性，甚至将这种进步仅仅归结为人与人的交往都是片面的，应该将其归结为物语的交往本性。"世界的多"产生的原因也可以归结为物语的交往本性。尽力去促成、发现世界中的各种物语和物语的交往关系，就能形成"世界的多"。对这个问题的完整的解释是："物语的交往本性—世界的多—人类社会的发展"。

"世界的多"会引起人们的疑惑、好奇，这是因为其中一些物语的意义还不能给人完全确定的感觉，人们希望进一步对它们进行解释。这种情形可以被比喻为，在搭建积木时，一些积木块的位置是偏离的，这引起了人们的不安，人们总是试图把那些偏离的积木推动到恰当的位置以防止倒塌，或者给这块偏离的积木以新的支撑。

7.2.3　中文以"三"泛指多

所谓"多"，是上述两种情况的综合，其既可以是数量上的体现，也可以是人的能力的体现。人们对于多的感觉，既可以是群体的感觉，也可以是个体的感觉。在中国文化中常用数字"三"泛指多。例如，《论语》中的"吾日三省吾身"[①]"三人行必有我师焉"[②]；《孟子》中的"不孝有三，无后为大"[③]；俗语中的"冰冻三尺，非一日之寒"。这些"三"都不表示具体的数字，仅表示数量多。

汉字中有大量由三个相同的单字叠加构成的会意字，表示的是其中单字的含义"多"的意思。这些字的字形类似于图 3.1 中的分类结构，我们称之为"品"字结构。例如，品、众、晶、鑫、森、淼……这些字蕴含了两个含义：数量多；分类有结构性。这表明物语数量一多，人就要以分类结构的形式对它们进行安置。

分类是普遍的现象。物语总是处在某个或某些分类结构之中。科学中即使一些新出现的物语不好被归类，但其所属的大致类别还是能够说清楚的。如果不够清楚，我们就给它们暂时设置一个含义模糊的类别，如暗物质、暗能量等。或者像老子在《道德经》中所说的"玄"。在分类结构中，通常还有不同的层次结构。分层也是分类，它是不同维度的分类。

---

① 出自《论语·学而》。
② 出自《论语·述而》。
③ 出自《孟子·离娄上》。

最初的世界没有语言也即没有物语，所以谈不上分类。不同的文化都把最初的世界描述成某种混沌，这是分类前的状态。而后依靠不同的神力把它分成各种不同的东西，这是分类后的状态。在中国古代的传说中，盘古将混沌的世界劈开，分出了天和地。《圣经》中上帝不停地创造，所以形成了各种各样的物和各种分类。

分类是物语的数量增多后出现的现象。只要物语的数量多就会产生分类。因为人的交往能力是有限的，众多的物语只有形成分类结构，人们才能以便捷的方式确定某个物语在所有物语中的位置，进而与这个物语交往。

7.3　操心和省心

人总是在和各种物语进行交往。人只要活着，他的各种感觉系统就在接受外界的信息，他就会调动身体的各种机能和其他物语交往。他的"在交往"表明人在此之前总是要为此做一些准备，他总是准备"去交往"。不管他是积极主动地"去交往"，还是消极被动地"去交往"，只要他成为交往的环节，他就要"去交往"。例如，人在下楼梯时尽管已经走到平地，但如果没有准备好与平地交往，脚踏出去难免会被绊倒，这是"去交往"的环节没有做好。这种"去交往"我们在此称之为"操心"，不同的人只有多操心和少操心的区别。

与"去交往"对应的是"不去交往"。人们和物语"去交往"的时候，自动排除了和物语大量的"不去交往"。现代认知科学的研究结果也表明，人们对于接收到的信息有自动过滤机制，对于大量的信息都"不去交往"。这种"不去交往"就是"省心"。人们对于世界中的各种物语并不都"去交往"，他只能和"周围物语"进行交往，这也是省心的体现。"不去交往"还可以表现为"少交往"，就是减少交往时的工作量。人的省心策略之所以形成，是因为人想要能够以他有限的交往能力和"世界的多"进行交往。

海德格尔将人的存在称之为"操心"[①]。根据"操心"在日常生活中已有的含义，这表明了海德格尔对于人的存在的认识。"操心"形象地勾画出了人的存在的某种特点。这个词在此被使用，用于描述人每时每刻都在准备与"世界的多"进行交往时的特点，同样贴切。人不仅是交往行为的亲力亲为者，他还要发起、促成、设计、规范、理解其他物语的各种交往行为。"操心"虽然仅反映出人在交往时某一方面的特性，但这种特性与人的"交往"直接相关，与"世界的多"直接相关，它是人的基本特性之一。如果要进一步描述出人在交往中的特点，就需要在"操心"的同一个维度上找出它的似反性词语，即"省心"（图 7.2）。

图 7.2　操心与省心之轴

操心和省心都根源于"世界的多"，它们是人在交往时所呈现的特点。操心和省心构成了讨论人的一个完整的维度。如果认为操心是人的本性，人在操心中应该发展出一种能力，使得人容易和各种各样物语交往。人的省心模式最基本的方面体现在人对物语所构造的各种分类结构上。通过把不同的物语安置在分类结构中不同的位置，人可以更加方便地与物语发生交往。人正是因为天生具有省心的心理，所以才同时具备了操心的能力。他可以操少量的心，也可以操无穷无尽的心。在省心和操心的方式下，人与世界交往的能力得到了发展，可以和更多的物语交往。

如果分析省心和操心各自所包含的积极和消极因素，我们可以有以下两点认识。

（1）人采取省心的方式把物语置于某个分类结构之中。通过这个分类结构，物语至少获得了一种意义，人至少获得了一种和物语交往的方式，

[①]　马丁·海德格尔. 存在与时间. 陈嘉映，王庆节译. 北京：生活·读书·新知三联书店，2006：209-265.

这是省心的积极结果。但是，任何物语都可以"在更多的……之中"，可以在更多的分类结构之中。当物语在不同的分类结构之中时，物语的意义不同。如果因为省心而建立了某些固定的分类结构，实际上就是对物语其他意义的排斥，这是省心的消极结果。

（2）人通过不断的操心与那些陌生的物语交往，获得了和越来越多的物语交往的能力，这是操心的积极结果；而人和这些陌生的物语进行交往，因为交往不畅产生了各种迷惑、焦虑、错乱，这些是操心所产生的消极效果。

人们可以拒绝"世界的多"，把自己约束在一个相对"少"的世界之中，例如某些教徒或传说中的隐士。但他们在操心和省心的特点上，和一般人并没有实质性的区别。即使我们谈到"世界的多"，但事实上根据每个人的能力只能和有限的"多"进行交往，在有限的世界里操心和省心、去交往和不去交往。不同的人的区别仅在于"多"的程度不一，以及不同的人遇到的"多"超出他交往能力的多少。

7.3.1 操心

每个人都可以根据自己对生命的体验，感受到人的操心。在文学作品中，作家通过对人的敏锐观察，采用虚构的形式，形象地描写出人的各种操心。例如，莫言在小说中写道，"我看到在这个事件过程中那些贪婪的、疯狂的、惊愕的、痛苦的、狰狞的表情，我听到了那些嘈杂的、凄厉的、狂喜的声音，我嗅到了那些血腥的、酸臭的气息，我感受到了寒冷的气流和灼热的气浪，我联想到了传说中的战争"[①]。科学中可以采取不同的方式，利用仪器对人在产生各种行为时的生理指标进行测量，以此评价人的体力和脑力负荷。

本书把操心看作人应对"世界的多"的一种方式，那么，我们可以根据"世界的多"的三个特点，把操心的对象划分为多样性的世界、未知的

---

① 莫言. 生死疲劳. 杭州：浙江文艺出版社，2017：145.

世界、分类结构。

人在多样性的世界中会和各种物语交往。人们常用"读万卷书，行万里路"的说法表达与多样性世界交往的态度。当今社会，交往媒介的发展促进了人与多样性世界的交往。人们用"全球化"描述当今社会的交往特点。全球化的实质是全球范围内的交往的加速，它促进了旧语物的消亡和新语物的产生。

人对未知世界的操心是指人与他难以理解的物语进行交往，或人类对于未知世界的探索。与未知世界的交往只能通过与现实世界的交往实现。正如电影《美丽心境界》（*Imagine*）里盲人之间的对话："我们前路是什么？""扔个石块试试。"前路是未知的，而扔石块是现在可以做的。

人在对未知世界的操心中通常和当时所认为可信的物语交往，而这个物语后来也许会被发现是错的。例如，英国人约瑟夫·普里斯特利在发现光合作用时由于受"燃素说"的影响，没有从这个过程中发现氧气。"燃素说"是他交往过程中的一个交往对象，当时被认为是对的而后来被认为是错的。

人在对未知世界的操心中还经常提出各种假说，作为对未知世界的预期。这种假说通常是人在与现有的多样性世界交往后提出的。而这种假说能否得到广泛的认可，还需要人们与之反复交往。

人与"世界的多"进行交往就是与处于各个不同分类结构中的物语进行交往。要对某个物语的意义进行把握，需要了解这个物语所处的分类结构中的其他物语，也要了解这个物语所处的不同分类结构。分类结构既是省心的结果，也是操心的对象和操心的结果。人对于分类结构的操心，还体现在如何将物语安置于某个合适的分类结构中的合适位置。一些新物语的意义开始并不明确，它与其他物语的似反性也并没有完全体现出来，我们需要进一步发展它和其他物语的交往关系，才可能将其安置于合适的分类结构中。

人对于分类结构的操心也体现在对改变分类结构的操心。分类结构虽然是由于物语数量增多而自发形成的，甚至形成何种结构有时也是自发的，人们可以根据这种自发形成的特点顺势而为，构造合适的分类结构，但是总归而言，所有的分类结构都是人操心的结果。即使分类结构形成了，物语的意义、种类、数量也会随着交往的发展而改变。原有的分类结构如果不能适应新的交往关系，甚至阻碍新的交往关系，其就需要调整或重新组合。这些都是人需要操心的。

7.3.2 省心

省心是人应对"世界的多"的另一种方式。例如，人们经常采用缩略语表示一个长串的词组；人在工作时偷懒；人们发明新的机器以降低人的作业负荷，这都是省心的表现。

乔姆斯基关于语法的分析所提出的"最简方案"也是关于省心的例子，这个方案指出语言的构成和运作体现了最精简的原则。

当人们说出话或写出句子时，它的第一个交往对象就是言语者本人。一句话的实质就是由一些词构成的分类结构。当这句话被说出或写出的时候，相当于言语者已经遍历了一次这个分类结构中的所有的词，与它们都交往了一次。这个遍历过程的顺序就是语言规则。影响人关于这些物语的交往顺序的因素包括：①言语者在他的语言环境中所形成的基本语言规则，或者说是一种逻辑关系；②词的发音；③不同物语在言语者的认识中的重要性。我们可以用大小关系来表示言语者对某个物语重要性的认识，一个物语大，那么言语者就容易捕捉到这个物语，在交往时就有优先顺序。前两点容易形成共性的规律，容易体现最简方案。在第三点中，人们对不同物语重要性的认识会产生差异，由此会导致很多句子显得不那么符合最简方案。

省心是人与"世界的多"进行交往的普遍策略，因此会形成普遍的"分类"现象。利用数学可以证明在对多个词进行检索的时候，如果这些词采用分类结构的形式安置，那我们可以用最少的搜索步骤找到某个特定的词。在一些简单条件的约束下，我们可以证明这个分类结构中的每一个类别下都有自然数 e 个元素时，所需的查找步骤最少。这些与人们知道的一些情况是相符的。例如，e 进制是理论上效率最高的进制；对于某类商品，人们通常只能记住 2～3 个品牌；还有前面提到的汉语里面常用"三"表示数量多，3 是比 e 大的第一个整数。人在准备和某个物语交往之前，大脑的搜索机制还是个谜。这个证明可以反映计算机的特点，但无法说明人的特点。但是，它可以佐证这种观点——当数量多时，必然会产生分类结构。比这个证明更清楚的是人们把物语分类置放的普遍事实，以及人们在各种交往行为中希望省心的普遍现象。我们不需要通过分类结构的形式把所有的物语都查找一遍，只需要根据分类结构的指引查找一部分物语，就可以找到那个特定的目标。这个特点反映在人身上，表明人在和"世界的多"交往时，同时具有"去交往"和"不去交往"的特点。

与省心有关的还有关于物语的意义，在第 3.1 节中我们已对此进行了介绍。物语的意义是它所有交往关系的总和。但在实际的过程中，因为人的省心，这种交往关系缩小为与它所在的那些分类结构中的其他物语的交往关系，甚至进一步缩小为与这些分类结构的顶层物语的交往关系。

涂尔干和莫斯谈到，逻辑学家、心理学家都将分类看作简单的、先天的东西，或者至少是仅凭个体自身的力量就能构成的能力[①]。如果不对它进行解释，这种观点就显得武断。分类现象虽然是自然而然发生的，也并不复杂，并且确实仅凭个人的能力就可以完成，但人们还是需要从基本概念"交往"出发，为它找到合适的解释。

7.4　人的复杂半理性

操心和省心是每个人的特点，也是语物中的人的特点。如果把物语划

[①]　爱弥尔·涂尔干，马塞尔·莫斯．原始分类．汲喆译．上海：上海人民出版社，2005：2．

分为人和语物是恰当的，那么，同为语物的医院、公司、石头、树这些语物有什么共同之处呢？单独的人和语物中的人有什么不一样呢？人和语物的似反性体现在什么地方？仅仅根据人的操心和省心，还不能规划出这些相同和不同之处。例如，人与树在操心和省心的特点上没有任何相似之处，不能构成似反性。

认识人的操心和省心能够促使人们进一步思考，人的这些特点与人们通常用来描述人的"理性""非理性"这些概念到底有什么联系和区别。"理性"在流传过程中，一方面演变成被人们广泛推崇的物语，它的含义充满了隐喻；另一方面，人们对"理性"的质疑也逐渐产生。

7.4.1 逻各斯：从聚集到言说

"理性"源于希腊语"逻各斯"。根据海德格尔的考证，"逻各斯"在希腊语中最初有"聚集"的含义①，随后演变成言说、话语的意思。言说、话语是人与人交往时的媒介。

词义的演变是复杂的现象，会由很多偶然的因素造成。即使是中国人，对于汉语中很多词义的演变也很难知道其确切的演变原因。例如"简"，它如何从"竹简"的"简"演变成"简单"的"简"呢？即使在当代，词义的演变也非常显著，关于它们发生的原因若非在这个时代亲身经历，人们很难想象。例如，"囧"这个几乎已经被人遗忘的字，现在却成了使用较为频繁的汉字之一。它的本义指"光明"，现在的含义却变成了"郁闷、悲伤、无奈"。词义转变的原因仅仅是它的字形像人愁眉苦脸的样子。

虽然我们无法重返过去找到词义演变的原因，但可以根据这些词的不同含义，构造它们之间的内在联系。这种做法也许是错误的。正如"囧"是根据字形的特点发生词义转变的。希腊语是字母文字，我们可以假定它不会涉及图形方面的联想，我们在此可根据词的含义构造它们不同含义之

---

① 孙周兴. 语言存在论. 北京：商务印书馆，2011：258.

间的关系。

根据"聚集"所体现的是物的聚集还是人的聚集，我们可以对"逻各斯"从"聚集"演变成"言说、话语"分两种情况讨论。

如果"逻各斯"指的是指物和物聚集在一起，这表明在空间中两个物之间因距离变近而发生交往。在早期的巫术中，人们经常会认为空间近的事物之间能够发生关系。即使现在，这种心理也没有消失，在一些场合会产生实际的影响。例如，构造某种具有特定效果的交往空间，可以通过多种装饰物共同实现。如果以现代的观念看待物和物聚集在一起的行为，我们可以把它看作一块手表中的各个零件聚集在一起，通过建立它们之间的交往规则，构成了新的物——手表。这时发生的是"物的逻各斯"。

随着人与人之间交往关系的发展，"物的逻各斯"隐喻为"人的逻各斯"。人与人之间的"逻各斯"并不一定需要通过聚集在特定的空间才能发生。这时，交往行为越来越多地体现为语言行为，例如人与人之间的对话、传递书信、阅读文字等。这种交往行为可以超越早期"逻各斯"空间和时间的限制。这时，"逻各斯"从早期的"聚集"演变成表示"语言"的含义。无论是"聚集"还是"言说"，"逻各斯"都是和交往有关的概念。

如果"逻各斯"最初指的就是人和人聚集在一起，那它和语言的关系会更加明显。人和人聚集并不一定是为了相互取暖，还可以是相互沟通、商量事情。想象这样的场景，当群体中有一件事情需要大家共同商议时，部落头领发起了一次"逻各斯"。他大声叫"逻各斯"，随后其他人把"逻各斯"的声音传递到远方，这时，部落的人群从远方赶来聚集在一起。因"逻各斯"而商讨的结果，是大家需要共同遵守的东西。这种聚集容易让人联想到汉字"中"的原始含义，它是在空地立起一杆旗，人们朝着它聚集，商议共同关注的事情。

"逻各斯"在发展的过程中也具有"规律、规则"的含义。这对于上述第二种情况来说容易理解。即使对于第一种情况，由宽泛的言语交往行为的含义演变成言语交往的规则也能够理解。因为形成交往规则是人与人之间发生实质性交往行为的前提条件。在交往过程中，作为交往的物语至少能被对方理解，这就表明双方在遵循共同的规则进行交往。

海德格尔曾考证出"逻各斯"（logos）更古老的词根是 leg（采集）[①]。从"采集"到"聚集"的演变是容易理解的，并且"采集"的含义更容易让人理解"逻各斯"最初是和物有关的交往行为。

"逻各斯"的"聚集"含义，还可以和一种普遍的"聚集"现象联系起来。之前提到，物语的意义是它和其他物语交往关系的总和，这样，某个物语可以被看作是某些其他物语（或它和其他物语的交往关系）"聚集"在一起而形成的，这是"物语的逻各斯"或"交往的聚集"。任何词、任何物其实都不是单纯的词或物，而是众多物语的聚集、众多交往关系的聚集。人们在对物语的省心认识中，总是重视那个聚集后的物语，而忽略形成这个聚合体的那些物语或交往关系。

7.4.2 理性是交往的有限性

当谈到某人的"理性"的时候，其是根据他的言谈举止，通过他和其他人的交往体现出来的。这时的理性指交往双方遵守规则或规律，它的含义和"逻各斯"所具有的"规律、规则"的含义类似但不相同。理性可以被认为是遵守"逻各斯"，使自己的行为符合"逻各斯"。虽然"逻各斯"常常以永恒规律的面貌出现，但实际上，这种交往中的"规律、规则"可以随时间发生变化、随不同的交往场合发生变化。而在不同的交往中，需要遵守相应规则的交往方式不会变。交往中的"规律、规则"隐含了对交往结果的评价，而理性只是对交往本身的衡量。如果把理性解释为某种交往行为的"恰当性"，这和把中庸解释为"用中"类似。即使某种交往行为是遵守交往规则的，也即理性的交往，但由于交往规则本身就存在缺陷，这也会导致人们的理性交往产生错误结果。

要解释什么是理性，只能根据交往关系中容易辨别、不容易产生歧义

[①] 张志伟. 形而上学的历史演变. 北京：中国人民大学出版社，2010：6.

的东西对它进行讨论，这就是交往方式可能性的数量多少。

生活在今天，人们外出之前想要知道未来的天气可以查阅天气预报，这是理性的行为。数千年之前要获得类似的结果也许要依靠占卜。占卜这种行为现在看来是非理性的、不科学的，因为它已不在现代人的交往方式中，但在数千年之前它是理性的行为。如果不同人对待同一个问题，持有的是不同的解决方法，而事实上他们都是理性的，那么，理性就不是对于这个问题的某种具体的解决方案，而是他们在解决问题时，都在试图找到某个可以信赖的解决问题的方法，而不是随便用一种什么方法。因此，理性实际上是对交往方式进行数量上的约束，但这种数量的多少到底指的是什么呢？我们可以列举如下两段对话作为例子。

甲：今天天气真好啊！

乙：是呀，我们出去爬山吧？ / 昨天天气也不错。 / 这就叫好吗？ / 我的心情却很差。

甲：今天天气真好啊！

乙：东单北大街有只狐狸。 / 稻草人也会拔河吗？ / 大家好，我是7900。 / 吓死我了。

如果不考虑特殊的情景，第一段对话中乙对甲的各种回应都是理性的。当甲提出话题时，已经限定了乙回应这个话题的方式。乙的回应虽然有很多种情况，但所有这些可能的回应都和甲的话题有明显的关联，是一种有限范围内的回应。第二段对话则是非理性的交谈。乙对甲的回话跳出了第一句话所限定的范围，是一些不相干的话。非理性并不是指交往的无限可能性，而仅是指规则范围之外的情况。在第二段对话中，如果甲的话有很多种，而乙的回应只是这四句，这虽然也是有限的回应方式，但也确定无疑是非理性的。当人们说某种交往行为是理性的时，指的是在所设定的条件下，遵守人们已知的、有限的方式所开展的交往。

根据理性是交往的有限性的解释，我们可以重新看待理性所具有的"遵守规则、规律"的含义。所谓规则、规律，都是指交往行为发生时的约束，是为交往设计出的有限的交往方式，或在长期的交往中形成的有限交往方式。物语和物语的交往被限定在人所设计的规则中，或由人所发现的规律中。在交往中遵循理性、遵守规则虽然使交往方式受到了约束，但至少有了一些可行的交往方式。如果没有这些交往规则、发现不了交往规律，那么交往就会变得异常困难。有人持反理性的立场，反对的只是现有规则对其他交往方式的束缚。当规则变得不合时宜，而作为遵守原有规则的理性又是必需的时，理性就变得可疑。而当将理性解释为交往的有限性、认识到理性的交往行为是在有限的交往方式下进行的时，人们对理性的态度才是可信的。这样人们才可以既遵守交往规则又不固执，才可以对于新的交往方式不排斥。

7.4.3　对逻各斯中心主义的批判

"理性"和"逻各斯"的含义虽然略有不同，但在某些语境下二者可以近似相同。德里达对逻各斯中心主义的批判也可以被看作是对理性中心主义的批判，这和其他学者对理性的批判类似。

它首先是对形而上学的批判。各种不同的形而上学有它形成、发展和衰落的原因。旧的形而上学也许会不合时宜，但人们总是需要形而上学。依据形而上学所构造的结构讨论物语的意义是理性的行为，当然也是有限的交往行为。当它成为需要被严格遵从的规则时，这就限制了其他可能的交往方式。

德里达对逻各斯中心主义的批判还体现在对二元结构中被忽视的物语的重视。例如，主体和客体、本质与现象、必然与偶然、真理与错误、同一与差异。西方文化通常重视这些二元结构的第一项，忽视第二项[①]。这些二元结构或类似的二元结构在任何文化中都存在，不同的二元结构是人

---

① 雅克·德里达. 论文字学. 汪堂家译. 上海：上海译文出版社，1999：1.

们认识事物时所发展出的不同认识维度。当某个维度的物语累积时，分类就会形成。二元分类是最简单的分类模式，不同文化中的人们普遍采用这种分类模式，这是因为其简单省心。德里达所谈到的在逻各斯中心主义中人们对其中第一项的重视是一种省心之省心的行为。人们追求"真、善、美"，摒弃"假、恶、丑"，这是理性的生活，但也是一种有限性的生活。

为了讨论物语的新的可能意义，我们需要对那些曾经被忽视的物语进一步讨论，对于这些结构中的第二项开展讨论就是一种可行的策略。这些构成了德里达对逻各斯中心主义的批判。这种做法与老子《道德经》中的"反者道之动，弱者道之用"类似。对二元结构中被忽视的第二项进行讨论，不仅是为了阐述第二项的新意义，也是为了阐述第一项的新意义。

"逻各斯"、"理性"或"交往的有限性"并不表明它们是需要批判的东西。这是基于人的基本特点所发展出的交往方法。对逻各斯中心主义进行批判是为了发展物语之间新的交往方式，并在此基础上重新审视以前的交往方式。为了使交往能够发生，遵循理性的交往方式是必需的。但物语之间的交往方式也是可以进一步发展的，特别是当人们认识到理性只是一种有限性的体现时。

7.4.4 复杂半理性的人

哈耶克和赫伯特·西蒙提出过"有限理性"的观点，它是对以往"理性人"简单假设的修正。但它是对人具有的理性从外部进行修饰。由于理性本身体现的就是有限性，所以用"有限的有限性"描述人的交往特点就不够清晰。"有限理性"表达的含义是人的某些交往是理性的，而另一些交往是非理性的。我们可以用"半理性"来描述人的这种特性。它所说明的正是人在某些场合遵循交往规则；而在另外的场合对交往规则不够清楚，或者即使清楚也不遵循规则。造成"半理性"的原因是人需要与"世界的多"不断交往。人在不断的操心和省心中，总有很多的交往规则不清楚，或者总有一些理由促使人违背应该共同遵循的规则。"世界的多"作为人的交往对象体现了复杂性，因此，人在交往中体现的主要特征是人的"复杂半理性"。

人与"世界的多"交往时，他操心，和更多的物语交往，掌握了更多的交往规则，就变得越来越理性；他操心，但遇到越来越多的陌生的物语，他不了解交往规则，就会陷入非理性；他省心，对新接触的陌生物语漫不经心，不能掌握其交往规则，就会变得非理性；他省心，对于原有的交往规则不加分辨，不知道其适用范围，就会变得非理性；他省心，将自己的交往行为约束在熟悉的范围内，就会变得理性。

人与人交往时，如果双方对交往规则的理解大致相同，就可以进行理性的交往。如果偏差太大，交往很难开展。因此，人与人交往时应该培养自己的耐心。即使交往双方对于交往规则的理解大致相同，但人与人之间对不同物语的理解依然会有所差别，况且每句话能表达的内容也是有限的，人们应该从交往对象更多的语言和行为出发，认识对方，发展和他的交往关系。

人与语物交往时，需要了解语物的特点，掌握并遵守它的交往规则，否则交往也会呈现非理性的特点。即使语物的交往规则是有限的，但如果交往的语物复杂多样，要掌握这些规则也很困难。对于语物的设计，应该使它的交往界面符合人的特征，使人容易与它交往。

如果人在交往中熟悉交往规则，能够理性地交往，也就应该明白这种交往规则随着时间、空间或分类结构的改变有可能发生变化。例如，两个人在私人领域的交往采用的是一套规则，转移到工作领域时则不能套用此规则。

除了因为不熟悉交往规则导致的非理性之外，人在某些场合会丧失曾经的理性。器质性的损伤会影响人的交往能力；或者人对物语所建立的分类结构突然坍塌，曾经建立起来的物语之间的相互支撑断裂了，这时人至少在与某一类物语交往时，会遇到程度不一的障碍。引起分类结构坍塌的情况通常是这个分类结构顶端物语意义的丧失。例如，信仰的崩溃、理想的破灭或重要亲属的死亡。

理性、半理性或者非理性是人与其他人、语物交往时的三种状况。非理性很难保证交往的开展。理性可以保证交往的进行，但人不是生来就是理性的，它是人在经历了交往，掌握了交往规则之后出现的一种状态。假设某人变得理性，可以自如地和周围的物语进行交往，而不将这种交往范围扩大到一些新的物语，我们也不能说这是好的交往状态。任何封闭的物语系统能产生的意义都具有循环性。如果不能和外界发生新的交往，这种循环的意义实际上就是无意义。仅凭理性，很难保证人与"世界的多"进行交往。人只有通过不断地操心与省心，扩大自己的交往范围，才能尽可能地与世界多交往。这也表明，人的复杂半理性就是人最真实的状况。人的复杂半理性也表明，人的意义既包含那些现有的、已知的、确定性的因素，也包含那些丰富的、等待发展的因素。

7.5　与人交往的原则：仁、恕

关于人和人交往关系的讨论已经展开了数千年，对其进一步讨论并不会产生有根本性改变的新知识。由于交往媒介的发展，当今社会人与人之间的交往更加频繁，来自不同文化的人之间如何交往也许是值得关注的问题，但不会成为特殊的问题，历史上不同文化地区的人之间进行交往是经常发生的事情。

交往媒介的发展对于人和人之间交往的影响可以被从两个不同角度考虑。一方面，它首先意味着相同文化人群之间的交往更加容易。语言、宗教信仰、意识形态、经济状况、社会地位、教育程度等各种因素都构成了人和人之间的差异。人们交往时常常采用推己及人的方法，具有某方面共性的人之间容易有沟通的话题，他们对事物的看法也更容易趋于一致，"人以群分"的现象更加明显。这时，交往媒介的发展所起到的作用是促进社会分化，甚至给社会造成更深的裂痕。例如，宗教、财富拉大了人与人之间的心理距离。

　　另一方面，交往媒介的发展还表明不同文化背景的人之间的交往可以更加容易。人类社会从进入农耕社会，再到工业社会、信息社会，每一次转变都导致人与人的交往方式发生了巨大变化，促进了社会分化，但也加强了人与人之间的沟通。社会分化并不是特殊的问题，关键是建立有效的交往机制。人们可以建立各种交往平台、创造新的交往工具，促进人与人之间的交往。

　　随着人与人之间交往的扩大，交往规则需要进一步发展，以适应不同文化背景的人。人的基本特点都是"复杂半理性"，人们可以根据这个特点重新认识历史上关于人与人交往的知识，它们今后依然有效。

　　儒家学说的核心概念是"仁"。它所表达的是人与人之间的交往原则。"仁"所涉及的内容较为复杂，其中主要包括两点：礼和爱。例如，"克己复礼为仁"①；"仁者爱人"②。

　　克己复礼的含义是指约束自己的行为、遵循"礼"的规定，这样，人与人之间通过共同的交往规则，就容易进行交往。不同文化中所需要遵循的交往规则也许不同，并且交往规则随着时间也在发生变化，但人与人之间的交往都会有相应的规则，这体现了交往中的理性。来自不同文化的人，可以通过交往，逐渐建立双方都可以接受的交往规则。古今中外，人们关于"爱"的理解是类似的，都是指关心、关爱他人，为他人提供帮助。

　　"仁"是中国古代的思想家所推荐的人与人之间良好的交往方式。对于"仁"，我们不应该将其视为某些固定的交往方法，而应该随着时代的发展，考虑到人的各种差异，不断探索人与人之间新的交往方法。

　　除了"仁"，儒家还有一个概念"恕"。它既是"仁"的一部分，也是

---

① 出自《论语·颜渊》。
② 出自《孟子·离娄下》。

对交往中的理性的补充。"子贡问曰：'有一言而可以终身行之者乎？'子曰：'其恕乎！己所不欲，勿施于人。'"[1] 恕就是宽容，《论语》中通过推己及人的方法，让人们认识到自身的局限性，自己不想要的，就不要强加给别人。因此，"仁"和"恕"主要说明了人与人交往时，既要保持理性，又要宽容。

推己及人是平行类比的方法。这种做法的便利之处在于，它利用每个人最熟悉的"自己"，将自己的感受推广到其他人。《新约·马太福音》中有"你们愿意人怎样待你们，你们也要怎样对待人"的说法，这也是推己及人。

平行类比容易产生一些错误，即把二者之间所具有的似反性，扩大到另一个不具有似反性的场合。如果对人的认识是不完整的，那么基于人的某种似反性，进而被推广到其他方面就会发生错误。孔子在推崇"推己及人"时采取的是较为审慎的做法，避免了乱作为。

真正的"恕"仅仅通过认识自己、推己及人并不够，只有对人性有整体认识，认识到所有人的特点都是"复杂半理性"，才有可能在"恕"的方面体现出彻底的宽容之心。不同的人在不同的地方显示他的理性和非理性。如果某人的长处正好是他人的短处，那么，推己及人就会产生问题。每个人的生活境遇也是不一样的，如果不考虑他人的真实处境，推己及人也会产生问题。古代"何不食肉糜"的故事体现的就是推己及人时的荒谬。和"仁"一样，人们对于"恕"的态度也不应该被固定在对哪些方面采取"恕"。人和外部世界的交往随着时代在变，人们应该在不断变化的交往行为中体会人的复杂半理性，从而使"仁"和"恕"的观念不断发展。

---

① 出自《论语·卫灵公》。

语物之语物性：简单理性

和语物相对应的"人"是指脱离了具体语物、特定交往功能的人。人可以和各种物语交往。他可以是某个家庭的成员，拥有亲属关系；可以从事某种职业，拥有工作关系；也可以在一些社会团体或宗教组织中，拥有社会关系。他处于特定的社会文化中，受到各种文化符号的暗示；他要和各种物语打交道，被各种语言所吸引或迷惑。在今天的网络社会，语言的交流异常方便，他有更多的机会受到更多观点的影响。并且随着时间的推移，世界上物语的种类、数量和意义都在不断变化。人处在这种复杂且变化的物语环境中，不能完全了解他和各种不同物语之间的交往规则。人们对自己或世界未来的情况不清楚使人产生了各种迷惑，人们去交往时常常有喜怒哀乐的情绪反应。

人们可以把自己约束在一个小的领域，通晓其中的交往规则，保持理性的生活。如果交往范围从他可以控制的领域再向外扩展一点，人们通常会感到无能为力和茫然。为了发展和新的物语之间的交往关系，他需要学习、理解、筹划新的交往规则，把陌生的世界和他曾经熟悉的世界建立联系，扩充自己的知识。

但语物不同，语物通常因为特定的目的而存在，它们开展特定的交往。它的交往有规律，人们需要发现、利用这些规律。例如，人们对于自然规律、社会规律的认识。语物的交往有时是在遵循特定的交往规则，这些语物的交往规则是由人制定的，如交通规则、公司的规章制度。人们制定交往规则时也包括了对交往规律的认识。如果所制定的规则违背了物语的运行规律，规则无法长久。

即使功能复杂的语物也同样如此。例如，国家的政府机构可以被看作是复杂的语物。设计者可以分解政府机构的各种功能，让各个具体的部门去执行相应的功能。每个部门的交往行为都是特定且清晰的。语物的这种特点本书称之为"简单理性"。很多时候，人也是语物的成员。作为语物中执行语物某项交往功能的人，他和语物一样，交往行为简单清晰。在这种情况下，人和语物的特性是一致的。例如，售货员出售商品，工人操作机器制造产品，律师为客户提供法律支持。虽然人在语物之中也会有其他形式的交往，例如非职业的交往行为或非规范的职业交往行为，存在非理性的因素，但语物已经对他的行为进行了必要的约束。

8.1　语物的简单理性

如果将物语分成人和语物是合适的，我们需要为这两类物语找到清晰可见的似反性关系。把人的共性归结为"复杂半理性"，以此对应，将语物的共性归结为"简单理性"，这时所体现出的似反性符合人们通常的认知习惯。人们很容易理解简单与复杂、理性与半理性之间的似反性。医院、公司这些机构是简单理性的，石头、空气、苹果也是简单理性的。医生作为人来说是复杂半理性的，而他作为医生是简单理性的。

8.1.1　语物的简单性

复杂性和简单性在此表明的是语物交往对象的多少，这种多少并不单纯表示数量的多少，这个"多"更加强调的是"超出"。

语物和人不一样，它不需要面对"世界的多"。即使它有可能面对世界，例如某个企业的产品被全世界的人使用，但这个"世界"也仅仅是世界的某个方面，语物的交往对象是"有限的多"。虽然人是有时间性的、人的实际交往能力也是有限的，人在交往中还常常趋于省心，这些导致每个人的交往对象实际上也是"有限的多"，但是，人在交往中具有和各种物语进行交往的可能性。他会因为各种不同的目的和不同的物语发生交往，也会因为空间和时间的变化需要与不同的物语发生交往。或者人因为操心的本性，会随时和一些新的物语发生交往。

语物很多时候都是被人促使与其他物语交往的。语物能与哪些物语发生交往关系，在某种文化中是被规定了的或被设计好了的。任何语物都被人置于与它相应的分类结构之中，它主要的交往对象是它所处的分类结构中的其他语物。即使有时这种分类结构是私人性的，这也仅仅表明，在某个私人的观念中，这种语物的交往对象是被规定了的。任何语物都不会被人想象成会与所有物语发生关系。即使有人可以为语物创造某种新的交往对象，即一个隐喻性的交往对象，那么，这种隐喻关系即使固定下来也不过是增加了语物的一种分类结构，人们并不设想它会和所有的物语发生交往。

例如，石头，人们把它当作建筑材料、雕刻材料，或者它作为一个名词在句子中与其他合适的词发生交往关系。它不是食物，不是动物，不是动词，不是连词，不能说话，它不能在它不发生关系的场合与其他物语发生关系，那么它并不潜在地和所有物语发生交往。

再如，飞机，它一般不会出现在闹市的马路上，它不会被人用于挖土，人们也不在飞机上种苹果树。它只是把人和物从一处运送到另一处的运输工具。即使有一些偶然例外的情况发生，那也不会改变人们对飞机的固有认识。

再如，社会组织，它的交往对象是这个组织建立时就根据它的目的确定好的。虽然其在交往过程中会逐渐变化，但在每个阶段，它的交往对象依然是固定的。

对于物语或者交往这些普遍的事物来说，它们是否会和所有的事物发生关系？或者世界，其包括了所有的物语，是否体现了一种复杂性？对于物语和交往这两个物语来说，它们都是分类结构中的顶层物语，其已经被规定为一种普遍性，并没有超出它的交往范围。同样，世界是所有物语的集合，也没有超出它的交往范围。这些普遍的物语体现的依然是简单性。

人的复杂性是把他和语物的简单性区别开来的一种交往状态。在实际生活中，人也有可能被置于一种简单性的境地。例如，历史上曾经出现过的丧失自由的奴隶，或者工业化大生产中流水线上从事单调劳动的工人，经过文学加工，他们被想象成了某个分类结构中的一个简单呆板的组成部分。虽然这些仅仅是对人在某种境遇下的夸张描写，他们的实际生活比文学作品中展示出来的更复杂，但人被语物禁锢的确是经常发生的现象，这是人的语物化现象。这种情况类似于在神话故事中，人看到美杜莎的眼睛后变成了石头；也或者像孔子所提倡的"君子不器"的反面，即人的器物化。后文将对这个问题进行讨论。

8.1.2　语物的理性

语物和其他物语的交往方式体现了有限性，这是语物的理性。语物和其他物语交往的方式，是被人理解出、设计出的一些有限的方式。例如，原子和原子之间的交往方式，被人理解为某些力学模型；机器被人设计成特定的形式，使得它能具有人期望的某种功能；一个社会组织内部的交往方式和它对外的交往方式，是根据这个社会组织的目的及当前社会组织普遍的交往原则设计出的。动物也是具有理性的，例如老虎会吃人，人们常常将它视为非理性的。这只是人以自己的立场希望老虎按照人所期望的方式去行动，但老虎的行为不在人的愿望之中。实际情况恰好相反，老虎是理性的，它的交往方式固定。以捕食为例，老虎是肉食性动物，所以在捕食这种交往中，它不和各种植物交往，只以它的能力能够捕捉到的各种动物为食物。它捕捉鸡、兔子，但不打扰大象。这些是老虎交往理性的体现。人希望老虎不吃人，反映出的只是人的非理性和人的一厢情愿。

语物的理性与人们是否正确掌握语物的交往规则无关。事实上，语物之间的交往规则有很多人们还没有完全掌握，如很多科学之谜、社会之谜。人们只能暂时给它们设定一些交往规则，将其作为理解这些物语之间交往关系的基础，而不是认为这些语物之间的交往关系是可以任意的。台风、海啸等极端自然现象出现后，人们会说自然界是非理性的，但这仅仅是灾难性气候对人产生了意想不到的破坏后人们所产生的感慨。语物的理性不仅体现在科学中，在巫术和宗教中也是如此。甚至虽然艺术作品充满了闪烁不定的意义，它也是艺术家按照艺术规律以某种有限的方式设计出来的，而不是任意的。

8.2　语物简单理性的几个例子

语物都是人创造的，语物的简单理性体现的是人在特定的场合是简单理性的。本节在此列举几个语物的例子，并对它们的简单理性进行讨论，以加深人们对语物的这个特点的印象。语物虽然是简单理性的，但每一种语物都有其特点，我们需要具体分析。

8.2.1　例1：飞机的简单理性

飞机是复杂的机器之一。人造物无论是简单的还是复杂的，如纸杯或者飞机，它们都是为特定的目标、为执行特定的交往功能而被创造出来的。人造物不会凭空被创造出来，在设计这些物的时候，世界之中已经有一些语言和物可以供设计采用。在设计这些目标物的过程中，首先是对现有的语言和物进行筛选。这里的语言指现有的各种知识，物则指现有的材料、零件、部件、仪器、设备等。如果在向目标物前进的过程中还缺乏一些语言和物，就需要创造新的语言和物。新的语言和物是直接为这个目标物服务的。无论设计多复杂的人造物，人们都需要保持这种简单的理性。造物过程中的简单理性并不表明目标物最终是否能够被设计和研制成功，仅仅说明当众多语言和物重新汇聚在一起、构成一个新物的时候，物语的交往规则是清晰的。简单的目标物仅靠少数人的聪明才智就可以完成这种筛选和汇聚，而复杂的物则需要依靠数量庞大的人群、大量的时间、足够的资金支持去完成这项工作。通常，越是复杂的物，这种简单理性体现得越为明显。

不同的人或人群在针对某个目标物进行设计和创造时，所掌握的物语的素材有差别、物语的创新能力有差别，会导致目标物的结果有差别。但这些人造物的目标都是明确的。如果目标达不到，就降低要求，重新制定目标。如果目标物失败，那么就分析原因，改进设计。不可能出现以设计一架飞机为目标，却造出了一艘船的情况。在目前的技术水平下，专业的设计师如果设计出一架飞机却不能飞都是不可想象的事情。同样，在目前的技术水平和需求下，以 10 倍音速作为一架民用飞机的设计目标也是不可想象的。飞机是最复杂的人造物之一，它的设计和目标都体现了这种简单理性。

如果在研制过程中，这种理性行为不能时刻被保持，任由每个人将其知识自由发挥，那么将导致恶劣的后果。这种情况不曾发生过，因为飞机的研制需要花费大量的资金，不容许这种情况发生。1940 年，美国飞机设计教育家 K. D. 伍德曾经假想了飞机设计各专业组单独对飞机进行设计后出现的糟糕局面。不同专业组的飞机设计师设计出了各种不同的造型（图8.1），结果只有一个，飞机飞不上天。目前，各飞机制造商都有大量的规范，涵盖了设计、零件、材料、工艺、软件、试验、生产、管理等整个飞机研制过程各环节的内容。这些规范就是制造商形成的对知识的取舍。由于这些规范内容繁多且涉及面广，在某个飞机具体的研制过程中，人们还需要对这些规范进一步地取舍，才能保障研制工作的顺利开展。

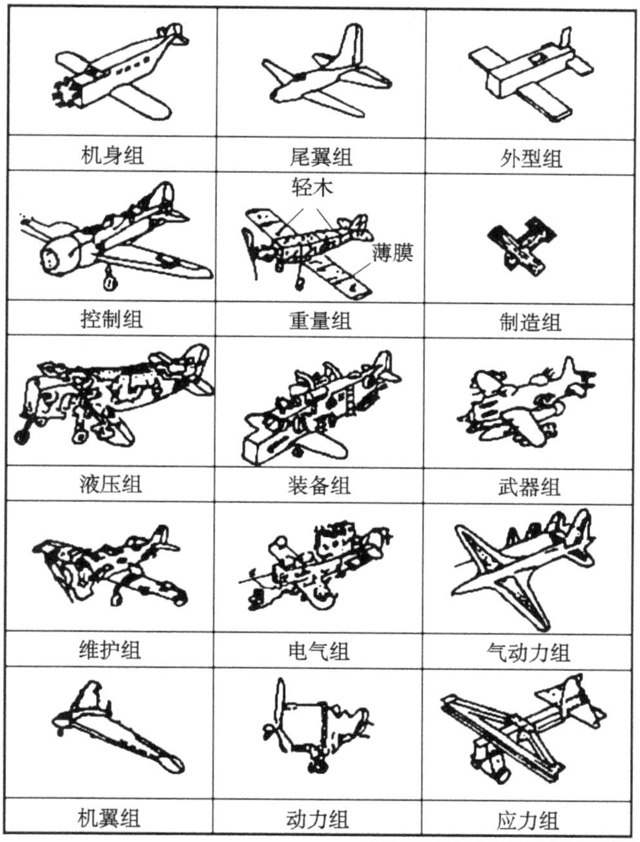

机身组	尾翼组	外型组
控制组	重量组（轻木、薄膜）	制造组
液压组	装备组	武器组
维护组	电气组	气动力组
机翼组	动力组	应力组

图 8.1　不同专业组设计的飞机[①]

在飞机研制过程中，将其划分为不同的研制阶段可以把整个研制过程变成若干个更小的研制过程。对每个研制阶段采取不同的管理模式可以实现更为精细的管理。不同厂商对研制阶段的划分有所差异，但大体上是按照产品定义、研制和生产这几个阶段划分的。在产品定义阶段，研究人员需要明确研制的目标。如果是军用飞机，则需要根据战略上的考虑或未来面临的作战环境做出考虑。如果是客机，则需要对客户、竞

① 顾诵芬.飞机总体设计.北京：北京航空航天大学出版社，2001：2.

争者和供应商的情况进行调研。在研制概念机型时，需要结合自身的技术储备、可用的新技术预测和对新产品的设想，在不同方案中反复对比。在形成研制目标的总要求后，它就成了后续工作的约束条件，后续的工作需要围绕此目标开展。飞机由于工作环境的特殊性，对于产品质量有很高的要求。在飞机研制的各阶段，都需要确保飞机的可靠性、安全性、维修性和技术寿命。研制过程的每个阶段，都需要进行反复磋商，协调各种矛盾，才能达到要求。

不同的厂商由于组织结构不同、内部和外部的条件不同、研制飞机的特点不同，可以对整个进程采取不同的划分方式。如果不考虑成本，固然是越细致越好。但作为产品，开发成本也是重要的方面。不同的厂商应根据自己的情况，对研制阶段的划分方式进行优化。这种将研制过程划分为不同的研制阶段来开发新产品的模式，也是人造物过程的简单理性的体现，它可以保障整个研制过程目标明确。

在飞机的研制过程中，工程师还需要将整个飞机划分成不同的子系统，规范每个子系统的功能、子系统之间的交往关系，使它们构成整体。不同的厂商、不同的飞机类型，这种划分方式也不相同，但无论怎样划分，其目的只有一个——保障飞机达到所预期的性能。

8.2.2　例2：艺术作品的简单理性

艺术作品通常是在表现某个特定的主题，同样体现出简单理性。复杂的艺术创作虽然有时需要人们进行高强度的隐喻性思考，艺术家在创作中也许会有一定的非理性的因素，但这些都为作品的主题服务。艺术家创作艺术作品或理解其他人的艺术作品时有更加规范的方法，比没有经过专业训练的人更加理性。

艺术作品可以由团队完成，也可以由单个人完成。人们或许会认为前者所产生的作品更具有理性。但无论艺术作品如何充满隐喻，它能被他人理解，这就是艺术语言理性的体现方式之一。虽然艺术家想要表达的语言与公众欣赏作品时感受到的语言之间可能存在着巨大的分歧，但这和人与人之间的交往一般都会存在或大或小的分歧并无实质性的不同。

这里以两件作品为例进行讨论，其中之一是装置艺术品，另一件是行为艺术作品。前者体现了语言的物质化，即艺术语言、艺术观念通过物的形式表现出来；后者体现了人直接参与到艺术作品中，在艺术作品中表现人与物、人与人的交往关系。我们在此通过对以下两个作品进行分析，讨论这些作品的意义，以对艺术作品的简单理性进行展示。

《物尽其用》是宋冬创作的大型装置艺术作品，由上万件日常用品所组成（图8.2）。相比于传统的艺术品，装置艺术能够最大限度地容纳各种物、各种语言。但是，不同的物包含了不同的语言，大型的装置艺术品需要考虑物品中的各种语言在作品中如何凝聚成作品的整体意义，这是艺术作品简单理性的体现。

在这件作品中，虽然物品的数量繁多，但其来源却很简单。它们是作者的母亲在40多年的生活中积累下来的各种物品，包括家具、衣物、瓶盒、文具、书、日用品等日常生活中随处可见的物品。如果这成千上万件物品随意堆放，就体现不出它们之间的交往规则，人们就不知道这件作品中的物品在表达什么含义。这里面还有大量的废旧物，人们甚至可能会把它们当作垃圾。但是，这件作品却产生了感人至深的效果。无数观众在参观这件作品时，都默默地流下了眼泪，这说明这件作品所表达的语言能够被人们所理解，引起了人们的共鸣。

对于成千上万件物品，艺术家是通过分类结构的形式将它们放置的。展品的中心是一座用老屋拆除后余留的破旧木料搭建的小屋。充满整个展厅的物件，被按照类别摆放整齐，围绕在小屋的周围。这件作品的结构是"小屋—某类日常用品—各种日常用品"。经过这两层分类结构，组成作品的各种物品显示出了它们的交往规则。首先是每一类物品之间的交往，其次是不同类物品和小屋的交往。其结果是作品的意义有了明确的指向。整

图 8.2 《物尽其用》①

件作品的结构也可以被理解成"家庭-生活-情感"。这件作品所体现的意义是世界各地的人们对于家庭的共同眷恋。这些物品中的废旧物有用过的牙膏皮、用过的旧布,试想,如果单独把一支牙膏皮或一块旧布展示给他人,谁会看到这些物品默默流泪呢?牙膏皮和旧布在日常生活中的意义非常简单,人们不会对它们有过多的联想。如果把它们当作艺术品那就意味

① 图为宋冬 2009 年纽约现代艺术博物馆展览现场,图片由佩斯北京提供。读者如需要进一步了解该作品,可参阅巫鸿 . 物尽其用:老百姓的当代艺术 . 上海:上海人民出版社,2011.

着它们还有其他一些意义，但这时其是涣散的，意义指向并不明确。只有在这个结构中，通过形成特定的交往关系，它们的意义才凝聚在一起，服务于特定的主题。作品的标题"物尽其用"对作品做了进一步的说明，表达了珍惜"家庭－生活－情感"的态度。

这件作品中的物品都取材于一个人的生活用品。这些生活用品，在数十年的生活中因为实际的生活交往，构成了它们之间的真实联系，物和物之间有着天然的似反性，为将其构造成分类结构提供了必要的理由。形式上明显的分类结构，为物语之间的交往提供了明确的指示，作品的意义就在这种交往中形成了。这些物因为码放整齐体现了秩序，让人不容小觑，使得人们不能简简单单把它们当作废旧物。由于形成了明确的分类结构，因而其能够引导人们思索并发现它们所希望传递的语言。在这个意义的分类结构中，由于填充着不计其数的物品，这些物品很多是被使用过的，携带着时间的痕迹，而每个人都可能被一些似曾相识的物品所触动，因此作品产生了巨大的情感力量。

曾经有些艺术家也创作过类似的作品，但其所采用的物的来源不同，产生的效果不好。这种效果不好的原因或许可以解释为：艺术家以他个人的某种观念，意图为那些来源不一的物品构造一种内在的联系。物品身上所具有的语言是复杂的，艺术家在选用这些物品时，仅仅是按照自己方式，对它们的部分语言进行了理解，那么，它们真正能聚集在一起的原因就会显得生硬。在这些物品能够聚在一起的似反性要求中，相似性并不是那么直接和明显。这里还存在另一种可能，就是艺术家的观念太超前，当代人无法领略。但无论如何，艺术作品要吸引人，有时就需要体现某种简单性，这样作品才能快速捕获读者的心。

《为无名山增高一米》是由一群来自北京东村的艺术家于 1995 年创作的行为艺术作品（图 8.3）。

图 8.3　仿《为无名山增高一米》①

　　这件作品展示了人和物、人和人、人和空间之间的交往，荒凉的山头甚至还会让人感觉到时间的流逝。这里的物是人们熟悉的山，这里的空间采用的是空间的基本度量单位米，这些元素都非常简单。这些赤裸裸的、纯粹的人拥抱在一起，他们又在一起拥抱山，为这个不知名的小山头在空间中向上拓展了 1 米。这三种基本的交往关系以简单的方式融合在一起，使得作品显得既简单又充满了丰富的内容，因此给人留下了深刻的印象。有人能够从中阅读到人与自然的亲密关系，有人也能从中感受到人与人的友爱和信任。

　　作品的标题是作品的一部分，是作者希望表达的语言，也是作者对这件作品所提供的指引。如果没有这个标题，作品的意义就不够清晰。当这些人叠加在一起为这座无名山增高 1 米的时候，其也表达了人希望自己微不足道的肉体具有改造大自然的伟大力量，这不禁让人联想到了"愚公移山"的传说。

　　成功的艺术作品虽然通常充满韵味以及不可捉摸的含义，但人们能够被它们感动、唤醒对生活的一些感觉，这说明它们的含义是可理解的，这是作品简单理性的体现。但阅读作品的人对它的理解则是另一回事。对于

----

① 《为无名山增高一米》行为艺术作品的作者是王世华、苍鑫、高炀、左小祖咒、马宗垠、张洹、马六明、张彬彬、朱冥、段英梅，由吕楠拍摄。插图由饶盛瑜根据网络中传播的摄影作品绘制而成。

《为无名山增高一米》这幅作品，有人会根据他所具有的道德伦理观念，认为人不应该赤裸着出现，或者男人和女人不应该赤裸地叠在一起，因此认为这个作品是丑陋的。或者有人认为这个作品仅仅是一个荒秃秃的山头，几个光着身子的人，没有内涵。同样，对于《物尽其用》来说，人们也可以认为它就是一堆废旧物的组合，并没有什么含义。与之相反，也许有另外一些人会对这些作品过度阐释，认为它们有更多其他的含义。人的各种理解并没有什么不妥，人本来就是复杂半理性的。艺术作品诞生后，就是供人们与它交往的。无论人们以何种方式阅读，都是与作品交往的一种方式。

成功的艺术作品并非创作者的随意发挥，而是艺术家在长期的练习中，通过他理解艺术规律、掌握艺术创作技巧、遵循他的创作理性所制造出的产品。即使艺术家要对现有的创作方法进行创新，也不过是在现有的艺术语言分类结构中引入一种新的类别，而这个新引入的类别，也要与原有的各种类别具有似反性关系。在艺术、文学，甚至科学中，各种创新活动都是类似的。

8.2.3 例3：社会组织的简单理性

社会组织是有目的的人和语物的集合，它的目的和单个人的目的不同。任何单个的人都有他的目的，不同的人的目的很难相同，甚至完全不同。另外，人的目的太涣散，以至于有时连他自己都不清楚自己的目的是什么。人在每时每刻都会产生一些小目的，这些小目的随着时间又不断消失或变化。而组织的目的不同，一个组织的目的至少在这个群体中能基本达成一致，成为这个组织中每个人的目的的一部分。

不同组织的具体目的不同，如果把各种组织的特殊性和特殊的目的剔除，仅考虑组织是一个语物，那语物的目的就是进行自身的发展。这种目的是语物生长的内在要求。为了实现这个目的，组织应该不断地促进它的各种交往行为，实现自身的物质增长和语言增长。

　　组织的目的可以是开始就被赋予这个群体的，然后对组织中的每个成员进行培训和选拔，为这个目的服务。通过构造这个组织的结构，规划组织内的交往规则，为这个功能服务。例如，当前经济社会的细胞——公司，就是以实现某种经济目的而建立的社会组织，为了达到这个目的，它对员工进行选拔和培训。因为目的不同或成员的差异，不同的公司也因此形成了各种不同的组织结构，为这个目的服务，如图8.4所示，这是向上类比的方法。组织的目的也可以通过对群体每个成员的目的进行考察，进而归纳总结得到。例如，每一级的政府，可以通过对社会的矛盾及需求进行调查，制定自身的发展目标和工作计划，这是向下类比的方法。单独采用这两种方法的一种或对这两种方法混合使用，使得每个成员在群体中的目的基本一致，组织就能够形成。如果群体中每个人的目标差别太大，其就不能被称为组织。

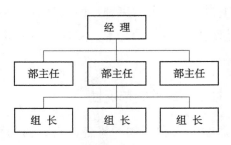

图 8.4　直线制组织结构形式

　　组织的目的在实际操作过程中是由一些更小的目标所组成的。这些更小的目标既可以通过对总目标分解得到，也可以在建立总目标时，作为需要考虑的因素而真实存在。组织之所以形成，是因为它需要完成单个人不能完成的工作。

　　组织中这些不同分工的人或部门之间有物语的交往，它们之间建立了物语的交往规则，应尽可能保障组织内及组织与外界话语的有效沟通和物质的快速流通。这是保持物语活力的必要因素，所有正常运行的组织都如此。这个过程虽然复杂，特别是当组织非常庞大的时候，如何分解目标、如何建立有效的交往规则都是技术问题，但总的来说，某个特定的时代都有某些可供参考的解决方法。同时，一个组织如果庞大，这也意味着参与解决这些方法的人较多。即使不能保证对这些技术问题的解决能获得最佳方案，但至少能保证所有人努力的总体效果是朝着解决问题的方向的。这些体现了组织所具有的简单理性。

组织中每个人的情况则复杂得多。每个人都可以同时具有很多目的，组织赋予他的目的仅仅是他所有目的中的一种。除此之外，单个的人有可能想利用工作便利谋取更多的私利、有可能使自己的权力欲望膨胀、有可能因为情绪消极怠工，等等。如果他不能分清自己在不同场合需要适用不同的目的，而把其他的目的带入工作中，这将对组织的目的产生损害，组织需要有相应的措施对此进行约束。单个的人还有可能并不能完全理解自己在组织内的工作职责，或者其能力与职责不匹配，因此组织对此有相应的培训，但这种培训的效果因人而异，这是语物的简单理性和人的复杂半理性之间的矛盾。如果组织中的某些关键岗位的人不能在工作中保持理性，这将会带来整个组织的非理性。

9

交往媒介的交往性和方向性

人们通常把交往媒介解释为使双方（人或语物）发生关系的人或语物，这种解释可以对应很多例子。例如：①两个人交谈，语言是人与人之间的交往媒介；②两个语言不同的人交流需要翻译，翻译是他们之间的交往媒介；③进行买卖时，双方一手交钱一手交货，钱和货是交往双方的媒介，或者类似的例子等。

但在其他的一些交往行为中，似乎没有交往媒介的参与，交往也能发生。例如，人用手抓杯子，这里，人的手是直接和杯子交往的，并没有中间媒介。螺栓和螺母连接在一起，它们发生交往，也没有中间媒介。这些不同的例子似乎表明，在一些交往中可以有交往媒介，而在另一些交往中也可以没有交往媒介。

根据前文对"交往"所给出的解释，我们可以知道，交往媒介是指交往发生时的中间物语，并且交往时这个中间物语是在场的。交往发生时如果没有交往媒介，这似乎表明之前的解释有缺陷。这样看来，针对交往媒介的讨论，应该首先回答发生交往关系时，是否必须有交往媒介。另外，既然交往媒介也是物语，而所有的物语都在和其他物语发生交往，那么，被当作交往媒介的物语有什么特性呢？为了把这些问题解释清楚，本章首先要对交往媒介的基本特性进行分析。此外，本章还将结合一些具体的交往媒介进行讨论，将交往媒介的这些特性在具体的交往关系中展示出来，以获得对交往媒介的进一步认识。

9.1　什么是交往媒介

9.1.1　物语即交往媒介

在一种绝对意义上，任何物语都是交往媒介。因为任何物语都是在一些物语之中，那么，这个"在……之中"的物语就成了周围两个物语中间的物语，通过这个"在……之中"的物语，这两个周围的物语就有了一条交往的通道。

例如，水果、苹果、葡萄这三个物语，水果是苹果、葡萄的中间物语，也就成了这两个物语的交往通道。当人们知道"苹果是水果""葡萄是水果""苹果不是葡萄"时，苹果和葡萄之间的似反性就体现出来了，它们之间的交往关系也就清楚了，水果也因此成为使双方发生关系的物语。

即使物语的周围只有一个物语，物语也是交往媒介。例如，物语 A 的周围有物语 B，人们可以说"A 在 A、B 之中""B 在 A、B 之中"。A 和 B 发生交往的前提是有 A、有 B，因此 A 和 B 都是使双方发生关系的物语。

即使单独的物语，它也是交往媒介。正如前文所举的物语"海"的例子，物语"海"由原始的物"海"和语言"嗨"构成，物语"海"在这两者之中，是使二者发生关系的物语。

"交往"本身不是物语，但对"交往"的描述是物语，它同样也是交往媒介。例如，小华踢球，"踢"是位于小华和球之间的中间交往关系，它既不是小华，也不是球，只是一种"无"，但人们用"踢"把这个交往关系描述了出来，"踢"也因此成为这两个物语之间的中间物语。小华和球之间发生了"踢"的交往。此外，人们可以通过理解"踢"，来理解小华和球以及它们之间的交往，"踢"也成为其他人与这些物语之间交往的媒介。同样，两个物体之间发生作用，人们用"力"来描述这个作用最基本的形式。这个"力"不是发生作用时的某个物体，而是它们之间的交往关系，只是一种"无"，但当它被描述为"力"之后，它就成了两个物体之间的中间物语，是使两个物体发生交往的交往媒介。人们也可以通过"力"来理解这两个物体和它们之间的交往关系。同样，上文所说的"用手抓杯子"，"抓"也是交往媒介。

9.1.2　交往媒介是从交往过程中规划出的中间物语

虽然所有的物语都是交往媒介，并且以这种方式所理解的交往媒介并不违背人们通常所理解的交往媒介，但人们通常所理解的交往媒介与一般的物语似乎仍有一些不同。这也导致前文会认为似乎在一些交往过程中没有交往媒介也可以。

针对这种疑问，我们可以对一个简单的交往过程进行分析，以对交往媒介的问题进一步澄清。例如，两个人交往，我们可以对这个交往过程给出如下粗略或细致的描述。

（1）两个人交往。这个描述非常粗略，人们不知道谁和谁发生了一种什么样的交往。这个交往过程的交往媒介仅仅是"交往"这个词。人们只能通过理解一般的人，以及人与人之间通常的交往来理解这个交往过程。

（2）小明和小红交往。这个描述澄清了交往中的两个人是谁，但人们对所发生的交往类型依然模糊。这时人们可以通过对小明、小红的认识，通过对一般的男人和女人交往关系的认识，理解这个交往过程，这三者都可以被人们规划为这个交往过程的交往媒介。如果人们知道了这个交往过程，产生了"小红要倒霉了"的念头，这表明小明也许是个不太好交往的人，也许他是个骗子。如果要改善这个交往过程，可以通过改善小明的交往性来实现。

（3）小明和小红在交谈。"交谈"表明了小明和小红之间交往的形式。这时我们可以把他们说的话看作他们之间的交往媒介，可以通过改善他们之间交谈的语言来改善他们的交往。例如，说话有分寸、使用礼貌语言。这种情况还可以理解为它由小明和语言的交往、小红和语言的交往两个过程所构成。如果小明和小红彼此语言不通，他们之间或许需要一名翻译作为交往媒介，或者人们可以发明能够翻译的机器。翻译或翻译机器成为交往媒介后，人们可以通过提高翻译的水平和改善翻译机器的性能，改善他们之间的交往。

小明和语言的交往还可以被分解为小明的某些器官（喉、耳朵）和语言（声音）发生的交往。这种分解有的时候有意义，如果小明的身体的某些器官有问题，那么，这个交往过程就需要辅助工具作为交往媒介。例如助听器，这时可以通过改善助听器的性能，改善他们之间的交往。

这种情况还可以进一步被分解为空气的振动引起了人的某些器官的神经元的响应，包括一系列生理和生化过程，甚至可以追溯到分子、原子之间的交往。把两个人的交谈解释成一堆原子的交往在目前看来并无意义，因为原子的交往行为不能说明两个人的交往是如何进行的。尽管这种分解略显荒诞，但通过这些，人们可以把一个简单的交往行为分解为一系列交往行为，直至到达人类所知道的末端。

从"两个人交往"的分析中可以看出，这个交往过程可以被分解为一系列交往过程，交往媒介是从其中规划出的一些物语。因此，两个人交谈，与其说是以语言作为交往的媒介，不如说人们在这个交往过程中，规划出"语言"作为交往媒介。在"人抓杯子"这个动作发生的过程中，人们也可以规划出"人用来抓杯子的手"和"杯子被人抓的部位"这两个物语作为交往媒介。笔者在此对交往过程中规划出交往媒介的情况举出了几个不同的例子（图9.1）。

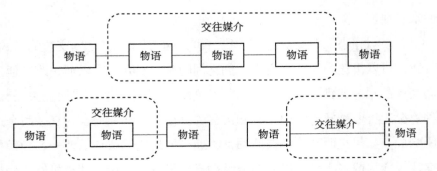

图 9.1　交往媒介是从交往关系中规划出的物语

从交往中规划出交往媒介，通过对交往媒介的理解，可以进一步认识交往行为、理解交往发生的过程。或者通过对交往媒介的改善，来促进交往的发生。例如：①在人和人的交谈中，通过对语言的深入了解，人们可以了解人与人交往的具体细节，了解语言在人的沟通中的作用，并找到提高人与人沟通质量的方法；②在人抓杯子的过程中，通过对手的特性的分析和杯子的某些部位的分析，可以改善"人抓杯子"的交往过程，如人的手能够忍受多少温度，不同年龄段、不同人种的人手尺寸的分布，杯子表面的温度等，这些问题都可以针对所规划出的交往媒介，并对交往媒介展开分析而提出，人们可以为杯子设计出把手，或者针对不同的人群（老人、儿童、盲人）设计出合适的杯子；③在人与电脑的交往过程中，我们可以从电脑中规划出显示器、键盘、鼠标等交往媒介，从人体规划出视觉系统、手等交往媒介，通过对这些交往媒介的特性的分析，改善人与计算机的交往；④在化学反应过程中，规划出某种催化剂，促进化学反应的发生。

为了改善交往过程，人们可以从整个交往过程中规划出不同的交往媒介，对这些不同的交往媒介展开分析。因为省心，人们也可以不规划出交往媒介。在"人抓杯子"的行为中，我们可以认为这个过程是人与杯子直接交往。在"两个人交谈"的行为中，我们也可以认为是这两个人直接交往。在交往中如果不规划出交往媒介，这通常是不准备对交往过程进行深入分析，或不准备对其改善。

9.1.3　作为交往媒介的物语

作为交往媒介的物语可以被划分为人和语物，它们在充当交往媒介时，也分别具有复杂半理性和简单理性的特点。同样是人，从单个的人，到个体职业者，再到组织内的职业者，他们在充当交往媒介时，体现了从复杂半理性到简单理性的过渡。

1）个人作为非职业交往媒介：复杂半理性

当个人充当临时性的交往媒介时，其并没有为充当这种交往媒介受过专门的培训，他体现的是每个人身上所具有的复杂半理性。例如，向一个路人问路，路人充当了临时的交往媒介，他给出的答案可能有：正确的答案，有意或无意给出的错误答案，无法提供答案。如果在需要更复杂专业知识的情况下，采用非职业、没有经过训练的人充当交往媒介，那么人的复杂半理性就会体现得更明显。

2）个人作为职业的交往媒介：简单理性

如果人是被特意规划出来作为交往媒介的，他是个体职业者，这时的人可以被看作是语物，具有简单理性的特点。例如，媒妁是婚姻双方的交往媒介。媒妁通常由中老年妇女充当，被称为媒婆。一门婚事要成立，需要"父母之命，媒妁之言"。媒婆在充当交往媒介时，执行了这项职业所赋予她的交往功能，为两个不同家庭的男女牵线搭桥。这时，她是简单理性的。这种情况与现代社会的婚姻介绍所类似。个体职业者在开展职业交往时，受到国家法律（这点和所有人一样）、风俗习惯及行业惯例等的约束，其他外部约束较少，没有专门的组织对她的行为进行更多的规范。她的简单理性容易受到她作为人具有的复杂半理性的影响。此外，中国古代还有和亲政策，以婚姻中的女人作为两国政治交往的媒介，她的特点和媒婆类似。

3）语物作为交往媒介：简单理性

语物作为交往媒介具有简单理性的特点。例如，汽车在公路上行走是汽车、驾驶员与公路的交往，而红绿灯、交通标志、交通法律法规是交往媒介。人在驾驶汽车时，如果能遵从这些交往媒介的指引，就可以实现汽车和道路的良好交往。

人与汽车的交往，通过人与方向盘、操纵杆、油门踏板、刹车踏板、仪表盘、各种操作按钮、安全带等一系列语物的交往来实现。人的视觉系统、手和腿的运动系统与汽车的这些人机交互设备都可以被看作是这个交往过程的交往媒介。汽车的设计要考虑人的各种生理和心理特性，人要操纵汽车也要经过严格的培训。只有当人掌握了操作汽车的技能，并遵循交通法时，他驾驶汽车才是简单理性的。

社会组织之间的交往或社会组织与人的交往也常常以人作为交往媒介。在社会组织中充当交往媒介的人可以是每个人。例如，企业里的电话接线员、销售、技术服务人员、总经理等，他们各自承担着一部分对外交往的功能，都有可能成为企业与外部物语交往的媒介。每个人身上都具有人的复杂半理性特点和执行某项功能时语物的简单理性特点。在这个语物（组织机构）内部，内部的交往规则可以对每个人身上的复杂半理性在职业内进行更多的约束。

9.1.4 交往媒介的交往性

物语之间通过交往媒介交往，可以被看作物语与交往媒介交往，而交往媒介又与另一个物语交往，也即交往媒介通过与两个物语发生交往，使两个分隔的物语发生了交往。交往媒介的这个性质我们称之为"交往性"。任何物语都在和其他某些物语交往，都处于交往的某个环节，并都有可能被人们规划为交往媒介。

由于交往媒介在一系列的交往过程中处在中间位置，所以我们可以知道交往媒介的交往性包括两项内容：连接性和传递性。连接性是指交往媒介把它两侧的物语联系起来，消除它们的距离，构成一个交往链。传递性是指交往媒介两侧的物语通过交往媒介传递物语，这个交往媒介本身也可以是被传递的物语。所有的物语都具有连接性和传递性，所以对交往媒介的连接性和传递性的分析也是对物语交往性的分析。被交往媒介所连接起来的物语，既可以是同一个分类结构中的物语，也可以是不同分类结构中的物语。这个分类结构可以是空间的、时间的，也可以是由各种原因形成的。

1）交往媒介在空间的连接性

如果交往媒介能够跨越两个交往对象之间的空间距离，它就有可能帮助两个交往对象实现交往。

媒婆能够成为婚姻关系中的交往媒介，原因之一在于她的空间连接性。媒婆走乡串户，能够深入女孩的闺房，把空间上分隔的男女双方连接起来。在驾驶汽车时，人的脚踩踏刹车踏板，刹车踏板带动活塞，进而推动油缸里的刹车油，刹车油在管道内流动，推动另一端的活塞卡住刹车盘，使车轮减速。从人的脚到汽车的车轮，它们在空间的距离是通过一系列交往媒介连接起来的。

声音也是连接空间的交往媒介。在 1 个标准大气压（ 1.01325×10^5 帕斯卡）和 15℃的条件下，声音在空气中的传播速度大约为 340 米 / 秒。人的口头语言很好地利用了人体器官能够发声的特点和声音的连接特性。声音在空间容易衰减，不能传递到太远的地方，这是声音在连接空间时的限制。

光的速度极快，能够快速连接距离遥远的空间。人通过观看，获得各种语言，包括物体的移动、形状、颜色、文字、符号和图案，但人的分辨能力受到人体视觉系统的限制。当今无线电技术、互联网技术的发展，同样是利用电磁波快速连接的特性，让世界各地的人能够快速交往的。

2）交往媒介在时间上的连接性

交往媒介还可以连接过去、现在与未来。在口口相传的年代，人如果要和过去交往，经常以有阅历的老人作为交往媒介，从他们口中获得过去的知识。而现在，人们则越来越多地依赖于各种记录载体和专门的教育机构。各种信息记录载体，甚至各种物语，在时间上都属于过去，与它们的交往都是与过去的交往，而现在的物语又将成为未来物语的交往对象。

3）交往媒介在不同分类结构之间的连接性

交往媒介还可以连接被各种分类结构隔开的物语。例如，作为翻译的人把两种不同语言的人连接起来。随着机器翻译工作的发展，未来这项工作可以完全由机器完成。专家向某些人提供专业咨询，把这些人所具有的知识与另一个分类结构的知识连接起来。人们通过各种途径学习知识，正是借助各种交往媒介，与那些他不了解的物语建立联系。

除了连接两个物语，交往媒介在交往中还要传递物语。交往媒介和物语的连接，意味着交往媒介和物语之间有交往，这表明已经有物语的传递。以两个物的连接为例，它们连接时以"力"为交往媒介，同时也在相互传递"力"。在词语的连接中，例如，今天、天气、晴朗三者连接构成"今天天气晴朗"时，传递的是今天、天气、晴朗三个词的含义。如果某人对这三个词中某个词的含义不够清楚，那么，其对这三个词所构造的交往关系也会不够清楚。

9.1.5 交往媒介的方向性

交往媒介在交往的传递中具有方向性。交往是两个物语之间传输物语的行为，这个方向性就是指交往媒介从某个物语传向另一个物语。

例如"力"这种媒介，它的方向性由牛顿第三定律来描述。两个人交谈，我们可以认为充当交往媒介的语言从说的人流向听的人，这体现了语言传递的方向性。在一句话中，我们可以认为句子中的每个词都是交往媒介，词的顺序或语法规则体现了交往媒介的方向性。

1）交往媒介在空间传递中的方向性

在空间中，位于两个不同位置的 A 和 B 两个物语，它们之间发生交往关系，交往媒介的传递方向要么是从 A 到 B，要么是从 B 到 A。在空间中，交往媒介的传递方向既可以体现单向性，也可以体现双向性。例如水往低处流、热量只能自发地由高温物体传给低温物体，这些是自然界中交往媒介传输的单向性。人在操作电脑时，他从电脑屏幕读取到信息，信息从电脑到人眼，这是单向传输。如果人要操作电脑，实现对这个信息的反馈，依靠的是人的手来操作键盘、鼠标，这也是单向的传输。可以看出，人在操作电脑时，依靠的是两个单向的传输来实现它们之间的相互交往的。工业中的管道一般也是对其中的流体设计单一的传输方向。这些都体现了交往媒介在空间中传输的单向性。

当甲和乙交谈时，甲说乙听，这时语言从甲所在的位置传给乙所在的位置。乙说甲听，语言从乙所在的位置传给甲所在的位置。在整个交往过程中，语言是可以双向传输的。如果甲在训斥乙，那么情况就有所不同，这时主要是甲说乙听。那些表示训斥的语言是单向的传输。如果乙辩解，辩解的语言也是单向的传输。虽然甲和乙都在说话，但如果把他们的语言划分成训斥和辩解两种不同的类型，他们就是以不同的单向语物进行交往的。

2）交往媒介在时间上传递的方向性

因为时间流逝具有单向性，所以，现在的物语与过去的物语的交往是一种单向交往，即过去的物语可以影响现在的物语，而现在的物语不能影响过去的物语。人们通过对考古学或者历史学进行研究，对过去的物语重新解释，并不是现在对过去的影响，只不过是重新构造了一个过去的新物语。科幻小说里常常有借助时空穿梭机回到从前的故事，这只是表明人们希望改变与过去物语交往的单向传输特点，希望能够以现在改变过去。现在的物语与未来的物语的交往可以是双向的。现在的物语可以影响或改变未来，这是一种方向；而人们对于未来的物语的预期，也可以改变现在的物语的交往状况，这是另一种方向。虽然未来的物语还不真实，但人们可以设计未来的物语并将它与现在的物语交往，通过未来影响现在。

3）交往媒介在分类结构中传递的方向性

我们还可以在更广泛的分类结构中讨论交往媒介传输的方向性。交往媒介的单向性就是指交往媒介只能从分类结构中的某个物语传向另一个物语，而相反的传输则不能发生。双向性则是指从另一个物语传过来也能发生。上文所举的"训斥和辩解"的例子，更多体现的是他们二者在分类结构中的差异，而不是空间中的差异。工业管道中流体的单一传输方向也更多地体现在分类结构中位置的差异上。对于物体来说，由于它在空间中会占据一定的区域，所以它们在分类结构中的差异在空间中也将体现，它在分类结构中传输的方向性也可以表现为空间传输的方向性。

9.2　交往性好的媒介——标准

人们可以通过对交往性分类，针对不同的交往性分别进行讨论。交往性主要体现在交往是否能够顺利开展。本书用"好"与"差"区分不同的交往性。我们称交往能够实现或容易开展的情况为交往性好，而交往不能实现或不容易开展的情况则为交往性差。

好与差的含义通常比较复杂，某些被人们视为好的性质在另一些人、另一种情况下可能被视为差，并且这种好与差的结果随时间的发展并不一定相同，可能开始被认为是好，后来又被认为是差。好与差是一对似反性的物语，常常是好中有差或者差中有好。此处的好或差仅限于评价交往发生时的特性，尽可能消除不同人对好与差的歧义。

9.2.1　交往性好的表现

前文提到的交往性主要是指交往发生时的连接性和传递物语的特性，因此，交往媒介的"交往性好"一方面是指它容易连接两个不同的物语，另一方面是指它能够按照人的设计、期望传输物语。对好与差的评价仅限于每个单独的交往过程，而不考察这种好与差在更多复杂的交往中的效果，例如这种交往使哪些人受益或受损。

交往性好的媒介连接性也好。提高连接性能够消除物语之间的距离。人类不断发明各种新的交往媒介，提高它的空间连接性，新的交往媒介通常传递物语的能力也更好。早期人们击鼓传声、利用狼烟传递信息，近代发明了电话、电报，现代发明了互联网。对于物品的传输，早期有专门人员骑马传送官方文书和军事情报，近代有邮政机构传递更多的文件和物品，而现在正在发展的物联网技术将实现物品在空间中更大规模地配置和传输。早期人类在青铜器、石板上写字，后来发明了竹简、纸张。今天，电子书籍、互联网技术使知识的传播更加容易。早期人们出远门靠走路、骑马、乘坐木船，现代人们出行有更先进的交通工具。

科学技术的发展使物语在时间上的交往性也变得更好。例如，考古学的发展使人们对于过去的物语有了更多的了解。科技也使得人们预测未来的能力提高了。例如，对天气和自然灾害的预测，对未来社会、经济、科技发展的预测。现代产生了"未来学"这门学科和从事这项工作的"未来学家"。未来学家以未来的发展趋势帮助政府和企业制定现在的政策。这种新知识的出现是由于人们对于时间上的交往能力有了更多的需求，同时人们预测未来的能力也得到了发展。

随着社会的发展，分类结构内部和分类结构之间的交往性也得到了提高。现代社会各种组织日益增多是这种提高的体现。每个组织的运行都取决于它内部的和对外的交往能力，社会组织增多体现了这种交往能力的普及。在知识生产领域，其则表现为各学科内部新知识得到了很大发展，学科之间的交叉也日益普遍。

在日常生活中，知识渊博的人、和善的人是交往性好的人。知识渊博的人可以成为他人与各种陌生物语之间沟通的桥梁。和善的人则在传递一种信息，即他有意愿和人交往，因此也容易成为人与人之间沟通的媒介。恶人的交往性不好，他们会损害其他人的交往。而正义则表示对恶行的制止，以恢复良好的交往。

善、恶和正义都是含义广泛的概念，我们将在后文详细地讨论善，恶和正义两个概念与善是密切相关的。此处可以通过一个例子来说明。例如，人从低处到高处比较困难，这是无善无恶的天然状态；人发明了楼梯，可以方便行走，这体现出了善；人又发明了电梯，进一步改善了人与空间的交往，这又是一种善；如果电梯质量不好或管理不佳，将人致残或致死，这就是恶。这时，提高电梯的质量或加强管理，不让恶性事故再次发生就是正义。善、恶和正义并不一定局限于人与人之间的交往关系，但它们总是要体现在交往关系上。

如果各种物语的交往性整体上在变好，但某个物语的交往性没有提高，那么相对而言，它的交往性就是在变差。另外，随着新物语的大量增加，即使交往媒介的交往性在提高，也有可能产生交往不畅的情况。正如人们即使借助指南针在森林里行走，可能会比没有指南针在小树林里更容易迷路一样。

9.2.2 作为交往媒介的标准

虽然各种物语从本质上来说都是交往媒介，但有些物语作为交往媒介的特点体现得更加明显，更符合人们对交往媒介的一般认知。例如交往遵循着"规则"，这个"规则"容易被人视为交往媒介。

物语之间要开展交往，要么沿着之前已经有的交往通道开展，这是一条现成的路；要么试探性地找到一条新的交往通道。前者是有保障的交往。对于已有的各种交往方式，人们还可以对它们进一步评估，从中挑选出一些比较好的交往方式。下次交往时，人们就将物语之间的交往限定在这些比较好的交往方式之中，这样就形成了各种交往规则。

交往具有普遍性，所以在不同场合形成了不同的交往规则。人们对不同的规则进行不同的命名，"标准"是其中的一种，它是语物和语物交往时的交往规则。

"标准"的含义可以从构成它的文字被进行说明。标是树枝的末梢，它由木和票构成，票的含义是掠过、轻拂。标的出现是树和风交往的结果。当风吹过时，树梢轻摇，人们把树的这部分称为标。由这个原始含义，标可能延伸的含义是事物的边界、事物在空间中容易显示而被人们发现的部分。准是一种测量水平的器具，事物达到了某种水平，我们就认为其符合要求。标、准二字组合在一起可以被解释为，通过控制语物的边界，对语物的交往界面进行规范，使得某种符合人们预期的交往能够发生。

所谓语物的边界并不仅仅指空间的边界。制造家具时对各种部件长、宽、高的控制是对空间的边界进行控制；对交往活动进程进行安排是在时间上对边界进行规范；对产品配方的控制是对物质的量之间的边界进行控制；规范词语的含义是对词的边界进行控制。

工业革命以来，随着语物和语物交往的迅速发展，在生产、服务及各行各业中形成了各种标准。例如，对产品的尺寸进行约束，对劳动的流程进行规定，对工作术语的含义进行约定。这些不同语物的共同特征在于它们都处于大量重复性的交往之中。标准是为了使语物的重复性交往能够按预期实现而设计出的交往规则，我们可以把标准看作交往性好的语物。

标准的本质及一些特点可以概述如下：标准通过规定或设计语物之间有限的交往方式，保障交往的开展；标准是语物简单理性的体现，但由此排斥了其他交往方式，因此它也有可能限制交往；由于这种排斥性在标准的实施中和不同人群的利益相关，这使得标准的设计经常成为利益的焦点。

在工业革命之前，人们在生产和生活中已经有了某些标准的雏形。但直到工业革命之后，制定标准的现象才逐渐增多。工业革命后有了更大规模的生产，物与物的交往更加频繁。频繁的交往会导致出错的机会增多，这就需要有交往性好的媒介保障交往的进行，由此导致"标准"逐渐成形。

古代没有形成普遍的"标准"概念是因为整个社会的生产规模都比较小，但一些重要的重复性交往或生产已经形成了事实上的标准。例如，考古发现东周时期晋国生产的青铜器已经有比较高的精度，还发现秦始皇时期不同的弩的各种相同配件尺寸一致，这说明当时的生产中已经有了严格的生产工艺标准。

标准规定或设计了物语之间有限的交往方式。秦始皇兵马俑中的弩的一个主要结构弩机，是由机身、钩心、悬刀、望山和矢道组成的。这些配件装配在一起构成弩机，这是它们之间的交往。按照特定的尺寸生产各种配件、规定它们的装配方式，就是设计和规定了它们之间的交往方式，这是它们能够装配在一起的条件，也是它们之间的交往能够实现的条件。如果生产时各配件尺寸比较随意、偏差较大，那就很难保证它们能够装配在一起，实现所需要的交往功能。根据标准所发生的交往关系虽然种类有限，但至少可以保障交往的进行。

制定标准所依赖的逻辑如下：如果某种良好的交往在这次能够进行，那么相同的交往在下一次也可以进行。这种逻辑并没有更原始的根据，它所依赖的只是人们从宏观现象中获得的经验。对于微观世界来说，这种逻辑不一定成立，例如量子力学中所描述的某些不确定性。根据标准所依据的逻辑，设计标准时需要着重考虑"某次良好的交往"能够开展的条件是什么，以及如何保障下一次的交往是"相同的交往"。这些有赖于各种具体技术和相应知识的发展。这种交往如果与两个物在空间的配合关系相关，人们就要对交往中的物的几何尺寸进行规范；如果和物的力学性能、热学性能或其他的物理性能有关系，人们就要规范物的各项物理性能指标，保证每一次的交往都是相同的交往。在互联网时代，人们还要考虑语言的交往，这时就需要制定语言的交往规则、制定通信协议，这些措施都在保障重复性交往的进行。

工业时代参与社会化大生产的不仅有物，还有人。人也是语物中的成员，他在语物中作为语物而进行交往，因此人们对于人的交往也会制定相应的标准。例如，人如何操作机器、如何安排人的作业时间、如何选拔和培训合适的操作人员。这些对人制定的标准是以不同的名义出现的，例如，为了提高人和设备的安全、降低人的疲劳或职业损伤、提高劳动效率等，但归根结底是为了提高语物中的人的交往性。

工业中对物设定标准也意味着需要对语言设定标准，二者不可分割，它们是语物标准化的两种不同表现形式。语言的标准化体现在使用标准化的术语，它既有助于规范物的边界、促进物的交往，也能促进语物中的人的重复性交往。

9.2.3 标准的简单理性

标准作为语物也具有简单理性的特点，对它的评价应该从它作为语物的特点来开展。目前，许多对于标准的赞美或批判和标准无关。

有一种观点认为，"标准化为简单化反对人类生活越来越复杂化而不断地斗争"[①]。这种观点充满修辞性，勾画了美好的前景。制定标准并非为了"简单化""反对复杂化"这些复杂的目的。从实际效果看，它通过设计有限的交往规则来实现单个交往过程的简单化，但是否会导致更加广泛的"生活的简单化"则未必。例如，工业和科技发展得越来越快、现代社会交往越来越复杂，至少我们可以认为现代社会中的人的生活不会比农业社会的人的生活更简单。其中，被人们设计出来作为促进交往的标准在人类工业化和信息化的进程中发挥了它的作用。因此，我们很难认为标准是为了"生活的简单化"这个目的而产生的。即使采用标准能够使某些具体的交往过程简单化，并且本书也认为这是一种交往性好的表现，但这个好仅限于评价某个具体的交往发生时的交往性。

还有一种关于标准的神话。例如，有观点认为，"标准使社会无序变为有序，损耗变为节约，分裂变为统一"，它是"破解信息社会重重危机的唯一解决之道"。这夸大了标准的作用。不可否认，一些交往媒介对社

① B.M.波斯武卡.关于深入研究标准化理论的问题.杨光元译.标准化报道，1995，16（5）：53-55.

会的发展起到过很大，甚至很关键的作用。但如果把标准与人们说的话进行对比，人们很难认为标准会比说话在人类社会所产生的作用更大。那么说话可以使社会从无序变为有序吗？可以使分裂变为统一吗？甚至什么是无序、什么是有序、有序比无序更好吗？无人涉足的原始森林比工业化的城市更加无序、损耗更大、更加分裂吗？这些都是复杂的问题。如果考虑到标准和话的区别，例如，话由复杂半理性的人说出，而标准由简单理性的语物规划出，那么，简单理性会比复杂半理性更加优越吗？标准的神话将它和各种含义模糊的价值观联系起来，这已经超过了标准本身所具有的含义。

虽然本书认为人们可以通过对交往过程进行分析，进而对交往媒介进行设计和创新，改善并促进种种交往行为，也许能够使人类社会的未来更加美好，但如果认为仅仅通过设计标准就可以解决人类从未真正解决过的问题，那就无异于痴人说梦。由于标准本身所体现的理性就是有限性及限制，人们甚至可以提出相反的观点，认为通过限制交往所形成的秩序是机械的、呆板的。神话"标准"的作用，使它变成了普遍的方法，那么在这种物语环境中的人将变成机器。

另外一些对标准进行批评的观点，同样也游离于标准的基本特性之外。这种批评通常围绕着标准带来的利益而发生争执，考虑的是某种标准使哪些人获利、哪些人失利。或者标准使哪些人更具有话语权、哪些人失去话语权。这些现象虽然源于标准，但并不是从根源上对标准进行批评。它能够体现的只是在制定标准中失去优势的人对标准的抱怨，那么，换一种情况只不过是换了另一群人对标准进行类似的抱怨。这种争端所涉及的通常是某段时间之内的利益之争。随着时间的推进，这些争论都变得无足轻重。例如，历史上对于"米制标准"所开展的争论，很多利益方牵涉其中，但现在来看，采用"米制标准"并无不妥，或者换另一种制式也无不妥。因此，对于标准，人们应该首先认识到它是交往媒介，和人们说的话一样，是中性的。人们可以说好的话，也可以说坏的话；人们可以制定好的标准，也可以制定差的标准。只有抛开人的复杂目的，回到具体的交往本身，我们才能说标准是交往性好的媒介，正如人们说的话也是交往性好的媒介一样。

根据标准的有限性所开展的分析并非批判标准，而是根据标准作为语物的基本特点而开展的讨论，这种讨论的目的是为设计其他交往媒介提供思路。

标准是语物，同时它能够成为其他语物的一部分。例如，根据标准生产出的钉子，就附加了标准的语言。任何语物都具有简单理性的特点，但根据标准所设计出的语物，这种简单理性被刻画得更加明显，它是多重理性的产物。铁匠打出的钉子和现代工厂按照严格标准生产出的钉子所体现的理性是不一样的。

标准的简单性体现在它的本质上，即它是一种被人们设计与规划出的交往媒介，它的目的是促进语物和语物之间的交往，这和被人们所规划出的各种交往媒介的本质相同。

标准的理性和其他语物的理性也是一致的。理性是交往有限性的体现，标准的有限性表现为以下几点。

（1）交往行为有限。不同的标准限定了某类交往行为中的某种交往只能以某些方式进行。例如，对于螺栓和螺母尺寸的限定、材质的限定，就是限定螺栓和螺母之间只能以某些方式进行交往；网络通信协议的制定，就是限定互联网中不同操作系统和不同硬件之间的交往方式。

（2）交往空间有限。交往行为通常发生在某个具体的空间。标准经常是针对某个交往空间内的交往而设计的。在某个空间设计的标准，可能不适用其他空间的交往。例如，不同国家或地区针对同样的交往行为制定了不同的标准。这个国家的标准不适用于另一个国家，这个地区的标准也不适用于另一个地区。由于标准经常涉及的是商品的生产，那么标准的空间有限性就为商品在不同交往空间之间的流动制造了障碍。为了解决这个问题，人们通常制定空间适应性更广的标准，例如，将不同的地区标准规划成国家标准、将不同国家的标准规划成国际标准。但这又和不同地区、不同国家的现实利益密切相关，因此，如何设置空间适应性更强的标准经常成为人们争论的焦点。通常那些大的物语更容易推动其自身的标准变成空间适用性更加广泛的标准，以达到其物语扩张的目的。

（3）适用的分类结构有限。相同的交往行为，在不同的行业中有可能被设计出不同的标准。相同含义的术语，在不同的行业或学科中可能被用不同的词来表述；术语相同的词，但在不同的行业或学科中可能表达不同的含义。术语的混乱在非英语国家体现得更加明显。因为英语国家是现代科学和技术的主要发源地，英语也是国际上科学和技术所使用的主要语言，所以英文的专业术语在不同的学科之间或许会具有较好的一致性；而在非英语国家，由于不同行业的理解不同，所以相同的概念经过翻译，结果经常差别很大。

（4）时间有限。标准有它形成的时间和结束的时间，标准主要考虑的是"这一次"交往行为和"下一次"交往行为的一致性，即时间上的无差别性。但实际上，时间对交往行为的影响很大。采用某种标准也许可以保障"下一次"交往行为和"这一次"交往行为的一致，但"下一次"交往行为也许因为技术水平的提高、人的要求的提高而变成毫无意义的交往。因此，标准经常会随时间而调整，但它的调整是滞后的。在新标准颁布之前，那些无意义的交往仍在发生。

9.3　交往性差的媒介——谎言

9.3.1　谎言现象

标准是设计交往时的规则，为了使各种交往开展下去，人们形成了很多规则。例如，人们日常观念中的真、善、美就蕴含了使交往容易进行下去的因素，而假、恶、丑则有抑制交往的因素。人们所弘扬的真、善、美实际上也是在对人进行规范。标准是针对语物的交往行为进行限定的，人们容易对简单理性语物的交往进行严格的限定。但对于复杂半理性的人来说，他对于真、善、美和假、恶、丑的认识与个人的认知水平、人交往活动的复杂性有关，他对它们的认识会有一些模糊之处。例如，人们对待谎言的态度通常是模糊和不清楚的。

交往中最常见的交往媒介是语言，真和假是人们区分语言的一种方式。谎言就是说假话，古今中外的男女老幼也许每人每天都会说一些谎话。一方面，谎言通常被认为是道德或真理的反面，哲学家和各种人对谎言进行了大量批评；另一方面，谎言被看作是可以被容许的，甚至是有益的。柏拉图曾将谎言比喻为药，"国家的统治者，为了国家的利益，有理由用它来对付敌人，甚至应付公民"[①]。他的高贵谎言认为，不同的人的灵魂中掺杂了不同的金属，统治者掺杂黄金、辅助者掺杂白银、农民及手工业者掺杂铜和铁。柏拉图将人分为高低贵贱的观点很荒谬，但他认为某些谎言是有益的观点可以被很多人接受。在生活中人们也常常有"善意的谎言"的说法，这似乎是说为了某个良好的目的人可以撒谎。

过去围绕谎言所开展的讨论主要涉及善恶、真理、道德、欺骗等内容。这些概念的含义尚需进一步被明确，讨论谎言和它们的关系并不会使谎言的概念更清晰，甚至反而会产生混乱。为此，我们在此将对谎言重新进行讨论。对于谎言，我们最清楚的就是它是交往中的交往媒介，我们将围绕交往对谎言展开讨论。

9.3.2 谎言的本质和对其讨论所采用的参照系

牟宗三认为，谎言"从客观言之，不过是唇喉等的一种活动；又如偷盗从客观言之仅为对物体存在空间所做的转移。如此，说谎与偷盗均不可谓恶。然而，经过道德意识中道德的善的映照，才真感觉到说谎不只是唇舌喉的活动，而确是一种罪恶，偷窃亦不只是一件东西之空间转移，而确

---

① 柏拉图.理想国.郭斌和，张竹明译.北京：商务印书馆，2011：88.

是一可耻的行为。可见罪恶不是'正面的存有',而是经过道德意识的映照才呈现于人心的"①。这是以道德作为参照系,确定谎言的意义。

康德同样是以道德作为参照系指明谎言的含义的。根据他的道德律令,人在任何时候都不能说谎,即使谎言有可能使朋友避免被凶手追杀。他解释道,任何谎言的后果都是无法预料的,因此并不能保证谎言能够产生善的后果②。与此相反,在日常生活中,人们总是会根据具体的情境区分出善意的谎言和恶意的谎言,认为有些谎言可以产生善的结果。康斯坦丁也持相同的态度,认为说谎如果能够挽救朋友的生命就是正义的。

康德在此采用了一个绝对的参照对象,即现在已经形成的道德。他对时间上属于未来的语物"由谎言导致的善"视而不见。他的道德如果已经指出不能说谎,那么,以道德对谎言进行批判只是表达同一个含义。康斯坦丁或日常生活中的普通人,并没有否认道德这个参照语物,只是把未来某种更大的善也作为参照对象,并且未来的结果成为优先参照的对象。康德和康斯坦丁的争论都没有脱离道德本身来讨论谎言,只不过他们对时间上不同的语物采取了不同的处理方法。前者不考虑未来的善固然有明显的缺陷,后者以未来的善作为参照系似乎为说谎找到了合适的理由,但这是否会造成谎言的泛滥呢?

对于这个问题我们可以换一种方式进行提问,即是否必须以道德作为参照系。如果不以它们作为参照系,那么应该以什么为参照来讨论谎言。

人们喜欢以道德或类似的语物作为参照,这是因为人们常常把它们置于物语分类结构的顶端,它们成了物语坐标系的原点。但这些物语都不是最基本的物语,它们都是由交往衍生出的物语,本书将在第 3 部分讨论交往与善的关系。这种衍生出的物语通常是以两个或多个物语的分类形式出现的。例如,"道德–谎言"(或者换成"真理–谎言")可以被看作是由

---

① 牟宗三. 中国哲学的特质. 上海: 上海古籍出版社, 1997: 64-65.
② 康德. 论出于善的动机而说谎的假设权力 // 康德. 康德文集. 郑保华译. 北京: 改革出版社, 1997: 417-421.

交往衍生出的成对物语中的一种。人们因为省心，往往更重视这些二元结构中的一种物语。在此处，人们更加重视道德，形成了以道德为原点的参考系，以它考察谎言。以这种方式考察谎言造成矛盾的结果是必然的，因为道德和谎言是同根同源的，具有似反性。康德认为"道德和谎言水火不相容"，以及康斯坦丁等人认为"谎言中也具有道德的因素"，都是这种似反性的体现。尼采则采取相反的论调，提出"无辜的谎言"的说法，认为"没有非真理，就既不会有社会也不会有文化"[①]。尼采同样局限于这个二元结构，而不是从二元结构的源头重新分析这两个物语。

对于谎言的讨论，以道德作为参照系并无不可。虽然以道德论述谎言、以谎言论述道德的做法近似于循环论证，但前文讨论过，循环论证并无不妥。通过这种循环论证，至少二者的相对位置清楚了。道德和谎言之间主要的区别已经清楚，一些矛盾是由二元结构固有的特点产生的。如果要对谎言进一步讨论，人们可以从二者的源头"交往"进行讨论。根据"交往"，我们对谎言可以分析如下。

（1）谎言是一种语言交往行为，这种语言既可以是说的话，也可以是文字、表情、手势。所有的物语都包含语言，都可以和其他物语有语言的交往，但不是所有的物语都具有说谎的可能性。例如，石头也能呈现出语言，但石头不会自己说话，它也不会说谎。谎言的主体需要具有操作语言的能力。人可以说话、包含人的语物（社会组织）也可以说话，他们都有可能说谎。

（2）人是复杂半理性的，人的谎言也表明它由复杂半理性的人所说。同样，语物的谎言也意味着它由简单理性的语物所说。这两种谎言有不同的产生原因，我们需要对人的谎言和语物的谎言分别进行讨论。

（3）谎言是物语和物语交往时的交往媒介。这种情况可以被进一步分解，它包括人和人之间的谎言、语物和语物之间的谎言、人和语物之间的

---

① F. W. 尼采. 哲学与真理：尼采 1872—1876 年笔记选. 田立年译. 上海：上海社会科学院出版社，1993：116.

谎言。

（4）谎言是一种交往性差的媒介。在高贵的谎言、善意的谎言、无辜的谎言中，人们都是根据更复杂的后果来对谎言进行定性的，但对于谎言是一种什么语言行为没有疑问。谎言就是假话，并且说谎的人知道这是假话，但听者对于谎言的真实含义则未必清楚。在说谎者刻意地掩盖下，听者通常不清楚谎言真实的含义，或在谎言的引导下对一些事物产生错误的理解。

前文对于交往性好与差的区分，仅限定于交往时的连接性和传递物语的特性。此处可以比较一下谎言和其他语言在连接性或传输性上的差别。说谎者通过谎言和听者发生联系，这一点谎言和真话没有区别，但说谎者可以通过谎言，主动将听者引向一个错误的对象。例如：

甲说：听说 A 超市的蔬菜比较新鲜？（这是事实，但甲有疑问）

乙说：还行吧（故意轻描淡写），我不太了解（这不是事实，但甲难以判断），可能都差不多（进一步模糊事实）。B 超市的蔬菜比较新鲜（这不是事实），并且 B 超市的购物环境好，人不多（这是事实）。

在以上这段话中，乙为了促使甲去 B 超市购物，将话语引向甲不关心的 B 超市。谎言在传递物语时，也可以引导听者对事物进行错误的理解，而它传递的语言和事物的对应关系是错误的。在上述例句中，乙对于他所知道的事实轻描淡写或故意掩盖，也是谎言的形式。通过这个例子我们可以看出，谎言传递物语的性能比较差。这种交往性差不考虑交往的结果使哪些人受益、哪些人受损，也不考虑在一个更长的交往链中，谎言对交往产生的后果。在交往过程中，说话者通过说一些明显且无害的谎言，可以让交谈过程变得轻松有趣。一些谎言甚至可以产生皆大欢喜的结果。谎言的交往性差仅指交往时说谎者试图操纵语言偏离人们对事实的一般描述。

我们在此将谎言问题指向交往，将谎言仅仅看作交往过程的交往媒介，而不对它进行道德评价；并指出它是一种交往性差的媒介，并将这个

"差"约束在一个小的范围内，以尽可能减少好与差这些词的使用对谎言的误解。

9.3.3 人的谎言

人的复杂半理性会在各种具体的交往中体现出来，人在说谎话和说真话时都能体现出人的复杂半理性。没有理由可以认为，和说真话时相比，人说谎时会更加理性或更加不理性。即使不说谎，人与人之间的交谈有时也会因为所掌握的知识不同、对事物的理解不同而产生较大的分歧，这是交谈中的非理性因素。如果认为人说谎时更加非理性，可能的原因在于，说谎者有意歪曲了语言与事物之间通常的对应关系，即构造了语言和物"有限"的交往关系（理性）之外的对应关系。如果认为人说谎话时更加理性，可能的原因在于，说谎者操控语言，使之更加"有限"，使其朝着某种有利于说谎者或听者的方向发展，将日常生活中随意性较大的语言变成目的性较强的语言。特别是职业骗子，他们在说谎这件事上非常理性。

对人的谎言进行分析，首先需要讨论人为什么要说谎。

假定人们清楚一件事物的真实情况。例如，看到黄色的花，他说看到黄色的花，那么，他在说真话；如果他说看到红色的花，他就是在撒谎。因为花是黄色还是红色已经有了公认的说法，并且说谎者也知道这种说法。如果他看清楚了这是什么颜色的花，却说他没看清楚，这表明他在掩盖事实，也是在说假话。如果他同时看到了黄花和红花，故意隐瞒了他看到了黄花，只说看到了红花，他也是在撒谎。如果因为人的省心而忽略了黄花，那这不是撒谎，而是人身上固有的半理性。如果他对于看到黄花的事实无法回避而轻描淡写，对于看到的红花则浓墨重彩地强调，那他实际上还是在撒谎。他试图把其他人的注意力转向另一个地方，从而掩盖看到黄花这个事实。那么，人为什么要说谎呢？说谎话比说真话更容易吗？

说真话是直接的行为，也是省心的行为。他看到这是黄色的花，于是就这么直接地说出来，不做额外的考虑，基于人的省心本性，人更容易说真话。他说假话是因为考虑了其他的因素，例如，其他人更愿意听什么，他说什么可以获利，说真话会产生什么不好的后果，等等。考虑到其他的很多事情，他说了假话，这是因为他在为各种事情操心。操心也是人的本性之一，它干扰了人们说真话的本性。操心并不表明人要说假话，但说假话却是因为操心。甚至为了省心而操心也是说谎话的原因，例如人担心自己麻烦，随便说句谎话敷衍他人。在日常生活中，人与人之间的语言交往很多与真假无关，大部分人的大部分话都是基于省心说出的真话。很少有人热衷于说谎，除非他在刻意训练自己说假话，以便在需要的时候能把假话说得像真话一样纯熟。或者他的周围环境让人缺乏安全感，他需要时刻小心翼翼地揣摩不同人的心思，随时说一些得体但虚假的话。

虽然谎言是交往性差的媒介，但人们说谎的潜在目的却是为了提高与他人的交往。例如：①为了避免肉体伤害而撒谎，人首先要有完整的肉体才容易和外界发生交往；②为了取悦他人或害怕被他人抛弃而撒谎，说谎者的意图是为了保持与被撒谎对象的交往，甚至发展更亲密的关系；③为了名声而撒谎，人们总是希望有好名声，避免坏名声，因为拥有好名声的人更容易被他人关注、更容易和他人交往，为了名声而撒谎也包括为了道德而撒谎；④为了经济利益而撒谎，这是因为，在同等条件下，经济基础好的人更容易和外界发生交往关系，甚至有钱人能被人羡慕，会有更好的声誉。人的各种欲望并不可耻，但人们却不容易看到这些欲望的本质，以实现这些欲望作为终极目的。如果为了实现这些目的采取了不够好的方法，做出各种损人利己的事情，那么人的欲望就会被各种贬义词形容。

如果一定要讨论人的行为是否有目的，那我们可以认为人的终极目的就是丰富和完善自身与外界的交往，这是源于人的交往本性所提出的目的。从上面的分析也可以看出，人的各种欲望最终都可以被归结到这一点。在实际生活中，这些中间目的经常被人当作终极目的，使人在交往中采取各种错误的方法，谎言便是其中一种。

谎言是人在交往过程中所采用的比较差的交往媒介之一，至少在局部是这样的。我们很难评价在一个具体的交往过程中，谎言所产生的作用是什么。但如果在一个交往链中，某个局部发生了不够好的交往，那么，整个交往链的交往行为就已经受到了损害，这一点可以用另一个事例来说明。由于科学中普遍能够采用真实可信的语言，所以科学中的各种知识能够逐渐积累起来，帮助人们形成对世界的各种有效认识。科学中能够采用真实语言的原因并非科学家是道德楷模，仅仅是因为科学讨论的是物和物的交往，人能够置身事外地以他者的眼光看待这种交往，所以人为制造谎言的可能性会小很多。如果科学家之间有普遍的利益关系，而科学家被这些中间目的所左右，那么科学研究中也就容易出现各种谎言。

尽管本书避免把谎言与道德、真实联系起来，但它们依然是无法割裂的。本书提到，谎言就是假话，这就将其和"真"对立了起来。"真"的事物是得到普遍认可的事物，那么，"真"在交往中很容易被人接受，因而具有良好的交往性。道德也是类似的。

但道德、真实并不是人的终极目的，至少现在关于道德、真实的各种论述并不能显示它们是人的终极目的，因为人们经常会有相互矛盾的道德，道德中也存在着不同程度的谎言。人的终极目的不是获得或维持某种关于道德、真实的知识，而是依据物语的交往本性开展交往。道德和真实是人们通向终极目的路途中建立的可以信赖的路标。

通过上述讨论，我们可以重新看待康德关于谎言的论述——任何时候都不能说谎，即使这种谎言有可能使一个朋友避免被凶手追杀。这同样是以中间目的作为终极目的的。他的解释"任何谎言的后果都是无法预料的，因此并不能保证谎言能够产生善的后果"并没有根据。因为在这种情况下，真话的后果同样也是无法预料的，甚至根据常识去判断其应该更糟糕。那么在这种情况下人是否就不应该说话了呢？但此时不说话在某种程度上属于掩盖事实，同样是撒谎。

本书没有讨论该不该说谎，也不打算批评谎言，更不支持说谎。谎言是人的交往行为中的基本现象之一。人们可以对一些在特定交往过程中说谎的人进行批评，但对人的谎言这种文化现象进行道德批判会把人置于何种境地呢？这正如在研究人操作机器时所发现的，人总是存在一定的失误，那么研究者就不能把这完全归结为人的错误，而应该分析机器的特点、人的特点，分析操作机器的过程，进而发现减少失误的方法。把谎言归结为交往性差的媒介正是基于这种考虑。本书也没有提出减少谎言的方法，因为只要指出谎言的性质，人们就可以知道如何对待谎言。

对于谎言，我们在此只是指出它是一种交往性差的媒介，会给整个交往链带来损害，但它自身也是种种交往行为扭曲的产物。例如，把各种中间目的当作终极目的、以名利作为人生的追求，就容易导致谎言的产生。

9.3.4 语物的谎言

过去对谎言的讨论主要集中在政治谎言上，这种讨论从柏拉图一直延续到当代。柏拉图的"高贵的谎言"有为政治谎言辩解的含义。霍布斯把政治谎言看成是暴力手段的替代品，认为它相对无害。黑格尔也认为，为了成就大事，伟人可以欺骗人民。阿伦特对政治谎言也做了深入的讨论，并且把它分为传统谎言和现代谎言两种类型[①]。

我们在此可以重新分析这个问题。我们首先可以询问，政治谎言到底是指谁的谎言？并且这个"谁"有什么样的性质？这个问题其实很清楚，政治谎言由各种政治组织制造，而政治组织是语物。

不同的社会组织会有什么根本的不同吗？政府、社会组织、企业制造的谎言有根本的区别吗？答案是否定的。这些不同的社会组织都是由一群人按照特定的组织结构形成的，每个语物都有它的共同目标。它们可能的区别仅在于它们各自的目标不同、语物的规模或大或小、交往的领域或多或少。政府可能交往的领域较多，企业可能交往的领域较小。但现在，大的跨国公司的规模已经超过了小的国家，它所处理的事务的复杂性也超过

---

① 阿伦特 . 真理与政治 // 贺照田 . 西方现代性的曲折与展开 . 田立年译 . 长春：吉林人民出版社，2002：299-338.

了小的国家，所以不同组织没有实质性的区别。前文讨论过语物的主要特征是简单理性，那么我们可以据此指出，语物在说谎时也有简单理性的特点。但很少有人讨论过政治组织之外的语物的谎言。

这种忽视有两个原因：第一，古代社会除了政治组织之外很少有其他形式的社会组织，对于各种社会组织谎言的讨论并非哲学的传统话题。各种社会组织的兴起是从17世纪开始的，特别是随着18世纪现代国家的产生、19世纪产业革命过程中公司的出现，组织得到了更快的发展。在当今社会，各种组织遍布人类社会的各个领域。而在古代社会，宗教组织也许是除了政治组织之外唯一广泛存在的社会组织。它当然也在制造谎言，但人们对它的谎言更加包容。第二，各种单一社会组织的影响力一般不如政治组织大。但如果考虑到目前社会组织的普遍性，这就是需要讨论的问题。

为了分析语物谎言的性质和特点，我们可以把它和人的谎言进行比较。我们发现，阿伦特对于"政治谎言"所划分的两种类型——传统谎言与现代谎言的区别，大致可以作为"人的谎言"和"语物的谎言"的区别，但还有一些不同。

首先，阿伦特认为，传统政治谎言的规模受到了相当大的限制，现代有组织的政治谎言则渗透了一切。这种观点不免令人心存疑问，事实上，现代社会所有的政治谎言在历史上可能都曾经发生过。阿伦特的这个观点在本书中可以转换成个人谎言规模受到限制，而语物则有可能实施更大规模的谎言。个人谎言能够影响的群体是他所交往的其他人，这种规模总的来说比较小；而语物则有可能以更多的人力、物力和财力去为了某个目的实施更大规模的谎言。由于人的复杂半理性，他会在各种意想不到的交往场合说谎。而语物的交往对象固定，它说谎更有针对性，更加理性。即使一个国家的政府，它的交往对象可能呈现出多样性，但通常也是非常固定的，政府主要针对公共事务开展交往行为，它的谎言也仅发生在这个领域。

其次，阿伦特认为，传统的撒谎者知道自己在撒谎，而现代有组织的谎言则使撒谎者陷入自欺之中，经常不知道事实的真相。这个观点在本书中可以转换成个人撒谎者大多数时候知道自己在撒谎，而语物则常常陷入自欺之中。前文提到过，意义是在交往中形成的。这个观点可以引申为，重复性的交往容易形成固定的意义。个人的谎言通常没有改变真实的力量，他的谎言通常是随机的、少量的交往，而并非重复性的交往，很难形成固定的意义。但一个人如果持续地对他人或自己说某种谎言，这种谎言同样会对他产生固定的意义，使他迷失于事实的真相。语物的谎言则会经历大量的重复，包括在语物内部不同人之间重复，也包括在语物和外界交往时重复，这些重复的谎言会形成固定的意义，常常使语物中的人陷入自欺之中。

最后，阿伦特认为，传统谎言只是隐藏事实，有现代组织的谎言则企图从根本上销毁事实。实际上，隐藏事实、销毁事实并不体现在愿望上，而体现在能力上。也许所有的撒谎者都希望对他不利的事实消失，但实施这种愿望的能力则与个人、组织的能力有关。语物通常是通过多个人去实施这种行为的，拥有更多的能力去销毁事实。在这一点上，传统的政治组织并不比现代的政治组织能力差，因此人们很难把它当作传统谎言和现代谎言的区别。虽然在现代社会语物利用知识生产谎言的能力更强，但个人或其他语物发现谎言的能力也在增强，我们很难断言传统政治组织比现代政治组织编造谎言、销毁事实的能力更差。

语物谎言与个人谎言本质的区别在于语物和人具有不同的特点。语物有具体的目标。当语物形成后，它的目标可以简单地被概括为使语物长久地生存下去。这个目标在实际的过程中可以体现在更多具体的方面，例如，语物总是试图在与外界开展竞争的领域保持优势，使自身成为更大、更强的物语。这样，语物所需要开展的交往行为是明确的，它所制造的谎言的目的和模式也是固定的。而个人通常不具有这样明确的目标，个人总是随时随地地产生各种目标。

语物的谎言是语物理性的产物，这也是长期以来有人为政治谎言辩解的原因。尽管如此，谎言依然是交往性差的媒介。谎言在语物内部会造成不同成员之间的相互不信任，使语物内部的交往不畅。谎言一经发现，会使语物与外部的交往产生麻烦，轻则受到舆论的谴责，重则受到法律的惩罚、受到他国的舆论攻击。很难有使全人类都相信的谎言，即使有其也会随着语物内部与外部的交往，逐渐显现出来。例如关于"神"的各种传说，它显然是一种谎言，但这种谎言满足了人类的需要，因此能够长久地存在。但即便如此，它也在逐渐消失。

9.3.5　人和语物交往时的谎言

人和语物的交往问题越来越成为值得关注的问题。随着人制造"物"的能力的提高，物展现出的能力既让人欣喜，也让人担忧。人们以前常常会问，核武器的发展会导致人类的灭亡吗？人工智能的发展则让人担心，今后会生产出统治人类的机器人吗？阿伦特从1957年第一颗人造卫星进入宇宙的事件中，感受到了科学的巨大进步可能带来的恐惧[①]。

现代社会迅速涌现出的不仅有各种物，还有各种社会组织、各种新知识。人和语物的交往关系并不限于人和物，还包括人与社会组织、人与各种新知识等各种语物的交往。大量出现的新语物会给人带来实际的交往困惑。

复杂半理性的人和简单理性的语物之间的交往始终充满着各种矛盾。人总是试图或被迫与更多的语物交往，而交往规则并不总是很清楚。语物的理性导致它坚持以某些有限的方式和人发生交往。如果语物制造谎言，那么，人与它的交往就会变得更加复杂和半理性。

人的谎言很难对语物产生作用，因为人和语物的交往内容、交往规则已经被限定在语物的理性之中了。同样，语物和语物交往时，其相互之间的谎言也不太容易成功。而语物对人的谎言则容易发生，也容易成功。在

---

① 汉娜·阿伦特.人的条件.竺乾威，等译.上海：上海人民出版社，1999：1.

当今社会，更多、更频繁的人和语物的交往行为发生在日常生活中。人们每天都在和各种提供衣、食、住、行、娱乐、医疗的机构发生交往。人和语物的交往关系也发生在每天的日常工作中，人每天都要和他所在的组织交往。人们每天获得的各种知识、信息通常也是由各种语物提供的。

各种组织为了使自己能够在竞争中凸现出来，以获得更多的利益，它们会制造各种各样的话语，其中包括谎言。这些谎言并不是全然说假话，也并不违反法律，很多时候它只是掩盖、歪曲事实，或者淡化自身的缺陷，强调自身的优势，或者通过修辞让人产生特殊的联想。语物之外的人，并不一定有足够的时间和知识去辨识这些谎言。处于语物中的人，对于其所在的语物制造的谎言并没有太多的抵制能力。通常是在经过洗脑式的训练之后，其自身也成为谎言的制造者。现代人似乎总是生活在真假难辨的世界之中，这可能是当代社会令人困扰的地方。为了消除这种困扰，作为人来说，他除了不断扩大自己的交往范围、学习更多的知识、熟悉和语物的交往规则之外，并无其他的途径。

9.4 单向流动的媒介——奖励

交往中有物语的传递，这表明交往是来来往往的现象，这是方向性的体现。在实际的交往过程中，这种来来往往可以表现为交往媒介的传输方向。交往媒介的方向性虽然是交往媒介的基本特征之一，但其受到的关注却非常少。它更多地是在一些具体的领域以各种具体的问题被人们所关注。例如，物体与物体相互作用时力的方向，热量从高温物体传向低温物体的方向，电流的方向，道路上的车行走的方向，资金的传输方向，等等。在具体的交往过程中，交往媒介的方向流动是在具体的条件下发生的，我们可以通过研究物语的流动方向分析这些交往行为中的交往规则。

物语流动的单向性或双向性是否具有特殊的含义呢？人们对于一些熟

悉的情况容易指出它们的含义，例如道路上的车辆各自在自己的道路上单向行走。建立这样的规则，可以提高通行效率。一些人们虽然熟悉，但没有考虑过它的方向性的物语的方向性意义需要进一步被讨论。

9.4.1　单向流动及奖励现象

第5.3节中提到，中国传统文化要求"父慈子孝"。慈和孝可以被认为是对父、子不同角色的要求，这些要求在交往中以具体的交往行为体现出来。因此，我们可以把慈看作父向子传输的某些物语的合称，把孝看作子向父传输的某些物语的合称，即父与子交往时采用的媒介是慈、子与父交往时采用的媒介是孝。"兄友弟恭""夫信妇贤"也类似于此。慈、孝、友、恭、信、贤这些不同的物语体现了交往时各种交往媒介不同方向的传输特点，也反映了不同的人在交往中的角色的差异。在行政公文的传送中，向上级部门传送公文被称为"报"或"上报"，向下级部门传送公文被称为"发"或"下发"，这也同样体现了角色的差异。如果交往时不同传输方向传输的物语差别足够明显，以至于需要把它们区别开来并分别命名，我们就可以认为这些不同的物语是各种不同的单向性媒介。

如果发生的是"父爱子""子爱父"的交往行为，他们之间都是以爱作为媒介的，对不同方向的传输物语不加以区别，那么这表明爱是二者都可以采用的交往媒介，是双向流动的媒介。这同样表明，以爱为交往媒介联系起来的两个人在这种交往中的角色没有差异。例如男人爱女人、女人爱男人，这说明相爱的两个人之间至少在一些交往中的角色没有差异。

物语之间的交往既可以单独发生，也可以属于一系列交往中的一个小过程，某种单向流动的媒介也许是交往双方相互交往过程中的各种媒介中的一种。为此，本书对于何为单向、何为双向约定如下：某个单独的交往发生时，交往媒介只能从一方传向另一方，相反方向不能传递，我们称其为单向流动的媒介；交往媒介如果能在交往的双方之间来回传输，则我们称其为双向流动的媒介。

个人或组织在交往时，采用单向流动或双向流动的物语作为交往媒介都是可能的。在单向流动的交往媒介的作用下，个人或组织在交往中或许会得到一些物语，这样他们作为物语相比于其原来的状态扩大了；或者他们在交往中失去一些物语，作为物语他们变小了。例如奖励和惩罚，人们得到则喜，失去则忧，这是人们对待它们通常的态度。这种态度只是从某个视角观看单向媒介的。交往总是两个物语之间的事情，为了对单向媒介进行考察，我们需要从不同角度对它进行讨论。

人们对于惩罚是熟悉的。《旧约·创世记》中讲述了一个关于惩罚的故事。该隐因为嫉恨杀死了他的兄弟亚伯，遭到了上帝的惩罚。上帝罚他离开，他游离飘荡在大地上。该隐担心别人见了他会将他杀了，上帝说："凡杀该隐的，必遭报七倍。"故事里，上帝可以惩罚该隐，其他人不能惩罚该隐。这里有理性的成分，表明没有人可以惩罚其他人，尽管这个人已经被上帝定为罪人。这是借上帝之口对人的非理性进行约束，告诫人们不可妄动杀戮的念头。但这同样表明，惩罚权是重要的权力，特别是致人死亡的惩罚权太过重大，普通人不能拥有。

对于惩罚，人们已经开展过各种讨论，如法律中对惩罚的讨论。与惩罚相反的奖励，虽然每个人都很熟悉，它似乎是人人都喜爱的东西，但真实情况如何，我们还需要进一步分析。

9.4.2　一些非奖励的情况

奖励是生活中经常发生的现象，它以各种形式出现。有人会认为获得奖励意味着得到荣誉，或在物质上有所收获。奖励正是以这些语言或物质的形式，从施奖者到获奖者传递。那么，什么是奖励呢？

奖励不包括日常生活中如下三种或与之类似的情况：第一种是买彩票中奖，这实际上是一种赌博行为；第二种是自己奖励自己，这没有什么特别的含义，仅仅表明自己高兴；第三种是儿女奖励父母，这种情况一般发生在儿女年龄比较小的时候，它的实质是儿女对父母的亲昵行为[①]。与第三种情况类似的还有好朋友之间的相互奖励，这也是亲昵关系的体现。

奖励也不包括生物学中的奖励概念。有的科学家以人类的视角，将榕树和榕小蜂、根瘤菌和豆科植物、丝兰和丝兰蛾、蚁群、蜂群之间的某些交往行为称之为奖励或惩罚，这是对人类社会奖励或惩罚概念的隐喻性使用，它们不能和人类社会的奖励或惩罚相提并论。这种讨论既然采用奖励或惩罚概念去描述低等生物，那么它们的行为与人的行为之间至少会有一定的相似性，但这种相似和奖励或惩罚的本质无关。如果有人试图以低等生物的研究结果反过来说明人类社会的行为，这同样只是一种隐喻。如果这种隐喻关系扩大，其将妨碍人们真正认识各自的交往行为，会造成词语的混乱。类似地，有人提出了"自私的基因"的说法，这同样是以人的视角，把基因之间的某些交往行为命名为"自私"，也是一种隐喻性的命名。如果因此得出结论，人生来就是自私的或者应该是利他的，那么同样毫无道理。基因自身的交往行为和基因对生物体的影响是两回事。此外，人的奖励行为、自私的行为涉及复杂的语言要素，而基因、低等生物，乃至人的低等交往行为中并没有语言要素，基因之间进行物质交换时并不相互传输语言。在描述它们时，人们应该像描述力、速度一样，采用简单中性、没有倾向性的术语。

9.4.3　奖励的单向性流动

奖励是两个物语交往时的交往媒介，可以通过各种形式体现。例如，它可以是金钱、贵重物品、休假、职位，也可以是一张纸片（奖状）、一块金属的小牌（勋章），等等。在某些情况下，物质特征也可以在奖励中消失，比如荣誉称号、口头表扬都可以被看作仅仅是语言奖励。奖励中的语言在任何时候都能被感觉得到，这也是很多人把奖励视为荣誉的原因。

[①] 奖励体现了秩序，但孩童并不能理解，他看到的只是表面现象。例如他做对了某事，获得了父母的奖励。孩童模拟这种行为，在类似的场合下奖励父母，这种行为对父母并不具有奖励的效果，这只是亲昵关系的体现。

奖励中的物质是语言的载体，重要的奖励经常伴随着丰厚的物质，因为丰厚的物质本身就包含了重要的语言素材。

我们从各种奖励现象中容易发现，奖励是单方向传输的物语。以分类结构内的奖励为例，奖励只能由这个结构内部的上层物语向下层物语传递，而不能反向传递。例如，上级政府向下级政府颁奖、政府向公民颁奖、企业向职员颁奖、老师向学生颁奖。分类结构内单向传输的物语很多，但它们并不都被称为奖励。以企业中的三种情况为例：①企业每月支付员工薪酬；②企业根据员工的表现，随薪酬每月发放奖金；③企业在年底表彰大会上，公开向某些人发放数量不菲的奖金。这三种情况都是金钱的单方向传输，都能体现交往双方在分类结构内部角色上的差异，但这三者的性质并不完全一样。

在第一种情况里，企业内的每个人根据所承担的工作，都会获得相应的薪酬，这体现的只是一种价值交换，除了金钱和众所周知的语言之外，并没有额外的语言成分。在第二种情况里，企业向员工颁发奖金，这是薪酬的补充，这里主要体现的还是价值交换，但同时表达了企业的语言。企业希望每个员工都能努力工作，并且付出越多，回报越多。奖金里面除了金钱，还有一些额外的语言含义。第三种情况则非常明显地体现了企业的态度，这时，获奖者不仅收获了金钱，还有荣誉（语言）。企业为了强调荣誉（语言）的重要性，把员工召集起来公开宣告某些人获得奖励，同时提供数量不菲的奖金。荣誉和数量不菲的奖金，都可以被归结为重要的物语。因此，奖励是一种由重要物语构成、单向传输的交往媒介。但什么样的物语重要，在不同的条件下原因各不相同。如果社会中普遍有一种对金钱的崇拜，那么，重要的奖励就常常伴随着丰厚的金钱。如果某个群体中对于牛并推及牛粪有一种崇拜（或者因为牛粪是一种生物肥料），那么把牛粪当作奖励也并非荒谬不经的事情，一些农业地区发生过这种事。

9.4.4 奖励由谁颁发

交往分为结构性交往和隐喻性交往，奖励也可以分为结构性奖励和隐喻性奖励。例如，某个组织内部颁发的奖励是结构性奖励，一个国家的政府向本国公民颁奖也可以被认为是结构性奖励；而一个国家的政府向另一个国家的公民颁发的奖励则是隐喻性奖励。隐喻性交往通常意味着试图建立起一种联系或结构。隐喻性交往与结构性交往之间的界限有时并不清晰，当交往变得频繁了，隐喻性交往也就成了结构性交往。

在奖励中人们似乎最关注谁获得奖励，但如果对奖励本身进行讨论，谁获得奖励也许就是最无关紧要的。奖励一旦颁发，总会有物语获得。奖励只是根据颁奖者的意图，向某些人或机构颁发。颁发奖励的物语是"奖励"这个交往行为的发起者，也是"奖励"这个交往媒介的提供者。因此，我们首先应该讨论奖励由谁颁发。

奖励是重要的物语，它应该由能提供这种重要性物语的物语提供。颁发奖励的物语自身应该是重要的物语，其才有颁发奖励的资格。重要性通常是相比较而言的。在分类结构中，谁是重要的物语比较明显，上层的物语相对下层的物语来说是重要物语，所以分类结构内的奖励是由上层的物语向下层物语颁发的。

在日常生活中，如果人与人之间相对平等，那就谈不上谁更重要，也就谈不上谁奖励谁。但很多时候人们会把职业角色带入生活中，使其在一些非职业场合也成为重要的人。或者社会的某些文化、伦理或风俗的影响，造成了人与人之间角色的差异，使得某些人显得更重要一些。因此，即使在日常生活中，也会有奖励现象。最常见的是大人奖励小孩。小孩成年后，父母一般不再对他进行奖励。成年人之间一般也不进行奖励，除非双方都认可这种重要性的差异，否则一些简单的奖励行为，如表扬、夸奖，都可能令人不悦。成年人之间如果需要表达和奖励类似的交往则应该换成含义更加平等的"赞扬"。生活中的不同情景有不同的复杂性，人们需要结合相应的语境才能切实感受到某句话的赞扬、表扬、玩笑或表达亲密关系等的不同含义。

另一种主要的奖励是由独立的评奖机构颁发的，它颁发的对象是各种潜在的外部对象。那么，这种评奖机构自身的重要性是如何体现的呢？

一些有影响力的奖励，如诺贝尔奖，它的评奖机构有着不言而喻的重要性，但这种重要性并非天然具有。任何现在大的物语都是由其最初的小的状态发展而来的。小的物语要想变成大的、重要的物语，只能通过其物质的增长和语言的增长来实现。以诺贝尔奖为例，它成立之初的物质基础是化学家诺贝尔的遗产，它的语言基础是诺贝尔的遗嘱。它的物质基础的维持或增长方式是诺贝尔基金会对财产的谨慎投资。它的语言增长方式大致包括：①由重要的人组成评奖委员会；②由重要的人提名诺贝尔奖候选人；③传媒向大众对诺贝尔奖及诺贝尔奖获得者进行介绍，诺贝尔奖获得者的非凡成就被广泛传播。除了它自身的发展，外部的环境也会对其产生作用。例如，公众对于诺贝尔奖所涉及的科学、文学、经济、社会等领域的持续关注，会推动对诺贝尔奖的关注。这些都是诺贝尔奖作为物语的发展方式。一些新成立的奖项，也许能够提供比诺贝尔奖更多的奖金，但其颁奖机构相比诺贝尔基金会来说是小物语，这些奖励受到的关注不如诺贝尔奖多。颁奖者的重要性并不完全体现在它能够提供高额的奖金，还体现在它能提供重要的语言。不可否认，诺贝尔奖之所以能够从众多的奖励中脱颖而出，最初很大原因在于它提供的奖金数额比较大，吸引了人们的关注，并且诺贝尔奖所奖励的领域也是人类社会所关注的领域。

一些新成立的奖励机构，如果它脱胎或依附于某个重要的物语，那么它在一开始就能被确定其重要性。但在后期的运行中，其也需要加强自身的物质化和语言化建设。独立运行的奖励机构，它的运行与各种企业的运行并无区别。它们若想成功，就需要在市场中找到适合自己的位置，使自己能够在某个领域被人们所关注，并使自己成为重要的物语。否则，其只会像一个不成功的企业一样被市场淘汰。

9.4.5　为什么颁发奖励

不同物语会因为不同的原因颁发奖励，我们可以根据奖励的特点和颁发者的特点将颁发奖励的原因归结为如下几点。

（1）奖励由物语创造，它是物语自身发展的方式之一。物语自身的发展总是体现在它要创造出一些新物语。工厂生产产品、政府制定政策、科学家进行知识创新都是在创造一些新的物语。这种创造是他们和周围世界交往的体现。创造"奖励"的行为也可以看作是奖励的提供者在和周围世界交往时创造出"奖励"这个产品的过程。

（2）奖励是颁奖者创造出的交往媒介，颁奖者因此可以增加与获奖者的交往。奖励这种语物虽然众所周知，但未必所有人都将其视为交往媒介。更多的时候，人们把它当作要达到的目标，即一种交往对象。奖励能够起到建立、维持或改善某种交往关系的作用。人们在交往中创造出这种交往媒介，就可以把它所产生的普遍效果作为它的原因。与此类似，人们规划出惩罚这种物语，目的是为了制止一种不好的交往关系，同样是为了实现交往关系的顺畅。奖励和惩罚是一对似反性的物语，人们经常强调它们的差别，但它们的相似之处同样很明显。

（3）结构性奖励不能实现物语的自我扩大，需要转变成外部的交往才有可能实现。结构性奖励只在组织机构内部流动，这种奖励对组织机构外的物语不产生效果。作为奖励的物不过是从物语（整个组织机构）的某一处传递到另一处，作为奖励的语言也只有内部的意义。因此，即使奖励意味着组织机构在生产物语，体现了组织机构这个物语的物语化，但结构性奖励不和外界发生交往关系，就不能产生外部意义，也就不能实现物语的自我扩大。

结构性奖励虽然对外不产生新的意义，但这种媒介在内部的传输，可能引起内部的交往关系的改变。物语中的某些成员因为奖励获得了发展，这个成员对外的交往能力在增加，也许能够表现为整个物语对外交往能力的增加，组织也因此得到发展。奖励如果不能促进物语对外交往能力的增加，那么组织内部的奖励就没有意义。

通过奖励来试图改善组织内部的交往是创造奖励的基本目的，但能否实现，甚至是否会起相反的作用我们则很难断言。在实际过程中，颁发奖励往往被一些更加有限的目的所代替，虽然这些目的也可以被归结为试图改善内部的交往关系。

例如，奖励总是由重要的物语颁发，组织中的上层物语有可能为了体现或增加自身的重要性而颁发奖励。在这种情况下，奖励所起的作用不过是维持或加强结构内部原有的交往关系。对于组织中的上层物语而言，维持或加固原有的交往关系也许就是改善内部的交往关系，但对于整个物语来说则未必。如果原有的交往关系已经在阻碍组织的发展，那么采用奖励对原来的交往加固就是有害的。如果原来的交往关系是积极的，那么采用奖励对原有关系进行加固就是有益的。

如果不是为了如此消极的目的，而是为了刺激个人或部门更加努力地工作，例如管理学中经常将结构性奖励当作一种激励机制，那么我们需要进一步分析。这种情况等于上层的物语在加强与那些工作努力的个人或部门的交往。但这种交往如果以前并不缺乏，或者因此损害了上层的物语和其他个人或部门的交往，那么奖励的作用依然不明显，甚至有害。如果个人或部门把获得奖励作为自身的目的，用更加有限的目的代替促进交往的目的，其效果则很难评估。

奖励的主要特点是单向传输，它最明显的特征是反映了交往双方角色的不同，这是组织内固有的交往规则。在分类结构内，经常采用"奖励"这种媒介会强化上层物语和下层物语在组织内的角色，增加上层物语的权威。这种权威如果在双向交往的场合也体现出来，那就会抑制双向交往，从而使组织内其他类型的交往变差。组织内部如果普遍采用单向传输的交往媒介，其结果使得组织内的交往秩序非常明显，则组织结构的稳定容易保持，但会抑制其他交往行为的创新，影响组织发展。

（4）隐喻性奖励是特殊的产品，是由某些物语为了建立某种交往关系而创造的物语。这种奖励和一般企业的产品性质一致，只不过它的产品是具有荣誉性质的奖励，获得这种产品的人或物语在获得的时候并不一定需要有相应的交换，只需要接受这种产品并认可这种产品是重要的物语即可。当然，这种认可其重要性的行为已经构成了一种交换。为了使这种产品的重要性得到确认，它的输出对象通常是一些重要的人或机构，或对颁奖者有所贡献或能产生潜在贡献的人。交往所产生的意义体现在交往的各个环节上，重要的人接受了这个奖励，那么"奖励"这种产品和颁奖者的重要性也得到确认。提供奖励的机构因为"奖励"这种产品的输出，其自身成为重要的物语。颁奖者一般不与获奖者直接交换，因为这样会使"奖励"自身的品质受到损害，从而降低产品的重要性。颁奖者通常是利用他自身逐渐扩大的影响力，通过其他渠道进行物语的交换，获得维持"奖励"输出的能力。例如，诺贝尔基金会，它每年无偿提供高额的奖励给几个杰出的人士。在这个输出过程中，诺贝尔基金会的影响力得到了扩大。基金会能够进行这种"奖励"输出是因为它利用诺贝尔提供的原始基金进行了投资，但这种投资能够长期获得稳定的回报与诺贝尔基金会是重要的物语有很大的关系。

（5）个人提供奖励的原因可以归结为人有意愿进行更广泛的交往。奖励的提供者有一些是个人，例如，虽然现在的诺贝尔奖是一个机构提供的产品，但其成立却是因为诺贝尔个人的意愿。讨论个人的动机总是比讨论语物的动机更加复杂。因为人是复杂半理性的物语，人的动机里面有更多的不确定性。即使我们现在能够知道某些个人所宣称的理由，也不能排除这是经过组织修饰后的产物。无论如何，个人提供奖励的前提是他要有这个能力。然后不同的人就会有各种各样的理由去试图成立一个奖项，甚至以个人的名字对这个奖励进行命名。如果忽略各种具体动机，我们可以将这些行为解释为它体现了人渴望交往的本性，甚至希望在生命结束后依然和世界保持一种交往。与此类似，有一个关于人的古老隐喻，即"长生不老"的隐喻。中国古代的皇帝有这个愿望，埃及的法老也有这个愿望。这种事情虽然很荒谬，但如果把这些故事看作是一种隐喻，它们就表达了人希望与世界长久交往的愿望。人作为一种生物，它的寿命由人的生理所决定。但如果把人看作一个物语，其确实可以做到死后依然和世界发生交往。以这种观点重新看待一下发明家诺贝尔，他发明了某种炸药，虽然这在当时很有价值，但这种炸药的价值随着时间的推移会变得越来越小。这类发明家或许在诺贝尔的同时期有很多，也或许都很伟大，但现在大多同期的发明家都不再被公众所了解了。只有诺贝尔通过成立诺贝尔奖，现在依然和世界上的很多人发生交往关系。这就是发明家诺贝尔与当代人的交往方式。还有其他类似的行为，例如捐赠一栋楼，捐赠者以自己的名字（或企业的名字）命名，我们也可以将其解释为源于人（或语物）的交往本性。

创造奖励是在创造一种物语，这没什么不妥之处。试图发展更多的交往关系从本质上来说都是一种善，也是值得推崇的。虽然奖励未必是良好的交往媒介、良好的交往方式，或许未来这种交往媒介将彻底消失，但现在看来，这并没有什么不妥之处。至少奖励以它有限的方式改善了一些交往，这关键在于接受奖励的人要避免因为追逐奖励而被奖励所奴役。这种被语物奴役的现象，是人语物化的一种形式。

9.4.6　奖品是什么

奖励虽然可以单纯地只是语言，但大多数正式的奖励都是以物的形式呈现的，即使这个物可以退化到只是一张纸。因为物看得见，摸得着，能够展示。接受奖励的人除了通过耳朵，还可以通过多种器官感受到奖励。他在向其他人展示奖励的时候，不会口说无凭。

相同的物附加上不同的语言就能成为性质不同的物。一块金子可以成为购买货物的货币，可以成为奖励时的奖品，可以成为馈赠的礼物，可以成为交纳的税金，可以成为藩属国向宗主国进献的贡品。物的性质没有变，物语的性质却因为经历了不同的语言化过程而发生了变化。物品能够成为奖品是因为颁发奖励的物语为它附加了一些被称为"荣誉"的语言，因此这些物品就变得更加重要起来。

9.4.7　为什么接受奖励

"奖励"这种交往媒介发生作用，取决于这样几个要素：提供奖励的物语、"奖励"这种物语、接受奖励的物语。颁发奖励的行为需要接受奖励的人接受才算是成功的，那么，接受奖励的人会接受奖励吗？他为什么接受或者不接受？

结构性的奖励是那些潜在的接受对象无法拒绝的。不管是将奖励视为荣誉、利益，积极主动地去获取，还是把奖励看得很轻，可有可无，抑或把获得奖励视为将自身固定为一种角色，其是一种枷锁，被动地接受，当奖励到来时，接受对象一般都会接受。否则它将比受到惩罚更令人难堪。结构性的奖励是结构内交往秩序的体现，对它拒绝就是在拒绝这种秩序。

隐喻性奖励对于获奖者没有太多的约束，他可以接受，也可以不接受，但大多数获奖者都会接受。理由很简单，能够获得一些荣誉或实际的利益，又没有损失，那为什么不接受呢？这正是奖励通常能够实施的原因。

拒绝奖励的例子中比较著名的是萨特拒绝诺贝尔文学奖。萨特将拒绝的理由归结为自由，他拒绝荣誉给人带来的束缚，以及他不想违背自己的事业。诺贝尔奖是属于结构性奖励还是隐喻性奖励我们很难说清楚，本书姑且认为它是隐喻性奖励。但任何奖励都总是会形成一些事实上的结构——由颁奖者、评奖者和以前及现在的获奖者形成的结构。萨特在拒绝奖励时，详细地写出了自己的理由，这表明即使拒绝奖励也需要认真对待，避免因为拒绝奖励而受到额外的敌意。

获得荣誉和一些实际的物质利益似乎是人的天性，这实际上也是人的交往本性的体现。人因为获得奖励而成为一个更大的物语，这个更大的物语因此在人群中更容易被人发现，更容易和其他物语进行交往。获得奖励也意味着自身获得周围一些人的认可，是"物语在周围物语之中"的体现，是物语自身意义的体现。人如果不是为了获奖而获奖，那么能够获得奖励总是好事情。即使是为了获奖而努力迎合颁奖者的兴趣，只要不违背社会的道德要求，而他自身也没有多余的困扰，这似乎也不是什么坏事。但是，奖励被以各种理由授予获奖者不过是宣告了颁奖者和获奖者之间交往关系的进一步发展。任何得到都必须要有所回报，即使对于隐喻性奖励来说也是如此。另外，即使人会渴望与更多的物语发生交往关系，但如果这种交往关系过于频繁，那他有限的肉体是否能承受得了呢？这正如一些人渴望成为明星，但成为明星之后一切都暴露在公众的视野中，被迫与更多的物语发生交往，从而引起自身的焦虑一样。

获奖者如何回报颁奖者，具体的形式各有不同。根据人类学对礼物的研究发现，在以礼物进行的交往中，礼物总是会带来回礼，这是一个基本的义务。奖励的情况是类似的，获得奖励继而有所回报也是基本的义务，只不过回报的并不是奖励，所以我们只能认为奖励是一种单向的交往媒介。而以礼物为交往媒介，送出去的是礼物，收到的回报也是礼物。

9.5 双向流动的媒介——礼物

本书将交往媒介的交往性划分为好与差两种情况。好与差很多时候取决于空间和时间上对其观察的尺度。在不同的时空尺度下，好与差这一对似反性的物语有可能相互转变，即好的变成差的或差的变成好的。因此，我们在此对交往性好与差的观察尺度将缩小到最小，仅以交往发生之时、发生交往之处的交往特性为评价好与差的依据。

本书将交往媒介的方向性划分为单向流动和双向流动两种情况，这二者也是一对似反性的物语。流动方向是单向的还是双向的似乎是明摆着的事实，不会随观察尺度的变化而产生差异，但其实未必。如果把观察尺度放大，将交往双方更多的交往行为放在一起考虑，那么某种单向流动的媒介实际上是交往双方在以多种单向流动的媒介进行相互交往时的一种媒介。以买卖关系为例，货物从卖方流向买方、钱从买方流向卖方，这是两个单向流动的交往媒介构成的一组双向交往。

单向流动体现了交往双方在交往时角色的差异，这种角色差异在很大程度上推动了不平等的发生。例如，孔子在《论语》中谈到"君君臣臣，父父子子"①，这不过是对君臣父子各自的角色进行固定。虽然孔子本人主张君子作风，主张人和人的平等，但正是这种对人的不同角色的刻画和固定，在后续发展中成为中国形成漫长的不平等社会的原因之一。这种角色观念深入人心，虽然人们能强烈感受到社会的不平等，但对不平等的反抗只不过是试图在这种角色关系中把自己的角色颠倒，而不是尝试发展有效的方法，消除角色差异带来的交往差异。

单向流动并不意味着不平等，但如果双方的角色固定，以至于这种角色成为无法摆脱的身份，那单向流动的媒介就会成为不平等的原因和表现形式之一。在买卖关系中，通过买和卖构成的双向交往在形式上是公平的。叶圣陶在《多收了三五斗》中，以文学的手法描述了丰收之后农民的悲惨命运，这是买卖双方实际的不平等的交换。

相比于奖励，礼物是另一种性质的交往媒介。根据我们对单向媒介和双向媒介各自的约定，礼物是一种双向媒介。因为至少从表面的情况来看，送礼者和受礼者的角色并不是那么固定，赠送的礼物总是有来有去。在同一个交往中，送礼者给受礼者赠送的物语叫作礼物，受礼者回赠的物语也叫作礼物。

9.5.1　礼物的基本特点

顾名思义，礼物是用来表达"礼"这种语言的物品。礼物中的"物"既是交往中的"礼"这种语言的承载方式，也是这种语言的表达方式。礼物既可以被认为是关于"礼"的语言汇聚于某种物质之上的，这是语言的物质化过程；也可以被认为是某种物通过附加了"礼"的语言而形成的，这是物质的语言化过程。事实上，物质的语言化和语言的物质化这两个过

---

① 出自《论语·颜渊》。

程密不可分，正如物质和语言是密不可分的一样。二者略有差别，前者可以指专门生产出来作为礼物的物品，后者可以指以某个现成的物品作为礼物，这两种现象都时常发生。

马塞尔·莫斯指出，任何人接受了礼物的馈赠就有义务回礼[①]。更多的人类学研究结果也认可了这是一条普遍的原则。列维－斯特劳斯认为，迫使人们赠礼、受礼、回礼的是互惠原则，这个原则是一切社会交往关系的基础。此外，《礼记·曲礼上》也谈道，"礼尚往来，往而不来，非礼也，来而不往，亦非礼也"。《诗经》中有"投我以桃，报之以李""投我以木瓜，报之以琼琚"的诗句。这些文献说明，自古以来，礼物都是有来有去的，赠送的是礼物，回报的也是礼物，它是一种双向流动的媒介。单向或双向媒介都是物语之间交往媒介可能的形式，礼物是人们所规划出来的一种双向流动的交往媒介。

礼物的作用或目的在于它能改善、维持或建立一种交往关系。所有的交往媒介都是以这个作为目的的。但在具体的交往行为中，交往媒介如何对交往产生影响、是否能达到促进交往的目的，需要我们对这种交往行为进行更多的分析。

礼物的赠予者可以是单独的人、组织中的成员、组织或家庭，赠予的对象也可以是这些，甚至包括那些被认为可以和人交流的神灵。礼物起源于远古时期的祭祀活动。祭祀时，人们除了用规范的动作、虔诚的态度向神灵表达崇敬之外，还将自己最有价值、能够体现对神的敬意的物品奉献于神灵。礼物寄托了人的各种愿望，希望神灵能有所回报。在现实生活中，人的各种愿望总是有的会实现，有的会落空。实现了愿望就可以被解释为神灵的回礼，没有实现愿望就被解释为自己的心不够诚，并且这种不诚已经被神灵所洞悉。人们或许会因为长期没有得到回报，而失去对神灵的信赖。在人类认识水平较低的时候，人们只能依靠想象的交往对象和交往关系解释世界中的不圆满。

---

① 马塞尔·莫斯. 礼物. 汲喆译. 上海：上海世纪出版集团，2005：14-39.

"礼"虽然有更复杂的内容，但其中所体现的基本含义就是双方愿意建立或维持交往关系。如果双方本来就保持着联系或在同一个分类结构之中，那礼物则意味着对关系的强化，避免因时间长而相互遗忘。礼物如果是按照某种约定俗成的方式发生的，那就带有一定的强制性。即使不按约定俗成的方式，接受礼物的人也有义务以某种方式回礼。通过回礼，接受赠予的人表达了与赠予礼物的人同样的想建立和维持关系的态度。

莫斯在《礼物》中引用了《埃达》里的诗句，表明了礼物在友谊中的重要性：

> 你知道，如果你有一个
> 令你信赖的朋友，
> 而你又想有一个好的结局，
> 那就要让你们的灵魂交融，
> 还要交换礼物，
> 并且要常来常往。

采用"物"作为语言的传输工具，可以使语言固化甚至量化。与奖品类似，在各种语言的交往中，人们常常采用具体的物作为语言的承载。"物"可以让语言以更多的方式被接受者所感知，让语言以更长久的方式保存下来。

中国古人有"千里送鹅毛，礼轻情义重"的说法，这体现了礼物非功利的一面，但越厚重的礼物往往意味着赠予者对此越重视。有些礼物是程序化的，在特定的节日或特定的事件中，有固定的赠送礼物的理由。有些则是临时性的，例如为了寻求帮助而赠送的礼物，赠送人的愿望都包含在礼物之中。更加亲密的关系有更为简单的赠送礼物的理由，例如热恋中的男女通过频繁地互赠礼物，相互取悦。由于礼物中包含着物，所以它也可以被看作物品的交换方式。人类学的研究常将礼物看作古代社会的交换形式，但即便如此，它也不是单纯的经济行为，它比经济中的物品交换有更丰富的内容。

礼物交换可以发生在各种人之间，它是一种双向流动的交往媒介，也似乎是一种良好的交往媒介。但在实际的交往中，某种交往媒介受到的影响因素越多，它的含义也许越复杂。对于以礼物作为媒介的交往行为，我们应该针对交往双方的角色和"礼"对其进一步分析。

9.5.2　礼物的流动特点

礼物虽然是双向流动的媒介，但依然有很多例外的情况。原因在于礼物的概念总是在时间、空间中发生变化，大量的交往行为都会以礼物的名义出现。我们可以将礼物在不同国家、不同时代所体现出的基本特征作为礼物的含义，而将其他各种变形看作对礼物的隐喻。在选取某个物语的基本含义时，我们并不一定要采用它最初的含义。因为时间上的最初也仅仅是礼物这个概念在时间轴上的一个点，并无特别的含义。对于礼物来说，不采用它最初的含义还有更简单的理由，因为礼物最初是祭祀时供奉的物品，含有这种意义的礼物现在已经基本消失了。

人类学家通过对礼物的考察发现，礼物的交换除了遵循互惠原则，还有一个普遍规则——在送礼者与受礼者之间，前者总是处于优势地位，因为回礼的义务使受礼者处于被动的"负债人"境地[①]。在《诗经·大雅·抑》中有"投我以桃，报之以李"的诗句，《诗经·卫风·木瓜》中有"投我以木瓜，报之以琼琚。匪报也，永以为好也"的诗句。前者表明了赠礼与回礼大致相当，而后者则表明了回礼是更加贵重的礼物。这些例子并没有改变礼物是双向流动的基本事实，只不过体现了在具体的交往中，赠礼者和回礼者之间心态的微小变化。因为礼物的赠送总是涉及具体的物，物虽然可以度量，但如果不折算成金钱，实际上它的价值只是大约的值。回礼的人为了对赠礼者做出积极响应，回赠稍微贵重一些的礼物是合适的，但礼物也不宜过重，否则就要做出解释，例如"匪报也，永以为好也"。回礼过重给赠礼的人同样会带来心理压力。

---

① 阎云翔. 礼物的流动. 上海：上海人民出版社. 2000：235.

　　赠礼、回礼的多少要考虑双方的经济能力。《红楼梦》中的穷亲戚刘姥姥进入富人家的大观园，给贾母带来了乐趣，那么贾府对刘姥姥的赠礼及回礼都远超刘姥姥赠予贾府的礼物并无不妥之处。在礼物的交往行为中虽然有物品的交换，但表达相互之间愿意交往的语言同样是很重要的内容。这些特征可以被看作礼物的本义。

　　除此之外，在特定的场合，礼物也会呈现单向流动的特点。例如，以礼物为工具的交往现象在中国时有发生。中国的"礼"的概念非常宽泛，涉及的场合很多，以礼物为工具进行交往的可能性场合就比较多。

　　中国古代的"礼"是一个几乎囊括了国家政治、政治、军事、文化一切典章制度及个人的伦理道德修养、行为规范和准则的庞大概念[①]。几乎所有的交往行为都要依据"礼"进行。"礼"对交往中不同身份的人、不同等级的人应该采用什么方法交往做了详尽的规定。不同场合的"礼"有所不同，其基本特征在于上下等级不同的人之间给予对方的"礼"不相同，这实际上是采用各种不同的单向物语作为媒介进行的交往。完全平等的人在中国古代社会的"礼"中几乎不存在。人总有性别的区别、辈分的区别、官职的区别、年龄的区别，这些角色的不同在"礼"的各种单向媒介的作用下得到固定和放大，最终形成了各种人不同的行为处事方法和历时数千年的等级社会。"礼"为等级社会提供了文化上的保障，带来了社会的某种稳定，但它把人与人的交往行为压制在一个狭小的范围内，使得人与人之间的交往不充分。自19世纪以来，中国与外部世界的交往逐渐增多。在这个过程中，中国人越来越认识到"礼"的弊端，对它进行了大量批判。例如鲁迅对"礼教吃人"的控诉，他指出在被礼教统治的社会里每个人都在吃人，也在被人吃。今天，覆盖着整个社会的有着丰满体系的"礼"虽然正在逐渐消失，但它实际上是一个民族绵延数千年的心理特征，依然会在某些场合下体现。要消除它的影响，不能仅仅依靠泛泛的文化批判，而应该从文化发生作用的基本单位，即每一种交往行为着手进行分

---

① 阴法鲁. 中国古代文化史. 北京：北京大学出版社. 2008：109.

析，这样才能找出真正的解决问题的方法。

阎云翔在《礼物的流动》中提到了中国的孝敬型馈赠，指出它也是一种自下而上、单向流动的礼物[①]。"孝"是"礼"中所规范的一种交往方式，它规定晚辈要以某种驯服的方式对待长辈。前文把它解释为一种单向流动的交往媒介，由晚辈向长辈传输。

"孝"曾经被人广泛地批评。这种批评应该是针对"孝"的观念中不合时宜的地方的，人们不应对其彻底否定。彻底否定则意味着人们不清楚它形成和继续存在的原因是什么。不管采用什么方式，人与人之间总是要形成某种结构，例如"人格神－人"的结构或"祖先－人"的结构。"孝"这种观念是为了维持这种结构而产生的，它已经构成了社会的公共心理。如果对它彻底否定，而又不能建立新的替代观念，就会造成社会心理的混乱。要建立新的替代观念，应该通过和外界的交往，在这个文化的内部创新产生，而不是奉行"拿来主义"。

如果要对这种观念继续发扬，人们也应该认识到它随着时间而逐渐显露出的弊端。"孝"是单向传输的物语，它在过去常常体现为要顺从父母和尊长的意志，这容易抑制年轻人在和老年人交往时意见的表达。现在所提倡的孝应该表现为尊重老人，这是尊重生命的体现。

今天人们可以接触到各种观念，可以更好地吸收与发展传统的观念。人与人之间的关系应该立足于平等，进行双向的交流，以便实现更充分的交往。可以用"敬"与"爱"来作为对"孝"的替代和人与人之间关系的道德理想。父子互敬互爱、兄弟互敬互爱、夫妻互敬互爱、人与人互敬互爱是平等的，父慈子孝、兄友弟恭、夫信妇贤则并不是平等的关系。用"敬"培养人与人之间的平等关系，用"爱"培养人与人之间交往的耐心和愿望。敬与爱是人与人交往时双向传输的物语。孝在发展过程中经常被滥用，其后果就是使人变得虚伪、残酷和可笑。《二十四孝图》是中国曾经流传很广的宣扬孝道的绘图版通俗读物，其中的一些故事现在看来都

---

① 阎云翔. 礼物的流动. 上海：上海人民出版社.2000：232-249.

远离人性。如果不能认识清楚物语的真实意义，只是建立关于它的崇高和神圣的迷信，而且这个崇高的事物没有新的意义来源，那么，对这个崇高事物的追逐就会沦落为表演。其结果就是谁能在这场表演中吸引人的目光，谁就能获得廉价的喝彩。

9.5.3 单向流动媒介和双向流动媒介的相互影响

如果把双向流动当作礼物的基本特点，则单向流动表明人们是在隐喻性地使用礼物。人们借礼物之名开展单向交往是因为其他单向流动的物语对礼物这种交往媒介的影响。在同一个时期、同一个地域，社会的各种观念总是相互影响的。

从前面的讨论中可以看出，交往媒介流动方向的不同主要体现在交往双方角色的不同上，因此单向流动交往媒介和双向流动交往媒介的相互影响指的是交往双方的角色在不同场合下的相互影响。

例如，宗教与世俗社会是不同的体系，但他们在各自的发展过程中，实际上会相互影响。宗教中基本的分类结构是"人格神-人"，这个结构并没有特意去体现人与人之间角色的不同，但在实际的过程中也形成了人和人的分类结构。在"人格神-人"的分类结构中，处于分类结构顶端的本来只是一个人格化的神，但实际上有教皇、活佛。这些教皇、活佛和世俗社会中的国王、皇帝的性质类似。这是世俗社会中人和人的分类结构对宗教的影响。

虽然世俗社会和政治对宗教会产生各种影响，也会形成事实上的信徒的分类结构，但"人格神-人"的分类结构中隐含了这样一个观念，即神是处于分类结构的顶端的，人是平等的。这种平等的观念在很多宗教中都有体现。例如，佛教中强调"众生平等"，甚至把平等的对象推广到所有拥有生命的事物。所以很多宗教中都已有"人与人平等"这种观念的种子，只是在等待合适的时机发挥出它的作用。

中国古代的宗法社会构造的是"祖先-人"的分类结构，这是一种人和人的分类结构。人在家族的分类结构中被塑造成天然具有不同的角色，这种角色实际上就是每个人在这个分类结构中处于不同的位置。这和政治机构中因为形成分类结构，人在这个分类结构中处于不同的位置而具有不同的角色一样。在中国的传统文化中，这两种分类结构互相支撑，把人的角色固定在各种场合，使得中国古代社会具有普遍的不平等现象。即使佛教、墨家、儒家思想中有一些平等的观念，但其能够产生作用的领域非常有限。

近代自然科学产生之后，新的物语数量急剧增长。虽然最初仅仅体现为对物和物的交往认识的增加，但科学推动技术的发展，使得物和物的交往加剧，这也促使了人与人之间交往的增加，这时需要建立更加平等的人和人的交往关系以适应这种交往的增加。此时，基督教中关于人与人平等的观念就影响了日常生活和政治生活。基督教中的这种双向流动的交往媒介就是"爱"，这是双向交往媒介"爱"对世俗社会及政治生活中等级社会各种单向交往媒介的影响。简而言之，西方社会由于长期受宗教的影响，容易建立起人和人平等的社会。但即便如此，深入生活的细节建立人和人平等的观念依然不容易。人由于省心的天性，总要建立人和人的分类结构，人需要通过这种分类结构给自己定位。形成分类结构后，处于顶端的人总是会发生更多的交往关系，并因此成为更大的物语。要实现人与人的不平等其实是很容易的事情，它由人的省心天性而来，包含了人类天生的惰性。而相反，建立平等的观念和对这种观念进行实践，是人克服自身惰性的过程，需要操更多的心。

虽然自 20 世纪初中国就有不少的文化启蒙者试图引入西方的平等观念，中华人民共和国成立后，政府也在大力推广平等观念，但时至今日依然有待继续努力。因为中国传统文化内核中的平等观念较为淡薄，如果仅仅依靠从遥远的文明引入某种观念始终会有一些隔阂。中国要想建立人与人更加平等的社会，前路依然困难重重。既然中国没有宗教的传统，时至今日推广宗教，试图利用宗教的教义给人们的头脑中输入平等的观念也没有太多价值。各种宗教中即使有合理的思想，但随着时代的发展，其主要观念也变得落后陈旧。

追求平等是人的天然诉求吗？这个问题难以回答。如果追求平等指的是那些被剥削、被奴役、被歧视、缺乏生活保障的人追求自身的权益，那么它就是人的天然诉求。但除此之外，它很难有具体的应用场合，甚至人们也难以想象它是一种什么状况。因为人既不会天然具有平等性，也无法通过努力实现绝对的平等。人总是处于某些分类结构中，分类结构内部不同位置的物语天然就有位置的差别。所以人们关于平等的理想，实际上是对交往时具有充分交往性的一种诉求，这样，对平等的追求才是人的天然诉求。人们对平等的理想和对自由的理想很大程度上是一回事。

为了改善交往，人们需要对各种具体的交往过程进行分析，把人们日常交往中、政治生活中那些使人产生角色差异的因素找出来，用交往性更好的交往媒介促进人与人的交往。新的交往工具使得更加广泛的交往成为现实，科技的进步也可以逐渐消解那些阻碍人与人交往的陈旧习俗。此外，还应该从各自文化的内部，吸收促进交往的元素，将其用现代的语言表述并加以发展。如果人和人之间、人和语物之间能够进行充分的交往，实际上就建立了人们所期望的那种平等社会。

10

交往空间的空间性

　　从第6.1节的讨论可以知道，人在和物语的交往中，规划出了"空间"这个物语。在物语和物语的交往中，特别是物语和空间的交往中，规划出了"时间"这个物语。但反过来，人们又用空间和时间来确定各种物语。这是物语在交往时的相互显现。

　　空间形成之后，它成为物语之间交往的场所。物语交往时，它们的周围有一个交往空间。交往空间并非自然空间，它是从自然空间中分割出的一部分，经过人对它的物语化而形成。

　　在古老的神话里，人们常把空间想象成一些神灵，这样空间就不是空荡荡地无处着力、无法交往的"无"，而是有具体形象、具体内容的神灵。人们通过和这些神灵交往，发展出了与空间交往的方法，进而把空间中难以解释的现象归结为这些神灵的影响。

　　中国的古人将东、西、南、北四个方位用青龙、白虎、朱雀、玄武四种不同的神兽表示。这些神兽来源于古人对天上的星星划分出的三垣、四象等不同区域。四象即这四种不同方位的神兽。人们对这四种神兽进一步语言化，使它们的含义更加丰富，并为它们塑造雕像，对其物质化。人与空间的交往因此变得丰富。

古罗马人认为，每一种独立的本体都有自己的守护神灵。这种神灵赋予人和场所生命，自生至死伴随着人和场所，同时决定了他们的特性和本质①。这是"万物有灵论"的体现。人的活动在各种场所空间内开展，场所被人赋予灵魂后，人和场所的交往就变成了人和不同灵魂之间的交往。

尽管神和灵魂都是虚妄的，但这些观念所蕴含的合理因素在于人们与空间的交往都是通过和具体的物语交往来实现的。人们是通过空间里的各种物语来理解空间的，并对不同的空间产生不同的感觉。例如，人进入公园，根据公园里的绿色植物、精致的布置，感受到环境的优美。没有物语的空间人们甚至难以想象。

交往空间是语物，它是交往空间内各种物语的组合，不同的交往空间是性质不同的语物。交往空间既是交往发生的原因之一，也对物语在交往空间内的交往产生影响，并且交往空间还是人们的交往对象。

10.1 交往空间作为交往的场所

10.1.1 空间提供的交往理由

两个物语交往需要跨越它们之间的距离，这个距离可以指它们的空间距离。两个物语在空间发生交往，空间就成为它们交往的原因之一。两个物语在空间临近构成了二者之间的相似性，它们占据不同的空间表明它们是相反的。空间的临近为物语之间构造了一个天然的似反性理由，但空间距离的远和近在不同的交往中不一样。人们可以观察到亿万光年之外的星球，他们彼此虽然距离遥远，但交往却发生了。如果两个物语空间距离很近，却没有发生交往，这仅表明它们在彼此附近。空间并不会成为交往的必然原因，但在空间中发生的交往需要以空间的临近作为条件。

---

① 诺伯舒兹.场所精神.施植明译.武汉：华中科技大学出版社，2010：18.

空间中的物语之间都有可能发生交往，因为空间的似反性已经为它们提供了交往的基本理由。如果这个交往发生了，空间的似反性就构成了一个契机，物语之间通过交往又可以发现其他的似反性，发生更多的交往。例如，两个陌生人在空间中到达彼此的周围并且进行交谈。他们开始只是寒暄，表达各自的善意，而后通过交谈又可以找到更多的话题。或者例如，招聘会有数百家公司（语物）在招聘，求职的人参加这个招聘会和这些公司发生了交往，如果和其中一家公司签约，那么因为在这个场所的交往，求职的人与公司就找到了更多的交往理由。甚至一些意义毫不相关的词，如果经常出现在同一个地方，人们都有可能构造它们之间的关系。

物语和物语在空间中虽然有可能交往，但实际却存在三种情况：①两个物语没有发生交往的可能性，彼此之间风马牛不相及；②两个之前陌生的物语在偶然的情况下邂逅了，发生了交往；③两个已经在某个分类结构内的物语在交往空间内相逢，发生了交往关系。

10.1.2　风马牛不相及

两个物语无论空间距离远近，都不发生交往，则被称为是风马牛不相及的事物。这时它们即使同处于某空间内，这个空间也不是它们的交往空间。

针对"风马牛不相及"的典故，有一种解释认为，它指的是齐国和楚国相隔遥远，即使把牛、马放出去，它们也不会走到对方的国界。两个物语如果在空间中相隔遥远，如果没有将它们联系起来的交往媒介，它们在空间中就没有相似性，不能交往。

关于"风马牛不相及"还有一种解释，认为即使把发情期雌雄不同的牛和马放在一起它们也不会发生关系。两个物语即使在彼此的空间附近，但没有其他的似反性，人们依然认为它们是风马牛不相及的事物。例如，两个性质完全不同、不会有任何业务往来的公司，即使同处于一栋写字楼，也不会发生交往，它们是风马牛不相及的事物。再如房间里的沙发和电视机，它们能够同时进入人的眼，但人们通常不会认为它们二者之间会有交往关系，其依然是风马牛不相及的事物。因为语物是理性的，它们有各自的交往对象。实际上，构造沙发和电视机的似反性是可能的。它们都有可能是嫁妆，在这个类中它们具有似反性。或者设计一种专门用于看电视的沙发，这样，沙发和电视机就发生了交往。甚至由于它们同处于客厅，在"客厅的物品"这个类别下它们可以共同存在，这也意味着它们之间有一种交往关系。在摆放时考虑它们之间的空间距离，就体现了二者之间的交往关系。

物语之间的交往关系会随着人们认识的不断积累而发生变化。在相信"万物有灵"的巫术时代，一些风马牛不相及的事物常常被认为会发生关系。例如，人们对着一个人形的木偶施展法术，认为会对某个人产生影响；门上贴着门神、挂着照妖镜，被认为可以辟邪。在科学知识不够丰富的时代，一些物语之间会发生交往，但人们却不知道。例如，亚里士多德不知道物体下落时周围的空气会对物体产生影响，那时它们还是风马牛不相及的事物。

10.1.3 邂逅

两个物语以前没有发生过交往，但在空间邂逅后发生了某种交往，这时它们的交往可以被看作是发生在空间的隐喻性交往。这时的空间，至少不是为这种交往而设计的交往空间，但因为发生了预期之外的交往，因此这个空间也临时转变成这种交往的交往空间。根据交往对象的不同，邂逅可以分为三种情况。

（1）两个语物邂逅。语物具有简单理性的性质，两个语物要在空间邂逅，首先需要它们在各自的交往理性中，彼此是潜在的交往对象，有潜在的交往理由。

除了有各自的交往理性所赋予的交往理由之外，两个语物还需要满足空间似反性理由，它们要能够到达彼此的周围。如果要确保交往的发生，就需要先行提供适合它们交往的场所。不同的语物朝这个场所汇聚，在空间上达到彼此的周围。如果不能提供这种场所，两个语物只是在偶然的情况下到达彼此周围的，那么所发生的交往只是邂逅。例如，某种美洲植物的种子因为偶然的原因被带到了亚洲，在人们不知情的情况下混在其他植物中被种下，并且长势良好，这时我们称美洲的种子和亚洲的土壤邂逅了。再如，两个公司的负责人，因偶然的原因在火车上相邻而坐。他们通过某些简短的交流发现彼此可以开展合作，因此开始进行更深入的交谈。这时，我们可以认为是两个公司在这个空间邂逅了。如果这两个人同时建立了私人的友谊，则属于人和人的邂逅。

（2）人和语物邂逅。对于具有较高理性的人来说，他和语物的邂逅与语物之间的邂逅类似。但总体而言，人是复杂半理性的，他会因为各种操心而寻找交往对象。人与各种语物都有潜在的交往理由。

人和语物的邂逅同样需要满足空间似反性理由。在人类早期交通工具、信息传递工具都不发达的时候，物语穿过空间不方便，空间距离是人和语物交往的主要障碍。现在，交往媒介的发展缩短了人和语物的距离，让语物到达了人的交往能力可及的附近，但是否能邂逅取决于人是否有兴趣、有能力与语物交往。人们需要突破知识的分类结构带来的障碍，否则人和他附近的语物依然风马牛不相及。

例如，游客在王府井大街闲逛，道路的两旁有摄影展览。游客随便看了一眼，不感兴趣，便走开了。这时人和语物是风马牛不相及的。如果游客感兴趣，停下来仔细看，游客和这个展览就邂逅了。对于摄影展活动的主办方而言，他们与游客的交往并非邂逅。因为让游客参观这个展览在他们的活动设计之中。如果活动主办方因为这项活动和某个特定的游客发生了预料之外的交往，例如它的设备对路人造成了人身伤害，这种情况则属于语物邂逅了人。

（3）人和人邂逅。仅仅因为空间的临近关系，两个陌生人到达彼此附近，他们所开始的交往都可以被称为邂逅。由于人的复杂性，即使相互熟悉的人之间的交往有时也会具有隐喻性。此处的邂逅专指借助空间所开展的隐喻性交往。

如果交往的空间已经被先行规划为提供某种交往活动，那么在此开展的交往就不是邂逅。例如，传说中许仙与白娘子邂逅于西湖断桥，二人产生了爱情。此处的西湖断桥并非提供给陌生青年男女相识相恋的场所，因此它不是一个爱情的交往场所。这个故事将邂逅与爱情联系在一起，构成了空间与爱的双重隐喻，表明了人们内心对交往的渴望。如果有一个红娘咖啡馆专门供适龄男女青年相识，两个陌生男女在里面结识就不能被称为邂逅，因为这不是普通的咖啡馆，而是专门提供给未婚男女相识的场所，每个人都是带着目的进入这个交往空间的。

借助于现代交往媒介的发展，人可以到达更遥远的空间。互联网扩展了人们在空间中可以到达的距离，相隔遥远的陌生人也可以在互联网上邂逅。

陌生人之间的邂逅不容易发生。人们对于熟人、陌生人通常是区别对待的。这是基于人的省心天性所发展出的交往规则。对于陌生人，人们总要保持距离。为了安全考虑，小孩子从小就被教育不要和陌生人说话。不同文化的道德观念中一般仅鼓励在他人有困难时，提供力所能及的帮助。这时，他人作为熟人或陌生人的身份是模糊的，其仅仅被作为人而对待。这种场合下与陌生人的交往不是邂逅，因为"助人为乐"是"世界"这个交往空间已经先行构造出的一种交往方式。

10.1.4　相逢

物语之间不交往、隐喻性交往、结构性交往三种状态，映射在空间就是风马牛不相及、邂逅、相逢。邂逅是小概率的交往行为。为了促使交往发生，人们可以通过构造特定的交往空间，为那些潜在的交往对象设置进入某个空间进行交往的理由。人们先行构造了进入这个空间的物语之间的似反性，使得具有某种交往目的的物语朝这个交往空间汇聚，进而相逢。

通过这些特定的交往空间，进入这个空间的物语发生的交往成为结构性交往，提高了交往发生的概率。

例如，住宅是家人相逢的交往空间，商场是消费者和商品相逢的交往空间，车间是人、机器、生产原料相逢的交往空间。对于住宅、商场、车间这些交往空间来说，它们已经先行构造了进入这些空间的物语的似反性。人和语物朝着某个特定的交往空间汇聚是因为这个空间保证了他和交往对象的相逢。为了促进男女未婚青年的相逢，人们利用一个临时的空间举办相亲会；为了促进人与电子产品的相逢，人们开辟了"电子一条街"；为了促进创业者的相逢，人们设置了创业主题咖啡馆。人类社会的交往主要发生在各种人造的交往空间中。

小说家用深情的笔触写道："相逢的人会再相逢。"这句话可以引申为，相逢的物语会再相逢。通过人们特意制造的交往空间，物语之间的交往不再是茫茫世界中随机相遇的偶然行为，而是以某个空间为目的地，必然发生的交往。

物语在交往空间中，如果发生了交往空间先行构造的似反性理由之外的交往，其依然是一种邂逅。例如，人去电影院看电影，这个交往空间先行提供的交往理由是人和某部影片的交往，如果偶然遇到了一个陌生人并发生了交往，这就属于邂逅。如果他们相约再去电影院，电影院对于他们来说就不仅仅是人和影片相逢的交往空间，也就成了两个熟人相逢的交往空间。

10.2 交往空间的基本语物：墙和门

交往空间需要被从自然空间中分割出来。任何交往空间都只允许部分物语进入，而其他物语则被禁止进入，这样它才能成为使物语相逢的交往空间。

墙和门是构造交往空间的基本元素，它们是人们分割空间时经常采用的语物。有了墙，自然空间才有可能按照人的意愿被分割成不同类型的交往空间。这些交往空间是人对自然空间做的标记，人和语物根据这些标记汇聚在一起，而不会在空旷的自然空间中找不到聚集的场所。门是对墙分割空间功能的补充。门关闭的时候，它和墙就没有区别。当门开启时，被墙分割的空间将再次连接。墙和门制定出了人与语物在空间中移动的路线，构造出了空间中物语的流动秩序。

墙和门通过划分空间规划出交往空间的分类结构。以生活中的常见场景、普通中国人的住宅为例，住宅是家人相逢的场所，家人白天工作、上学，晚上从各处向家的位置聚集。人回家到达小区外面，小区的围墙分隔出内、外两个空间，人进入小区时需要通过门。这道门有它的通行规则。人进入小区后来到自己家的楼前面。这栋楼被墙分隔成很多单元及很多户人家。人走到自己家所在的楼道单元，这里也有墙和门。墙把这个单元也分成内、外两个空间。这道门也有它的通行规则。人进入单元内部并走到自己家门前。这里还是墙和门，这道门的钥匙只属于他自己和家人，用钥匙开门后才能进入自己的家。家里也被墙和门分割成不同的空间，每个起居室的门都有锁但不需要钥匙，只要转动把手就能打开门。大多数人每天都是这样的，根据不同的规则通过不同的门，从一个空间进入另一个空间。

在这个例子中，墙和门在空间中组织出小区、楼、家、起居室这四个不同层次的空间。每道门不同的开启方式规划出这个空间中的人和语物的流动方式。墙和门的组织规定了不同的交往空间，只有某些物语可以进入。

日常生活中的墙和门似乎比较普遍，人们在生活中时刻与它们打交道，并习以为常，对于它们所组织的空间结构也习以为常。空间的分类结构本来就是极为普遍的现象，它和人们对所有的物语建立的分类结构并无区别，但人们更容易想起的是一些著名的墙和著名的门。

人们所知道的一些著名的墙可能包括长城、哭墙和柏林墙。虽然现在长城被人们赋予了更多的象征意义，但它对于古代中国而言仅仅是一堵用于军事防御的墙。它将中原和外部分隔开，并且拒绝外族的军队进入这道墙内部的空间。哭墙是耶路撒冷旧城古代犹太国第二圣殿护墙的一段。犹太教徒到这堵墙前面必须哀哭，以表示对古神庙的哀悼。犹太人认为墙的上方是上帝，因此这堵墙是人和上帝的分界线，这是对空间的隐喻性分割。柏林墙是第二次世界大战后为了分割柏林城而设置的墙。柏林墙的东边归东德，西边归西德。它既可以被看作东西柏林的分界线、东德和西德的分界线，也可以被看成冷战时期美国、苏联两大阵营的分界线，但其基本含义是分割空间。它规定了两边不同的交往空间，以及物语经过这道墙的方式。

"孟姜女哭长城"的传说与哭墙的故事有某种相似之处。传说秦始皇时，青年男女范喜良、孟姜女新婚三天，新郎范喜良就被迫出发修筑长城，其不久因饥寒劳累而死，尸骨被埋在长城墙下。孟姜女历尽艰辛来到长城，得到的却是丈夫的噩耗。她在长城下恸哭三日三夜不止，哭倒了长城，露出了范喜良尸骸。在这两个传说中，人们都将哭泣作为交往的方式。人们或许认为这种因绝望而产生的力量，能够冲破因墙而产生的隔阂。哭泣也许是人最无可奈何的交往方式。

对于中国人来说，最著名的门莫过于天安门。天安门是明清两代皇城的正门，它对于曾经的普通百姓来说是一道永远都无法进入的门。北京曾经还有很多著名的城门，这些门是人和物进出的场所。人和物在这里汇聚又散开，门是空间分类结构的节点，联系着不同的交往空间，所以很多城门都曾经是地标性的建筑。

国外著名的门有巴黎的凯旋门。凯旋门的周围没有向外延伸的墙，它所使用的不是门的具体功能，而是采取门的"通过"的含义，隐喻了从某个交往空间到另一个交往空间。

10.2.1 为什么要筑墙

人们对于墙通常会因为过于熟悉而熟视无睹，如果被问及为什么要筑墙，人们会认为盖房子当然要筑墙。可是如果进一步询问为什么要盖房子，答案可能也很简单，因为要住人。如果再问，人为什么要住在房子里，可能会得到一个愤怒的反问，人不住在房子里应该住在哪里？当然，人本来就是应该住在房子里的，只有动物才会在洞穴里、树林里随便找个地方居住，人类的祖先也是这样的。不过，既然人类的祖先可以居住在洞穴和树林里，这至少说明人们通常所理解的居住不是筑墙的最初目的，墙的原始形态应该有其他含义。

我们可以认为墙比房屋出现得早一些。这是因为房屋比墙更复杂，需要更多的技术，其中也包括造墙术。人类的各项技术，大致是按照从简单到复杂的发展过程发展的。这当然会有一些例外，例如，一些曾经复杂的技术，现在有可能已经被人们遗忘了，当人们重新发展这项技术时，人们或许已达不到曾经的水准，这种情况应该算作人们重新发展了一项技术，它和以前的技术没有什么关系。或者因为技术的提高，建造出的物在形式上会比以前更简单，但这仅仅是表面的情况，例如，现在的一些民居比以前的房子形式更简单，但这依赖于材料、建筑技术、成本控制技术的发展。这些知识的运用使得看似简单的房子比过去的房子汇聚了更多、更复杂的语言。从物语角度考虑，它们是比过去的房子更复杂的物语。或者因为某种物的重要性在下降，去掉了多余的装饰，也有可能使得现在造出的物比以前更为简单。当然，或许还有一些本书没有考虑到的特殊情况是从复杂发展到简单的，但我们不在此假设墙和房屋的关系是这些例外，人类不会一开始就有造房子的目的，而是先有了造墙这种更简单的目的。所以最初造墙并非为了盖房子，也不为了居住。

我们可以猜测形成墙的两种原因。第一种原因：当人类社会逐渐形成，人与人之间逐渐形成分类结构时，需要在空间中体现这种结构。这是以空间结构映射人类社会结构。这时，人们以用墙圈地的方式表达某人在占有空间时所具有的特殊权利。这时的墙也许仅仅是树枝、石块。人类社会历史中的各种战争经常是为了争夺地盘而发生的，现代人有钱了住豪宅、高档小区，这都说明了人对空间的在意。第二种原因：私有制形成后，每个人都有他的私有物，人们用墙圈出一块地来存放个人的私有财产。例如，"墙"字的甲骨文""由""（筑版）、""（用两个禾表示大量庄稼）、""（土壁粮仓）构成，"墙"字的本义是"用筑版建造的粮仓土壁"。私有财产越多，需要圈的地越大。通过对这种现象的观察，"墙"的含义加深了——通过墙所圈出的空间的大小，能够体现人占有财富及其在社会分类结构中的位置。这两种原因，第一种是心理的原因，第二种是私有制导致的需求。这两种猜测都有较大的问题，它们都把墙出现的时间置于较晚的阶段，即人类社会功利观念出现以后的时期。这两种情况都体现出人的一些复杂功利观念。

人们需要重新考虑墙出现的时间，将其置于人类社会功利观念之前的年代，这个年代应该早于文字出现的年代。因为"墙"所体现的基本含义和复杂的功利观念无关。无论何种原因导致人们开始筑墙，墙确确实实把空间分割了。这是不管采用何种形式的墙、何种情况下所筑的墙都无法更改的事实。通过分割空间，人们更容易认识空间，更容易与空间发生交往。试想，在没有墙的海面上，面对四周的海水，人们如何判断自己的位置呢？再试想，人们要交往却说不出要去哪交往是一种什么情景呢？如果以墙分割空间的必然结果作为解释人们筑墙的基本原因，这也无不可，人们筑墙仅仅是为了将空间分割。这种解释可以避免对筑墙的任何功利性原因的追溯，因为大部分功利关系，特别是人与人之间的功利关系，都不会是最基本的原因。甚至在自然界中，老虎吃野兔会被人认为是一种功利关系，这也不过是人们依据逐渐发展出的功利观念而产生的想法，对这种交往行为做出的解释。而这种行为的本质，不过是一种基于生物本能的交往，无善无恶。

此外还应该明白，所谓把空间分割，其更内在的含义是对空间做标记。人通过对空间做标记，能够更容易辨认空间。这是人因省心而操心的行为，也是人不断与空间交往的结果。筑墙的原因及过程大致如下。

（1）人类的祖先为了辨识空间位置的不同，常常借助于树或岩石等自然物作为空间的标记。这些标记既可以使人们向外走到更远的地方，也可以保证即使人们走到远方，也可以回到最初的地方重新相逢。

（2）当人们聚集在一起生活时，交往增加，而对于辨识空间位置的需求也在增加。人们能够主动地采集一些树枝或石块作为某地的标记。这种对空间位置的人工标记是墙的雏形，也是交往空间的雏形。古时人们"立中"的行为，也是在对空间做标记，它的功能和墙是类似的。

（3）随着人与空间交往的逐渐扩展，采用"点"分割空间的方式逐渐复杂化，慢慢变成了以"线"分割或者将线连成一个封闭的空间。这也许是因为人口增多，空间变得更加密集，也许是因为人们逐渐发现分割空间的新用途，例如可以隔离各种禁忌物。人们需要更加清晰地划分空间，来制定物语进出空间的规则。这时，空间层次出现，墙的形式也逐渐发展，并有了禁止的含义。

（4）当私有制社会逐渐发展，人们把私人物品用石头或树枝围起来，这些原始的墙也有了禁止他人进入的含义。

（5）人们对于保护私有财产的观念越来越强，墙也因此越筑越高，墙的高度甚至与地位相关。当墙的高度与地位建立起联系的时候，我们也可以将其表述为地位越高的人防范心理越强。在这个过程中，墙除了其原始的划分空间的功能，以及后续的放置私人物品的功能之外，还可以体现出其他的实用功能。例如，人们按照洞穴的防雨功能，把墙加个顶盖，这样人就可以在里面居住。

（6）当人们大规模聚集在一起时，城市的雏形就形成了，墙和门在分割空间、使空间形成层次结构方面的功能更加明显。

10.2.2 居住与墙

上一节谈到，"居住"并非筑墙的最初目的，这种观点是以人们现在通常理解的"居住"作为居住的含义的。这种"居住"场所指某人私有的、用于存放和保护他的家庭私人财产、他遮风避雨的地方，以及他和家人休息、睡眠的场所。

如果把各种目的都去掉，我们可以抽象出"居住"的原始简单含义：它指人和语物汇聚在某个空间，并且对进入这个空间的物语进行了限制，也就是指物语在交往空间内的汇聚。在这个含义上，人们筑墙的确是为了居住。

10.2.3　门的功能

在神话故事《西游记》里，孙悟空外出时为了保护师父唐三藏和师弟们不受妖怪的侵害，用金箍棒在地上画了一个圆圈。这个圆圈把空间分割了，唐三藏师徒在圆圈里面，而那些可能出现的妖怪在圆圈的外面。这个圆圈既是一道墙，也是一扇门。唐三藏师徒可以跨过这个圈，而妖怪却被阻挡在这个圈之外，无法进入。在现实世界中，这个圆圈的功能需要通过墙和门两个语物实现。

门的功能首先在于开启。如果不能开启，门就失去了意义，甚至绝大多数墙也失去了意义。人们可以通过墙组织出一块封闭的区域，但墙上如果没有门，整个空间都是被禁止进入的，那么，利用墙组织出的这个空间的意义何在呢？也许只能等到以后在墙上拆出一个洞，形成一道门，它才能和其他空间连接起来。这个孤立的空间并不属于整个空间分类结构的一部分。这正如在一般的分类结构中，如果某个物语和分类结构中的其他物语之间没有交往通道，那么这个物语就不属于这个分类结构。如果门一直开启着，空间就被分割成不同类型和不同层次的小空间，人和物依然可以在不同的空间中通过门流动。事实上，有很多门一直开启着，不具有关闭的功能。例如，进入村庄的门，公园内部的门，等等。

门的另一个功能是闭合。门的闭合功能规定了人和物在两个相邻空间的流通方向、流通量、时间特点，并规定了什么样的人和物能够进出两个相邻的空间。单向门和双向门规定了人和物通过门的不同方式。

根据上述讨论可以看出，墙和门的功能如下：墙分割了空间，它禁止物语从一个空间到另一个空间；门的开启功能把这些不同类型的空间连接在一起，它允许物语从开启的门通过；门的闭合功能则和墙一样，禁止物语从这里通过。墙和门一起形成了空间的分类结构。

10.2.4　古代的城墙

前面讨论过为什么要筑墙，但如果被问及为什么要筑城墙，这就很难回答了。当墙发展到城墙这种复杂的形式时，这表明它已经非常成熟了。那些经历了漫长年代，发展成熟的语物通常不会只因为单个原因而形成，也不会只产生一种结果。它的目的会在发展过程中随时增加，而它的功能也可以不断地被人们发掘出来。任何新发现的功能都有可能是其被重新设计的主要原因，所以我们应该分析城墙具有什么功能。

城墙首先是对地理空间的分割。人们通过城墙规划出城市的位置，规划出人的聚集和交往场所。这反映了人们对空间掌控的愿望和能力。随着人的造墙术的逐渐发展，墙出现得越来越多，人们能够清楚地知道墙规划空间的作用。城墙是人们主动利用墙的观念去构思的城市的边界，是人们利用筑墙术、测量术、地理知识及多种技术去设计和制造的城市的边界。城市的统治者知道他所掌控的空间在哪里，普通人知道朝什么地方聚集。城墙是城市的标志，也是区别城市和外界的分界线。

城墙不仅可以划分出城内、城外两类空间，还可以划分出城里的人和城外的人、城里的物和城外的物。由此人们发展出对城墙内、外的人和物的不同管理方法。因此，城墙是统治者对国家、社会及城市管理的方法。它以人和物的空间位置为标记，实现对人和物的分类管理。越是在大的中心城市，这种管理方法体现得越明显。这时，城墙不仅是人们在空间中的分界线，也是人们在心理上的分界线。不是什么人都可以在城内居住的，居住在城内的人和城外的人对城墙的感受是不一样的。虽然这种通过空间位置对人进行划分和管理的方法简单粗糙，但其实这和各行各业分类管理的模式并无区别。由于城墙体现了统治者的管理意志，所以城墙还可以象征权力。很多城墙建造得过于厚和高并没有实际意义，而是城市的管理者想要通过高大坚固的城墙，向城内和城外的人宣示他对这个城市的控制权。

对居住在城内和城外的人分别进行管理的心理基础很多时候是这样的——城内的人是可靠的，而城外的则未必。城外的可能是流民、穷人或者蛮族。既然城墙体现了这种划分方式，那么它最直接的管理功能也在此体现出来：城墙起到了保护城内人、防御城外人的作用。不少人认为城墙的这种军事防御功能是它的首要功能和建造城墙的目的。虽然我们不能这么断言，但在冷兵器时代，城墙对于防御小股蟊贼确实发挥了作用。城墙对于大规模的军事进攻防御能力有限。此外，一些城墙还起到过防洪的作用。这是城墙在使用过程中被发掘出的功能。

工业时代以前的城市大多有城墙环绕，国内外都是如此。进入工业社会以来，大部分城墙已被拆除，少数则被当作历史的记录保存了下来。城墙拆除的主要原因在于社会的快速发展、城市人口的大量增加，以封闭的形式构造的城市轮廓已经满足不了城市功能的进一步扩展。一些城墙的拆除曾经引发过争论。这里有很多关于人的记忆和情感方面的原因，因为采用城墙划分出的空间结构也成了城内人心理结构的一部分，甚至成为人们辨认空间的方法。如果习惯以它们进行空间定位，那么拆除它们会在一段时间之内给人们的生活带来实际的不便。实际上，语物在时间中的出现和消失都是普通的事情，只要知道某种语物为何被创造又因何消失即可。

10.2.5　北京的门

把门当作普通的物和特殊的物是基于对它的不同功能的认识。作为普通的物，门是每个交往空间与外界连接的通道，它的功能就是开和关。这时人们可以根据门的实用功能、当时的制造技术和适度的美学观念对其进行设计与制造。任何物多了就会形成分类，门也是如此。作为一个广泛使用的物，门可以被分为各种类别。当它是普通的商品时，我们可以根据材质、功能、工艺等对其进行分类。但是，当门不是普通物的时候，它是更多语言汇聚的地方时，会形成其他的分类。

门对于中国人来说曾经是不普通的物，因为门处于房屋的显著位置，代表主人的地位，是权力和等级的隐喻。门被分成三六九等，这时其体现的并非商品价值而是人的等级。门的这种差别对于普通百姓而言没有意义，主要体现在王公贵胄家的门或一些特殊的门方面。这些门虽然数量不多，但分类特点非常明显。

如果单纯以物来考虑，似乎是数量越多越容易产生分类结构。但如果以物语来考虑，普通百姓家的门所具有的语言含义区别不大，我们并不需要对其进行特殊分类，它们不具有形成分类结构似反性条件中的相反性条件。而王公贵胄家的门和主人家的地位有很大关系，语言含义相差很大，这就形成了特殊含义的分类。

北京曾经长期作为皇朝的都城，是等级制度体现得最明显的地方，也是门的等级体现得最明显的地方。清朝时，北京的城门不仅是一道门，而且是一座楼，门的差别通过门楼的形制来体现。北京曾经有外城七道门、内城九道门、皇城四道门、宫城四道门。不同门楼的形制有明显的区别。宫城门楼是黄色琉璃瓦重檐庑殿顶，皇城正门天安门是黄色琉璃瓦重檐歇山式顶，其他三道门是黄色琉璃瓦单檐歇山式顶。内城门楼都是三重檐歇山式顶，灰瓦绿色琉璃剪边。外城的门楼除了永定门和广安门，其余都采用单檐歇山式顶。永定门位于北京的南北轴线上，是外城最重要的门，它的形制和内城城门一样。广安门的形制曾经和其他外城城门一样，但由于这道门是南方各省进京的主要通路，所以乾隆年间提高了它的规格，仿照永定门城楼的形制加以改建。

北京城门的等级在多个地方有所体现。例如：①屋顶的形式，高级别的是庑殿顶，次一级的是歇山顶，还有等级更低的悬山顶和硬山顶，后二者一般是被低级官员和百姓家使用（图10.1）；②屋檐的层数，重檐的等

级高于单檐的等级，重檐歇山式的屋顶级别高于单檐庑殿式的屋顶；③屋
顶的颜色，黄色只能供皇家使用。午门是宫城的正门（南门），是最高等
级的门。东、西、北三面城台相连，环抱一个方形广场。这种三面环抱式
的城门被称为阙门，是中国古代最隆重的门。北面门楼，上面是九开间的
大殿，重檐黄瓦庑殿顶。东、西城台上各有庑房十三间，从门楼两侧向南
排开，形如雁翅。在东、西雁翅楼南北两端各有重檐攒尖顶阙亭一座。午
门有五个门洞，中间的正门通常只有皇帝才能出入。皇帝大婚时，皇后可
以进一次。殿试考中状元、榜眼、探花的三人可以从此门走出一次。清朝
时，文武大臣出入左侧门，宗室王公出入右侧门。左、右掖门平时不开，
皇帝在太和殿举行大典时，文武百官才由两侧掖门出入。此外，门的重要
程度在楼阁上的彩画装饰上也能体现。

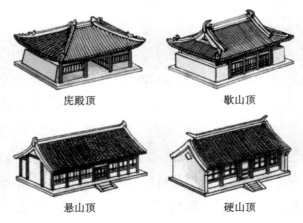

庑殿顶   歇山顶

悬山顶   硬山顶

图 10.1　中国古建筑典型的屋顶形式 ①

　　北京城内还曾经有大量的四合院住宅。由于居住在北京城内的人等级
差别很大，所以也产生了不同等级的四合院门。王府的门是四合院中等级
最高的。但即使王府，也分为亲王府、郡王府、贝勒府等不同等级。例
如，亲王府的门是五间房，可开启中央的三间，屋顶可覆盖绿色琉璃瓦，

---

① 刘敦桢 . 中国古代建筑史（第二版）. 北京：中国建筑工业出版社，1984：15.

屋脊可安吻兽，大门上的门钉呈九行、七列排列。郡王府的大门是三间，可开启中央的一间，门上的钉比亲王府门上的少两列。京城里的文武百官，住宅多采用广亮大门。广亮大门是指把大门门扇安在中央脊檩之下。如果把门扇安在脊檩之前的一根檩木之下，则称其为金柱大门。把门扇安在外檐檩之下、外檐柱之间，我们称之为蛮子门。这些门的等级依次降低。此外还有如意门、随墙门等一些等级更低的门。

门的形制是门的等级的产物，门的等级是人的等级的体现。门位于物语从一个空间向另一个空间过渡的关键之处，与人发生着密切的交往关系。这些门曾经时刻冲击着当时人们的视野，让人的等级观念根深蒂固。

墙和门虽然是交往空间中常见且普通的语物，但人们除了保留其基本的含义之外，还对它们进一步物语化，使它们具有更复杂的含义。这些含义通过物的形式展示出来。物语的语言可以通过多种形式被人们感受到。墙和门都不会说话，它的语言是通过它自身的形象展示出来的。人们的眼睛看到这些形象，那些关于人的等级的语言就在人的内心产生投影，天长日久，就形成了牢固的印象。

10.2.6 如何开启一扇门

门处于不同交往空间的连接处，虽然人们每天数十次地开门，但"开门"这种交往行为在日常生活中并不受到关注。频繁发生的"开门"没有引起人们关注，这表明日常使用的门设计合理，符合人的使用习惯。

对于特殊人群来说，如何开启门却会成为问题。例如，按照普通成年人身体尺寸、力量和习惯设计的门也许对肢体残疾的人、老人或小孩来说开启会比较困难。某些特殊场合使用的门，如何开启也需要人们特殊考虑。例如，飞机的应急逃生门在空中必须锁死，到达地面应急逃生的时候需要容易被打开；冷库门的内部需要有特殊的装置使人能够开启大门，以防人在里面被误锁，门能从内部被打开。

如何开启门其实是关于如何设计、制造、维护门的问题，如何开启门还意味着如何将开门的知识清楚易懂地传授给使用者。

10.3 交往空间作为语物

交往空间不是随意的空间，而是用于先行建立进入空间中的物语似反性的空间。交往空间要保障物语在此相遇，开展某些特定的交往。每个交往空间都不会为所有的物语提供似反性，总是有某些物语可以进入、某些交往可以发生，即使把世界看作一个交往空间，也是如此。这体现了交往空间的简单理性。当交往空间被人们知道了是什么性质的交往空间时，人们才能以特定的交往空间为目的地朝它汇聚。

交往空间是多种物语的组合，它由两部分组成：①把交往空间从自然空间中分割出来的那部分几何空间；②这个几何空间里的所有物语。例如"图书馆"这个交往空间，它包括构成图书馆的这栋建筑，以及建筑里的各种设施、书籍、工作人员、读者。通过这种规定我们可以知道，交往空间如果一直有物语进出，那么交往空间内的物语就一直在变化。

那么如何理解交往空间内的两个物语之间的交往呢？它是交往空间内部的两个物语在交往，还是两个物语在交往空间中交往？本书约定它指的是后一种情况。在交往空间里，如果有两个物语在发生交往，那么我们称这两个物语从交往空间中分离了出来，并发生了交往。对于这两个物语而言，交往空间不再包括这两个物语。这时，交往关系可以被描述为：两个物语在交往空间内发生了交往关系，交往空间对这两个物语的交往产生了影响。我们还以图书馆为例，某人阅读书籍，这时他和书就从交往空间中分离，空间的其他物语构成了他和书交往时的交往空间。

交往空间在任何交往中都是在场的，它会参与交往并影响各种交往。例如，两个人在阅览室交谈通常轻言细语。这是因为，"阅览室"这个交往空间所蕴含的交往规则要求交谈者的言语不影响其他人。如果阅览室只有他们两个人，他们可以采用正常的声音交谈。如果把他们的交谈地点移到体育场，周围虽然同样有很多人，他们可能需要大声交谈。在这些交往中，谈话的两个人没有改变，谈话的内容也许没有改变，但交往空间不同使两个人的交往方式发生了变化。

交往空间对交往的影响或大或小。有时交往空间对交往产生了影响，但这种影响尚不为人所知。交往空间的影响有些是物理、化学过程，例如潮湿的空气对机器的影响，人们需要通过科学方法发现这些影响，并尽可能地消除交往空间的不良影响。交往空间对人的影响较为复杂，既包括物理、化学过程对人的生理、心理的影响，又包括人如何理解交往空间的语言。前者需要通过科学的方法深入研究。后者更为复杂，不同交往空间的语言千差万别。

10.3.1 交往空间是对空间的分割

交往空间不是自然空间，它是大空间（自然空间或更大的交往空间）中的一部分，交往空间在大空间之中。构造交往空间首先需要从大的空间中把它分割出来。通过这种分割，它就成为这些大的空间中的一个特殊的小空间，如此构造的交往空间才能成为特定物语相逢的场所。这个被分割出的空间有三个初始要素：大小、形状、它和大空间的交往通道。

分割空间需要考虑这个空间的大小，特殊的大或小能够成为空间的特殊语言。例如，世界第一高楼、某市第一高楼，这表明了这些空间的特殊性。胡夫金字塔的著名之处在于它是最大的金字塔，长城的著名之处在于它是最长的墙。这些简单的特征容易给人深刻的印象。设计交往空间时对于大和小的考虑涉及更多东西，包括成本、技术难度、必要性等。各种交通工具构成了移动的交往空间，它们的大或小也需要考虑这些内容。

交往空间的大小有些和法律法规、风俗习惯有关。例如，当地的政策或风俗习惯是否允许修建过高或过大的建筑。甚至还有空间的大小带来的隐喻功能，例如上一节提及的城墙高度问题，这也是交往空间大小所体现出的语言。

此外，还应该考虑以什么样的形状对空间进行分割。对于建筑、小区、公园的设计，要考虑可以利用的土地的形状、外部的地理环境的特点。中国有很多地区处于山地中，人们依山傍水生活，构建空间的方式体现出地理特点。图 10.2 是中国南方丘陵地区水乡的吊脚楼，它是人们在山水之间构建出的分割空间的形式。

图 10.2　吊脚楼 [①]

交往空间的形状还依据技术、文化和美学的考虑。交往空间应该坚固可靠，特殊地区的交往空间还需要考虑地震、台风等的影响。交往空间的形状还受社会主流文化或区域文化的影响。例如，中国文化中有天圆地方、天人合一的观念，人们在交往空间中有时采用圆形和方形来表达这些观念。前文提到的不同的屋顶形制，也表达了不同的等级观念。宗教盛行的地区会通过建筑的形状来体现宗教观念。此外，人们设计建筑时还需要考虑建筑风格，建筑风格很多是通过建筑物的形状体现出来的。由于建筑通常在周围的建筑之中，那么它与周围建筑的风格统一或反差都需要考虑。

———————————
① 该图由饶盛瑜绘制。

交往空间与周围大空间的连接区域是它和周围大空间发生交往的通道，在分割这个空间时需要考虑交往通道的位置。例如，一些大型建筑、小区、公园，它的出入口设计要考虑它与周围交通的关系，要方便人和物的出行。

当人们从自然空间或更大的交往空间中，分割出某个特定形状和大小的小空间时，就可以对这个空间进一步物语化。在"交往空间－大空间"的关系中，交往空间是这个交往关系的结果，但在"交往空间－内部物语"的关系中，它成为内部各种交往的原因。

10.3.2 如何对交往空间进一步物语化

交往空间作为物语相逢的场所，人们需要通过对这个空间进一步物语化，使得它能够成为在整个空间中所标记出的特殊的场所，否则所分割出的空间都是相似的，其依然不能成为物语"相逢"的理由。对交往空间物语化需要考虑如下几方面内容。

（1）对交往空间的命名。任何物语都有名称，交往空间也是如此。物语一旦被命名，名称就成为交往空间中所有物语的集合，就成为所对应的特定交往空间的简化表达形式。例如，"颐和园"这个名称，是颐和园内所有物语的集合，也是颐和园与其他物语所有交往关系的集合。但人们在谈到它的时候，仅仅用名称来指代，这样，交流时就使用了简单的形式。名称是交往空间进入语言的替代品，它可以在词的分类结构中确定自己的位置。

（2）根据安全性的考虑。交往空间是从大空间中分割出的一个特殊小空间，它的首要功能是保障这个空间在大空间之中，也要保障物语能在交往空间之中发生交往关系。这就是交往空间的安全性。安全性需要通过具体的技术去实现。例如，使这个空间结实、保持它在大空间中的形态；对这个空间内部的物理状态进行调控、去除各种污染，使得它适宜物语在内部进行交往。舒适性可以被看作是安全性的一种延伸。

此外，人在所在的交往空间中还需要有安全感，这是人对安全性提出的特别要求，它源于人的复杂半理性。人每时每刻都在和周围的物语发生物语的交往，不但有可能受到物质伤害，也有可能因为无法和周围的物语进行语言交流而产生焦虑。

安全感就是人们希望那些无害的交往能够维持、有潜在危害的交往能够消除。在影片《肖申克的救赎》中，监狱图书管理员布鲁克斯在狱中多年后重返社会，因为无所适从而自杀了。对于布鲁克斯来说，监狱虽然让人缺乏自由、生活很糟糕，但他在监狱里面有习惯的交往方式，他因为年老而与人无争，所以也不会有生命危险。而外面世界的一切他都不懂，他和谁交往？怎么交往？这对于年迈的他来说是个问题。那些未知的交往总是有潜在的危害。与其每天生活在不安之中，不如选择死。影片中，另一个年老的人瑞德也出狱了，他也曾无所事事，考虑过死，但是他知道遥远的地方有个朋友在等待他，至少这种交往他是熟悉的、能够进行的，所以瑞德选择了继续生活。

空间安全感主要指交往空间的大小对人产生的不同的感觉。如果交往空间过大，人和其他物语距离过远导致交往性差，人就会感到不安；如果交往空间过小，人和其他物语距离过近，与它们的交往成为不得不交往，或感觉交往有潜在的危险但逃避不了，人也会感到不安。幽闭恐惧症和广场恐怖症是缺乏空间安全感的两种极端表现形式。当人们因为器质性伤害或心理的伤害对周围物语的距离特别敏感时，空间距离不同所产生的安全感差异就凸显出来了。

（3）基于构造一个"在……之中"的空间的考虑。通过对交往空间物语化，交往空间才能达到先行建立进入该空间物语的似反性的目的，才能体现出每个交往空间的特殊性。这个独特的空间也因此成为交往空间。当物语"在……之中"的时候，它的意义就由它周围的物语所确定。当物语在交往空间之中时，交往空间内的其他物语也赋予了这个物语意义。

在交往空间中，物语和交往空间的交往是以直接的形式体现的——物语在交往空间的包裹中。进入空间的人和语物就与交往空间构成了意义相互支撑的结构。对交往空间的物语化建设是对交往空间意义的构造，也是对进入交往空间内的物语意义的构造，同时也是对交往空间内的交往意义的构造。

中国古代有买椟还珠的故事，讲的是某人买珠宝，只带走漂亮的盒子，而把珠宝留给了商人。这则寓言表达的是人们在生活中经常不能认识真正有价值的东西。但这个故事同样反映了生活中常见的现象——珠宝要放在精美的盒子里，这是自古以来人们对物所具有的价值的表达方式。这个精美的盒子所构造的空间赋予了珠宝意义。类似地，人们常说"地摊上买不到黄金"，因为地摊这个交往空间并不能与黄金的价值相称，所以购买黄金应该去装饰华丽的店铺。

不同地域、不同文化中的人，他们构造交往空间所凭借的物语都是类似的，除了针对特定交往空间所需要的特定物语，人们经常采用能体现这个地域文化和自然特点的物语来构造空间。例如采用体现政治文化、哲学观念、宗教信仰、神话、民俗文化的物语。

中国儒学中有"天人合一"的思想，它强调天、地、人是一个整体，这个特点在建筑中体现为崇尚自然、顺应自然，而非与自然对抗。这和世界各地建筑中顺应自然的特点相似。自然环境是人类在漫长时间内的交往对象，人们长期与它交往，进而产生了牢固的心理适应性。建筑中体现出的自然的特点可以使身在其中的人感到舒适。

中国古代丰富的民俗文化在交往空间的物语化中也得到了体现，形成了各种样式的装饰图案，出现在空间的各种物上面。例如，有良好寓意的各种神话人物、动物、植物等。中国人最喜欢用龙的图案，它与凤一起寓意成双成对或龙凤呈祥（图10.3）。交往空间中的各种图案，通常将人们对生活的某种愿望融合在里面，由此构造了人的愿望和图案之间的隐喻关系。

图 10.3　　龙凤呈祥图案 [①]

在一些重要节日和重要事件发生时，中国人采用特殊的语言设计空间。例如，春节贴春联、年画、窗花。春节还要放鞭炮，这是通过声音设计交往空间的语言。婚丧嫁娶等重要事件发生时，也有相应的空间语言的表达方式。

交往空间的物语化还可以体现在采用贵重的木料、石料、金属来表达特殊的语言，现代的一些建筑设计中还将一些更具现代特点的语言融入空间中，如科技、环保的元素。或者针对某个主题设计的空间，会将相关的语言融入，例如，设计海洋馆会融入各种表现海洋特点的语言。

人对空间语言的设计还体现在服装及首饰上。服装穿在人的身上、首饰挂在人的身体的某个部位，它们实际上也构造了人周围的一个空间。它们也具有丰富的语言，支撑起了人的意义。服饰及首饰表达的语言和其他人工空间的语言是类似的。

10.3.3　物语如何汇聚于交往空间

自然空间被人分割成各种交往空间，通常交往空间内又嵌套交往空间，形成了不同的空间结构。人类社会的主要交往活动发生在各种不同的交往空间内。人们的生活总是从某个交往空间出发，在某种交往意愿的驱使下朝另一个交往空间汇聚，和其他人或语物相逢。即使人们从来没有去过某个交往空间，但是借助于地图、路标、导航等各种指引，人们也可以

---

① 该图由饶盛瑜绘制。

到达期望的目的地。语物向某个交往空间的汇聚也是如此，它是在人的目的的驱使下、在交往空间名称的指引下，朝着特定的交往空间移动的。物语在空间的交往，除了偶然的邂逅，大多数是具有特定目的地的相逢。对交往空间结构的认识，以及对这种结构的指引可以保障物语汇聚于特定的交往空间。

关于交往空间的结构和对这种结构的指引是人类累积的知识之一，也是地图学的主要内容。目前已发现的最早的地图大约出现在 4500 年前，而其真正的历史可能更长。它的漫长历史表明了人类对空间知识的积累始于久远的年代，也表明人类一直有对这种知识的需求。

时间的时间性之一：变化性

时间虽然是在物语的交往中所产生的物语，但它又是其他物语周围的物语。时间作为普遍的语物，它可以成为所有物语周围的语物。时间不是空洞的事物，而是指物语天然存在的过去、现在和未来三种状态，这三种状态也是指物语已经发生的交往、正在发生的交往和尚未发生的交往三种情形。在时间中对物语的交往进行讨论，就是讨论物语的过去、现在和未来三者之间的关系。

物语过去的交往构成了现在的世界，物语现在的交往将构成未来的世界。过去的物语和现在的物语之间的差异在于二者之间产生了变化，这是时间性的表现形式之一。如果物语没有变化，我们就没有必要讨论物语的时间性。例如，前年、去年过年时贴年画，今年过年依然贴年画，每年都一样，我们就没有必要讨论这种风俗在不同时间的意义，而只需要讨论这种风俗现在的意义。

物语的变化指的是物语交往关系数量的增减。新物语的出现指各种交往关系汇聚出一个曾经不存在的物语，旧物语的消失指某个物语的交往关系数量逐渐减小直到为零。物语更多的变化体现在一些交往关系消失、另一些新的交往发生。前文讨论过，"数"具有天然的分类结构。交往关系数量的增减表明物语在分类结构中的位置关系发生了改变，物语之间的相对意义在发生改变。黑格尔用质变和量变区分显著与非显著的变化。

如果过去的物语和现在的物语都没有明显变化，这说明它们的交往关系没有发生明显变化。交往产生意义，重复性的交往容易产生固定的意义。物语的不变虽然不会增加新的意义，但重复性的交往会使物语的意义固定下来。过年贴年画的习俗流传了上千年，它已经在人们的观念中产生了非常大的惯性，每一年人们都依然会在过年时贴年画。物语的不变只是物语的交往关系数量以不显著的方式增减。

物语的变化因交往而产生。考虑到物语由物质和语言组成，物语的变化可以是语言发生变化，或者物质发生变化，或者二者都变化。我们称这三种情况分别是语言化、物质化和物语化。有些不显著的变化尚未以物质或语言的形式体现出来，我们在此仅考虑已经以物语形式显现出的变化。除了物语会变化，物语之间的交往关系也会发生变化，但交往关系变化也可以被归结为物语的变化。

语言和语言交往可以产生语言的变化，物质和物质交往可以产生物质的变化，这两种情况人们较为熟悉。例如，词和词组合可以组成新词、可以构成句子，零件和零件交往可以组成机器，物和物发生化学反应可以产生新的物。本章主要讨论物语变化的另外三种情况：物质的语言化、语言的物质化、物语的物语化。实际上，物语的变化都可以被归结为物语的物语化，将物语的变化划分为不同的类型依据的是人们对物语变化具有不同的感觉。有些物语在人们的观念中更加接近物质，有些更加接近语言。它们变化时，人们有时感觉物质所蕴含的语言增多了，有时则感觉语言固化成了物质。在实际过程中，这些变化通常纠缠在一起。

物质的语言化和语言的物质化虽然人们讨论得较少，但其也是生活中的常见现象。例如钻石所经历的语言化现象，钻石是产量稀少的碳晶体，它的硬度最大。为了提高它的价格或者因为人的浪漫天性，人们不断对它语言化，它成了尊贵的象征，并与爱情、婚姻、浓情、浪漫等各种美好的事物联系起来。钻石从含义简单的矿石，变成了具有丰富语言的物语。钻石作为矿石，和人们最初发现它的时候并无不同，但经过不断地语言化后它变成了更大的物语。它成为人们青睐的珠宝，它的价格也变得昂贵。人工制造的钻石与天然钻石的差别已微乎其微，但两者的价格却有天壤之别。现在依然有很多人在强调天然钻石和人工钻石的不同，维持着钻石过去所具有的语言。如果人们继续认可这种不同，那么钻石依然是贵重的宝石。否则，钻石所具有的大量语言将逐渐消失，价格也将直线下降。

语言的物质化同样常见。它不是神话故事里孙悟空拔出汗毛念动咒语，就能变成各种物体的虚妄事件。如果把它转换成"知识创造新的产品"，那么语言的物质化就是常识。众所周知，现代社会出现的各种新物品大多是基于科学知识而被人们发明出来的。

本章根据物语的基本组成，将物语的变化展开为这几种形式，这只是一种可能的展开方式。我们也可以根据物语的另一种组成方式，即物语由人和语物组成，将物语的变化问题转变为人的语物化、语物的人性化这两个问题，这些内容我们将在第 3 部分讨论。对同一个问题的不同展开表明对它采取的讨论方式不同。

11.1 表：物质的语言化

11.1.1 物语的结构模型

为了方便讨论，我们在此对物语构造一种内外式结构的模型：物质是物语的内核，语言是物语的外壳。这是根据人对物语的一般感受提出的模型。除了低端生理反应之外，人与物语交往主要是与物语的语言外壳交往。这种交往是指人通过各种方式倾听物语的语言，尽管这种倾听依然是通过各种生理上的刺激实现的，比如人们可以通过听（声音）、看（文字、图像、符号）、触摸（物体、盲文）等各种方式去倾听物语的各种语言。

人通过大脑的第二信号系统处理这些语言。

物语的语言外壳就是物语的意义。人们把物语之间的交往关系用语言描述出来，就好像给物质穿了一件语言外衣。人们对物语意义的认识无非三种情况：知道、不知道或者在与物语的交往中产生新的认识。

物语的意义作为知识流通时，人们学习这些知识就知道了物语的意义。反之，不学习就不知道物语的意义。"知道"只是大概的情况，物语的意义远比它作为知识进入流通领域的情况复杂。物语还有很多意义没有作为知识流通，但只要它的主要知识被人们知道了，其在人与人的交往中就不会产生歧义，人和人就可以沟通。

物语的意义被人们知道，人们就可以进一步观察物语正在发生的交往，与他之前所了解的知识进行对照。如果二者一致，就是对过去的知识的强化；如果有差别，人们就对过去的知识进行调整，修正对物语的认识。

同样的物经历不同的交往可以形成不同的语言外壳。名称是物质的基本语言外壳，相同的物质在不同的语言中具有不同的名称，但其可以被认为是等价的，例如，鸽子和 pigeon 可以被看作是等价的。这种等价性仅在于人们把名称看作物质进入语言的替代品，但物质的语言外壳不限于名称，甚至名称本身就具有丰富的含义。不同的语言环境提到鸽子所唤起的语言是不相同的。例如，在佛教经典中，鸽子多被用来代表贪心的烦恼，有时也被用来比喻以姿色姣好而自傲者；而对于很多人来说，鸽子所唤起的是和平。

如果物语没有新的语言产生，旧的语言将沉睡或衰老成为化石。例如，街道名称"知春路"，每天路过的人谁会把它和春天联系起来？但到了语言不同的地方，很多人都有好奇之心，想了解这个街名的含义。再如，拉萨在藏语中是圣地或佛地的意思，乌鲁木齐在准噶尔蒙古语中指的是美丽的牧场。这时，沉睡的语言在陌生的耳朵里得到了唤醒。相比于传统的工业产品（如水泥），时髦的电子产品（如手机）或还在不断发展的工业产品（如汽车）所具有的语言外壳内容则丰富得多。前者只在特定的使用领域作为物质被人关注，而后者则由于消费市场巨大，被生产商、销售商进行广泛的语言宣传，每天都产生新的语言。

内部、外部的划分仅仅因为习惯和观察角度不同。我们在此遵循日常的习惯，认为物质是较为固定的、内部的、核心的，而语言是相对易变的、外部的、表面的。把语言当作物语的内核、把物质当作外壳同样可以。

11.1.2　表：物语之语言外壳或言说

物质的语言外壳就是物语的表，表也是物质的语言化。物语通过自身表述，或被他者表述，使它的物语之表逐渐增加。

汉语中，表的本意是外衣。古人穿皮衣，毛朝外面，所以它由毛和衣构成。表的甲骨文字形是"𧘇"，其中，"𠆢"是衣服，"𰾪"是兽毛。这个原始的"表"，经过一系列语言化过程，出现了多种含义。

由于表是外衣，所以其可以引申为外面，又可以引申为置于外面、把内部的东西置于外面。人经常要把内心的想法置于外面，表于是又引申为说。由于表在事物的外部，所以也可以引申为外部的形象，表又具有了外貌的含义。由于表在事物的外部，离中心较远的位置，因此有了表哥、表妹的用法，用来表示较远一些的亲属关系。由于表可以引申为说，因此其可以进一步引申为一种文章，如《出师表》。随后表又引申为格式化、栏目化的文件，如表格。这些是表在演变过程中形成的一些含义。

表还具有其他含义，它们和表的本义的联系已经模糊了。例如，在"表率"中，表具有榜样的意思。这或许因为表和标的音相近，所以二者通用；也许是因为表处于物质的外部，可以被观察到，容易成为参照物。在华表、手表中，表的本意是指做标记的柱子，特别是指在房屋周围做标记，这种用法和标类似。这也许是因为这个柱子在房屋的外部，是把房屋与外部分离开的东西。当把这种柱子称为表的用法固定下来时，这个柱子的功能有了新的进展。人们可以通过观察柱子后面的阴影来分辨一天中的时间，因此，表又具备了时间刻度的功能和用法。现在人们提到表，容易想起的是手表。

"表"字含义的逐渐丰富体现了物质的语言化。它的语言化过程中还伴随着语言的物质化过程，它和各种新的物也结合起来了。这个字的意义的演变并不重要，我们关心的是物质语言化的基本形式——物质的外表是如何逐渐增加的，即物语如何表述及如何被表述。

11.1.3　表的形式

物质（物语）的语言增加过程是物质的意义逐渐丰富的过程，物质逐渐丰富的意义是在交往中产生的。把交往过程用语言表述出来，就是物质的语言化。物语自身表述或被他者表述是表的两种形式。人和组织机构可以进行自身表述，物语可以被他者表述。根据谁在表述、谁被表述，我们可以进一步分析表的形式。

物语的自身表述体现了去交往的意愿，也表现出在交往的状态。

人的自身表述可以表述其他物语，也可以表述自身。人和另一个人交谈，交往的对象既是另一个人，也是交谈内容涉及的其他物语。例如，他对另一个人说"今天天气晴朗"，这句话是他和另一个人的交往媒介，而这句话体现的内容则是今天、天气、晴朗这三个物语的交往结果，他通过与这三个物语交往构造了它们的交往关系。这体现了人在和人、语物交往，并表述了其他物语。

人也可以向其他人表述自身如何。他对另一个人说"我喜欢北京的小吃""我现在有点逆反心理"。这时他在和另一个人交往，同时他将"我思"表现了出来，这种表现是通过他自身与其他物语的交往体现出来的，并且他把这种交往表述给了对方。或者他也可以向语物表述自身，这与前者类似。

人的自身表述都可以被看作人的语言化。由于人的复杂半理性，他的自身表述也是复杂半理性的。他会因为各种不同的目的进行表述，也可能重复说没有新意的话，甚至会说荒谬的话。人说的话如果给其他人留下了较深的印象，那就相当于给自己披上了语言的外衣。如果一个人说话总让人觉得不靠谱，他就会被看作是不靠谱的人。伟大的人物之所以伟大，很大原因在于他们的言说得到了人们的认可。例如，莎士比亚写出传世的剧本、牛顿提出伟大的物理学定律、凡·高画出不朽的名画，他们的语言就像给自己穿了一件华丽的衣裳。

同样，语物的自身表述既可以表述其他物语，也可以表述自身，这是语物语言化的方式。语物通常是简单理性的，它对于其他物语的表述及它表述自身通常也是简单理性的。例如，某个工业产品的制造标准由特定的机构制定，这个标准就是语物（机构）对工业产品的表述。

语物的表述自身可以理解为语物在宣传自己。例如，企业在公共传媒、特定的交往空间、企业的网站宣传自己。语物通过表述自身，让各种潜在的交往对象了解自己，希望发展更多的交往关系。

物语被他者表述体现了物语的被交往，被交往也是在交往的一种形式。例如植物被他者表述，某人说"太阳花是红的"，这里可以看作是他在对太阳花进行语言化，为它加上"红"的语言外壳。太阳花被人交往，太阳花也在与人交往；太阳花也被语言"红"交往，也在与"红"交往。如果有人问"什么是红的"，回答说"太阳花是红的"，这时"太阳花是红的"可以被看作语言"红"的物质化。物质的语言化和语言的物质化纠缠在一起，它们的区别在于观察角度不同。

科学家对物质进行表述，对这种物质而言它就是被表述的。例如，在"水的密度每立方厘米1克"中，水被科学家表述，它被科学家交往，也在和科学家交往。在这个表述的内容中，水这种物质也在和密度、立方厘米、克等物语交往。

人也可以被他者表述。例如，幼儿园的小明被老师表扬，他被老师交往，也在和老师交往。小明被表扬后获得了临时性的语言外壳。如果小明获得幼儿园"好儿童"的奖励，小明被语物（幼儿园）表述，小明被幼儿园交往，也在和幼儿园交往。小明获得了比较稳定的语言外壳，他的奖状贴在家里经常被爸妈和亲戚提起。

机构也可以被他者表述。例如，行业组织向企业颁发"A 级制造许可证"。企业被行业组织表述，表述的内容是"A 级制造许可证"。通过这样的表述，企业获得了稳定的语言外壳，至少到下次资格审查前，这个语言都牢固地附着于企业的外表。

物语无论是在自身表述或被他者表述中，表述的语言是否能够形成稳定的语言外壳，取决于语言的重要程度、重复程度、是否简单形象。这些语言总要有一种特质给人留下深刻的记忆。原有的物语之表，如果所涉及的内容重要性降低，或者不再被人提及，其也就会逐渐消失。

11.1.4 格物致知

中国古人用"格物致知"表述物质的语言化。格物致知源自《大学》，但《大学》里没有对其进一步讨论，先秦其他古籍也没有使用过这两个概念。物语的意义由它周围物语的意义确定。格物致知周围物语较少，这造成它原始含义模糊。

格物致知是儒家八目"格物、致知、诚意、正心、修身、齐家、治国、平天下"的基础。古今学者根据自己的认识及时代特点，对它做过各种解释。

东汉郑玄认为，"格，来也。物，犹事也。其知于善深，则来善物。其知于恶深，则来恶物。言事缘人所好来也"；"知谓善恶吉凶之所终始也"。南宋朱熹认为，"格，至也。物，犹事也。穷推至事物之理，欲其极处无不到也"；"所谓致知在格物者，言欲致吾之知，在即物而穷其理也。盖人心之灵莫不有知，而天下之物莫不有理，惟于理有未穷，故其知有不尽也"。明朝王阳明认为，"物者，事也。凡意之所发必有其事，意所在之事，谓之物"；"格者，正也，正其不正以归于正之谓也"；"'致知'云者，非若后儒所谓充广其知识之谓也，致吾心之良知焉耳"。当代科学家丁肇中根据他的知识背景，将格物致知解释为探察物体而得到知识，强调的是自然科学中的实验方法。

从格物致知中的"物"和"知"中容易看出它在表达物质的语言化观念，即通过与物交往获得知识。在很多交往中，都存在语言化的现象。不过有些情况下所经历的语言化，获得的语言并非知识，而是琐碎的语言、无意义的语言或者废话。能够成为知识而固定下来的语言，是在语言的流传过程中经过人们筛选被众人认可的观念，或者它的正确性、重要性可以得到先前可靠知识的支持。例如，巫术时代的人通过与乌龟壳交往，"格"乌龟的壳，所获得的语言是可靠的知识；当代社会，通过科学的实验，"格"各种实验物，所获得的语言也是可靠的知识。

根据本书第 5 章对三种知识的讨论，我们可以知道，早期巫术中的占卜是人通过与物的交往获得知识，这是格物致知的体现。早期的格物致知可以被看作人与自然物的交往从而获得知识。这种格物致知在《大学》的时代是通常做法，当时的人没有必要对它特意解释。

从郑玄的年代到王阳明的年代，中国是伦理社会，关注人与人的关系，而格物致知的风气不盛。这时围绕格物致知的解释就指向人、人事，以及伦理关系中重要的概念——善和恶。不同学者的解释虽有所区别，但解释的方向是一致的。

在当今社会中，自然科学是一种主要的知识。自然科学以物为研究对象，讨论物与物之间的交往，因此当代科学家将格物致知解释为实验。但即使自然科学中的格物致知，也不应被单纯地解释为实验。实验仅仅是自然科学中格物致知的一种方法，针对"物"所开展的数理逻辑推演也是格物致知。

对于"格物"的"格"，我们可以按照郑玄、朱熹所做的"来""至"来解释。他们的解释与"格"最初的含义相近。根据甲骨文，格的字形是"🔯"或"🔯"，表示"进犯"。人们在占卜中，在甲骨上钻细孔，用火灼烧以产生裂纹，这正是通过"进犯"获得知识。还可以按照"格"现在的含义对其进行解释。例如，人们喜欢把东西放在不同的格子里进行分类，因此可以将"格"解释为分类结构中不同的位置。物语被安置在分类结构中的某个位置正是物语意义的体现，也是致知的体现。对不同的"物"进行语言化、针对不同交往关系进行讨论，就能致不同的知。即使在当代，这种知识也不能仅仅被解释为科学知识。康德对着满天星斗提出星云假说，而凡·高却画出了《星空》，这都是格物致知。

不同时代的人对格物致知做出了不同的解释，这个概念也经历了不同的语言化过程。本书以宽泛的"物质语言化"概念来梳理这些观念，正是王阳明所谓的"正其不正以归于正"。不同观点的细微差别随着时间的变迁已不重要。

11.1.5　过度语言化现象

物语以语言为媒介的交往对于交往的双方来说都是语言化过程。如果某种物语处于交往关系的中心位置，因为交往的频繁经历了更多的语言化，物语之表逐渐增加，那么其可因此成为较大的物语。当它成为较大的物语后，它在众多的物语中又更容易被人发现，并与之交往，人们容易对这些物语过度阐述，将一些不曾发生的交往关系附加在这些物语上，这就是过度语言化现象。例如，远古时期的神话或者不同时代类似的神话。

神话现象从古至今都存在，与此相伴的是对各种神的崇拜。这种神可以是自然神、人格神，也可以是古代制造出的皇帝的神话。当代社会因为追逐利益也在制造各种神话。例如，财富的神话、明星的神话、某种产品的神话、科技的神话，甚至生活中的某种技能、某种美德，也容易被人神化。

过度语言化现象虽然包括远古时期的神话，但过去的神话在现在来说却不是过度语言化，因为远古时期的神现在已不再是人们交往关系的中心。过去的神话现在只是语言的碎片并被人们标记为神话。过去的神话并不能支配人们现在的生活，人们以旁观者的态度轻松谈论这些故事，知道它们是虚构的事物。

过度语言化现象不包括文学作品，或人们日常言语中的夸张手法。例如，李白说庐山瀑布"飞流直下三千尺"，人们知道这是文学作品，并不会认为真有这种事。即使某个懵懂少年读到这首诗误认为庐山瀑布有三千尺高关系也不大，因为庐山瀑布并不处于人们日常交往的中心位置。对于居住在庐山的居民来说，他们日常生活中与瀑布有频繁的交往但不会受"飞流直下三千尺"的误导，庐山瀑布有多高，他们比李白更清楚。

过度语言化现象是指人们对处于交往中心的物语进行的过度阐述。这种过度阐述既可以是个人行为，也可以是集体行为，并且这种过度阐述影响、干扰，甚至支配了人的交往。过度语言化还可以指某个人对他个人的交往世界里的中心物语进行过度阐述，这种过度阐述影响了他的个人生活。

虽然有些语言化现象是过度的，但界限在哪却难以界定。况且，过度语言化现象能够出现，说明它符合了人们的某些需求，因此过度语言化并不一定有害。正如不同时期、不同文化中形成的各种神一样，其并不一定有害，它们满足人的需求，甚至成为当时的人生活的一部分。

前文讨论过，巫术时代，在"自然物-人"的分类结构基础上形成了"自然神-人"的分类结构，把不同物语置于分类结构的不同位置源自人的省心天性。分类结构顶层的物语是交往的中心，人们也受到顶层物语的指引，因此任何时代都具有造神的可能，只不过不同时代的神的特征不同。巫术时代，人们需要从大自然中获取食物、避免灾难性气候，那时的神寄托着人类的这些愿望。但神被人造出之后，反而成了控制人的物语。例如，弗雷泽在《金枝》里所描述的充当祭司和森林之王的人，随时在迎候前来挑战、想要夺取他性命的人，过着胆战心惊的生活。

宗教里的人格神也同样满足了人的需求。通过不断对人格神语言化，他成为全知全能的物语。有人以神的名义对他人实施恶行，也会以神的名义向其他宗教组织发动战争；有人会以自身的血为墨抄写经书，还有一些邪教教唆信徒自残身体以表达虔诚。这些事例都能使人感觉到对神的语言化过度了。中国的宗法社会推崇孝道，孝道作为构造社会结构的方法并无不可，但孝道中也有愚昧的元素。

当今社会交往更加频繁，控制传播渠道的机构能够便捷地将某些人、某些产品，甚至某些词置于人们的交往中心，由此制造了明星、知名产品，甚至热点词汇。它满足了人们对于不同类别的物语构造分类结构的需求，并形成了各种各样的追星族、各种不同产品的粉丝。这和人类过去制造神一样。现在发生过有人因为经济能力欠缺，出售自身的器官去购买昂贵电子产品的例子。这种惨剧和过去的情况似乎没有什么区别。

物语被过度语言化之后，复杂半理性的人追逐它们、崇拜它们，以它们作为分类结构的中心。当物语被过度语言化之后，理解它们就成了困难的事情，这又加剧了人的复杂半理性，出现极端的恶性事件只是概率的问题。

对于个人来说其还可以发展个人的交往中心，对这个中心物语过度语言化。最为常见的是财迷和官迷，其以金钱、权力作为个人的交往中心，这种人在故事里常常是可悲的结局。或者如故事里经常描述的，某人以报仇作为自己的中心，报仇之后陷入了空虚。或者父母以儿女作为自己的中心、商人以诚信作为自己的中心。作为个人中心的物语有些是好的，有些经不起推敲，在对它们进一步语言化之前需要仔细甄别。

11.1.6 商品、名称及品牌

物都有名称，商品也不例外。如果简单地看待商品的名称，那么它和任何其他物的名称一样，并没有特别的含义，其仅仅是物进入语言领域的替代品。但在商品经济繁荣的年代，商品的名称"品牌"就具有了特殊的含义，它成了商品丰富的语言化现象的体现。物语多了就会形成分类结构，品牌中的"品"字体现出了分类结构的含义，品牌是商品分类结构的产物。

　　商品通常会处在不同层次的分类结构之中，也有与之相应的名称。例如，居民小区内有两家早点铺，分别卖油条和包子，小区内还有药店和剃头铺，如果某人说"去买早点"，那他指的是买油条或包子，而不是去药店买药或去剃头铺剃头。如果言者和听者没有其他默契，这句话中不能指明是去买油条还是包子。油条和包子虽然都是早点，但仅仅依靠"早点"这个词不能把它们区别开。如果他说"去买油条"，那么就区别开了。如果小区内有好几家卖油条的小铺，那就需要对油条进一步命名才能把它们区别开，比如张家的油条、李家的油条。

　　这些商铺分成早点铺、药店、剃头铺这些不同的类别，那么"早点铺""药店""剃头铺"就是区分它们的名称。对于都属于早点铺的油条和包子，"油条""包子"就是区分它们的名称。对于都是卖油条的，"张家""李家"就是区分它们的名称。当商品变得越来越丰富时，为了区别它们，每个分类结构中都需要有相应的名称，品牌是同类商品中用于相互区别的名称。

　　商品通过不同名称相互区分可以方便人们选择。每种商品的提供者通常希望自己的商品卖得更好，这是它作为语物的简单理性。当面临着购买张家的油条还是李家的油条的选择时，这意味着两个不同的物因为优先选择产生了竞争。物本身不会直接产生竞争，只能通过这个物语中的语言部分，使人对它们做出选择，所以这也意味着"张家"和"李家"这两个词处于竞争关系中。同样，当购买油条还是包子是一个需要选择的问题时，也意味着"油条"和"包子"这两个词处于竞争关系中。如果有一种离奇的说法，认为吃早点、吃药和剃头都可以治疗癌症，这时对"早点""药"和"剃头"三者的选择成了问题，那这三个词也构成了竞争关系。处于竞争关系中的可以是类的名称，也可以是同类商品不同的品牌。

　　如果市场中某类商品有很多种品牌，普通的消费者不能记住所有的品牌和它们的特征。基于人的省心天性，他对每种商品只会记住少数几个品牌，对于其他品牌则印象模糊。这相当于不同品牌的商品在人的内心形成了分类结构，那些容易记住的品牌就处于分类结构的上层。厂商为了让消费者在选择商品时尽可能选择自己的产品，需要对品牌进一步语言化，让产品成为更大的物语，使人们更容易发现它。例如，把商品的品牌与更多的物语联系起来，与人们内心渴望的荣誉、优雅的生活方式、某种价值观联系起来。

消费者对于商品的记忆很多时候是由商品的名称"品牌"所替代的。一个良好的品牌通常包括两方面的内容，一方面，这个品牌所代表的商品在物的方面有着良好的基础，至少在和其他同类商品比较起来时，它的性能、质量不差或者更好。所谓的好，有些是众所周知、约定俗成的，有些则有赖于生产商对商品进一步语言化制造出的分辨好坏的标准。另一方面，这个商品的外在语言是丰富的。

商品的品牌通过各种媒介被投放给消费者，在广告中它和其他物语发生了隐喻性交往。例如，少女和鲜花如何会建立联系？剃须刀和夏日度假又如何会建立联系？但是前者在文学中发生了，后者在广告中发生了。任何商品只要能够确定它潜在的消费群体的范围，商品的提供者就可以对这个群体的心理特征进行研究，并且依靠修辞方法把商品和某种人们渴望的事物联系起来。对于词语来说，隐喻是词语意义扩大的方式。对于商品来说，隐喻是品牌进一步语言化的方式，是物语扩大的方式。广告所制造的隐喻如果能与消费者渴望的东西合拍，品牌就会在消费者心中留下一次痕迹。久而久之，品牌就能在消费者心中留下深刻的印象。

商品的品牌处于各种交往关系之中，它和同类商品所形成的分类结构也是它们之间交往关系的体现。交往产生意义也可以近似看作交往产生价值，这个价值对于商品来说可以指用货币衡量的价格。

前文提到钻石，它的语言化过程不仅仅体现在人们赋予它更多的象征意义上。钻石价格的提升是通过建立物的分类结构形成的，这是建立物和物之间的交往。钻石自身的大和小是一种分类结构，这是大钻石和小钻石的交往。钻石的大小是天然的产物，人们只能通过切割使它变小，但不能使它变大，这导致大钻石的价格远远高于同等重量的数个小钻石。相比之下，黄金的价格和重量呈线性关系。普通大小的钻石，人们用重量单位"克拉"标志它们。对于特别大的钻石，人们为它们单独命名，其价格也高。低价格的小钻石为高价格的大钻石提供支撑，而高价格的大钻石又为小钻石提供支撑。钻石价格所获得的支撑还来自外部，一些普通硬度的宝石为硬度更高的钻石提供支撑，同样，钻石又为其他宝石提供支撑。如果今后人工钻石在人们的观念中和天然钻石并无不同，钻石的价格将有一个新的、价格低廉的外部支撑，那么先前因为相互支撑而产生的意义将减小。

11.1.7 手表

人们所谈的"表"很多时候指手表，它也呈现出丰富的语言化现象。手表最初是显示时间的工具，但现在更像首饰或玩具。它依附于永恒的时间，人们通过丰富手表的内容对其不断语言化。高档品牌手表与普通手表之间有巨大的价格差距，这种差距通过多种语言化的手段实现，具体如下。

（1）走时精度。人们佩戴昂贵手表的主要目的并非为了掌握时间，但显示时间作为手表的基本功能，也是手表的基本语言。精确的走时意味着可靠的品质，顶级品牌的手表通过获得天文台的认证或更严格的考验，对其产品进行语言化，使消费者对它产生信任。

（2）机芯打磨工艺。顶级品牌的机芯艺术性打磨使得手表看上去更像艺术品，功能性打磨使得机芯运行更稳定、更可靠。普通品牌则较之有所差距。

（3）复杂功能。顶级品牌对复杂功能的设计制造能力超过普通品牌，如陀飞轮、三问、万年历、世界时等功能。可能这些功能现在的实用价值并不大，只是增加了人们把玩时的乐趣，而它最实际的作用在于形成了产品之间的差异。复杂功能通常意味着技术能力强、品牌好、价格昂贵。

（4）历史文化。品牌具有较长的历史表明其能够产生的故事更多，体现出品牌所蕴含的文化更多，甚至可以和众多历史名人发生关系。

（5）外观和造型。顶级品牌通常有更好的设计师，其设计出的手表更有设计感和艺术气息。

（6）珠宝、贵金属和奇特材质。高档手表中采用小颗粒的钻石作为装饰，把它和普通手表区别开来。同款手表采用不锈钢和贵金属作为表壳，也造成了二者之间的差距。略微的成本提高带来的是二者巨大的价格差距。此外，人们还会在手表中加入各种特殊材料进行装饰。

（7）定价策略。顶级品牌的手表价格一定是昂贵的，它针对的是特定的消费人群。价格本身也是商品语言的体现，昂贵的价格会使商品给人的感觉更好。一些非顶级品牌的手表，为了提高品牌的等级，也会试图通过制造少量的复杂款，用珠宝装饰，定出昂贵的价格。

商品的诸多差异整体表现为品牌之间的差异，品牌之间的差异又支撑了它们的价格差异。品牌、价格、技术、设计、文化等众多差异互相支撑，形成了特定品牌的特定语言。

类似的差距还有机械表和石英表之间的差距。即使石英表比机械表精度高，但石英表的价格却远不如机械表。原因可归结为如下两点：①石英表的上手效果不如机械表，对于高档手表，人们可以通过机械表的背透观察到它内部的运动，虽然很多人并不清楚机械手表的运行原理，但至少能通过观看它的运动感受时间的消逝，机械表给人的感觉是半透明的，而人们无法观察到石英表内部的运动，因为它和人的交往性较差，石英表给人的感觉是不透明的；②石英表的机芯只能是工业化制造的产品，它的价值有更多的外部参照对象，而复杂的机械表则强调它需要高级技师手工装配和手工打磨，这部分的价格有更多的不确定性，它的价值的外部参照较少。虽然也有些品牌推出价格昂贵的石英表，试图通过定价策略提升石英表的档次，但这种语言化的效果目前并不明显。

11.2 简：语言的物质化

11.2.1 人造物是如何出现的

前文讨论过为什么要筑墙，墙是人与空间交往的结果，同时它可以被用于构造交往空间。当墙从原始形态变成复杂的墙时，人们为它增加了更多的目的，需要更复杂的技术。墙体现了交往关系、人的目的、制造知识，这些都是制造墙这种物时所具有的语言。我们也可以把墙这种物看作是这些不同语言汇聚的场所。

所有的人造物都汇聚了这些语言，人造物的出现是语言的物质化过程。世界本来没有人造物，人与人交往、人与自然物交往时，人造物是从它们之间的交往关系中出现的。人造物出现后又可以形成人与人造物、人造物与人造物的交往关系，人们又能够从这些新的交往关系中创造新的人造物。这是人造物在交往关系中经历了从无到有、从少到多的过程。人在这种交往关系中，发现了物的功能，所以又以此为依据形成了人的目的，并逐渐积累了造物的技术。例如，锄头体现了人与土地的交往关系，人发明锄头是为了更方便松土，制造锄头需要冶金术和打铁技术；飞机体现了人与天空的交往关系、物与物的交往关系，发明飞机是为了更快捷地运输人或物，制造飞机需要各种知识。

大自然所创造的物虽然需要在人为它们命名后才能成为物语，但它们作为物，是由大自然的自身规律所创造的。科学家探索大自然的规律，创造出各种知识来解释自然现象，对自然物进一步语言化，并将这些知识应用于人造物的制造。

无论简单的物还是复杂的物都是各种语言的汇聚，它们构成了整体。人们提到某种物时说"这是航天飞机"，就好像人们说"这是纸杯"一样。人们自动将每种人造物当作整体去认识，而不会自动地把它们拆成各种组成部件、各种语言，这基于人的省心天性。所有的物，不管构成它的原始语言繁杂还是简单，当它们聚集在一起时，都体现了这种整体性。这种整体性实际是简单性。那么，何谓"简"呢？

11.2.2 作为书写材料的简

简是中国古代的书写材料，我们一般认为其约始于西周和春秋时期。简多为细长条的竹片，也有木片，以墨书于其上，用细绳把若干根简缀合在一起编成一册。册的甲骨文字形"**卌**"就是连在一起的简的形象。在造纸术发明之前，简是最主要的书写材料。它是中国古人经过长期比较和选择之后，用于语言保存和传播的交往媒介。和所有书写材料一样，简是语言在时间和空间中的交往媒介。

简多采用竹子制造，人们把竹子截成圆筒，再把圆筒剖成若干细长的竹片，这就是简。简的制作工艺是逐渐发展起来的。开始时人们直接在剖开的竹片上书写，这些未经处理的竹片时间长了容易腐烂。后来发展出了杀青工艺，可以使竹简保留很长的时间。杀青是把竹子用火烘烤，使竹子表皮焦化，然后刮去已经焦化的竹皮。

另外还有采用木片的情况，但由于木片加工不容易，所以不常见。简要编缀成册，就需要其长度、厚薄、宽度统一，依靠石刀和铜刀这些较原始的工具就能完成竹子的砍伐、截段、剖片等全部加工工作。战国早期的曾侯乙墓中出土的竹简的平均厚度约为 1 毫米，其他地方出土的竹简最厚不超过 2 毫米。木简比竹简厚，例如，云梦 4 号墓出土的秦木简厚 2.5 毫米，青川 50 号墓出土的秦木简厚 4 ~ 5 毫米。这些说明竹简比木简更容易加工。竹简的宽度为 5 ~ 8 毫米，木简的宽度在 2 厘米以上，这同样反映了竹简和木简加工的难易程度。如果将木简串联成册，它的重量将远超竹简，因此木简很难被大范围使用。木简一般是单根的简，很少有串联成册的情况。

学者们很关注竹简的长度。根据记载，简大致有八寸、一尺、一尺一寸、一尺二寸、二尺、二尺四寸、三尺等不同的长度 ①②③。通过对出土竹简进行测量，人们发现它们的长度大约为 13.2 ～ 75 厘米。有人认为，简的长短没有制度可言，因为根据出土的竹简，人们发现它们的长短并无一定的规律。有人认为，简的长短有规律，虽然人们很难根据出土的文物得出统一的规律，但大致来说，记载越重要的语言的竹简长度越长。

从制造者和使用者的角度都有把竹简尺寸规范的需求。对于制造商来说，规范竹简的长度能够使得尺寸固定，加工成本低；能够使竹简码放整齐，工作区容易布置；能够便于定价；能够便于运输。从使用者的角度考虑，规范尺寸对于归置竹简来说也较为便利。如果不能统一，至少应该大致规范成几种，那么偶尔有超出规范的也无不可。即使现在书籍已经非常普遍，书籍的尺寸也大致被规范成 32 开本、16 开本等几种尺寸。竹子容易加工，规范形成后，按照制式进行加工没有技术困难。

竹简的长度历来被学者所关注还反映出一种心理趋向，即长度事实上具有隐喻的功能，大体上是以长为尊、以短为卑。类似的还有以大为尊、以小为卑。在知识水平较低的时代，竹简是比较重要的物件，越是重要的物件，它的分层结构会越明显。做一个近似的类比，在中国古代社会，官员相比于老百姓来说是一个重要的人群。尽管官员的数量比老百姓少很多，但越是这样的少数人群，他们的分层结构越明显。这种层次感体现在服饰、出行、官邸等各方面。长度是竹简最明显的几何特征，长度的隐喻功能为建立竹简的分层结构提供了依据。有学者研究发现，汉代中后期，简牍的标准长度为一尺，皇帝使用的简牍长一尺一寸，儒家典籍为二尺四寸。但根据出土文物，人们发现汉初之前简的长度规律很难统一。其原因可能是之前的长度单位各地都不一致；也有可能是在不同年代对于什么是"尊"的理解存在一定差异；还有可能是竹简深埋在地下约 2000 年时间，

---

① 富谷至 . 木简竹简述说的古代中国 . 刘恒武译 . 北京：人民出版社，2007：43.
② 李零 . 简帛的形制与使用 . 中国典籍与文化，2003，（3）：4-11.
③ 程鹏万 . 简牍帛书格式研究 . 吉林大学博士学位论文，2006：40-60.

经历了不同的物理或化学变化。

11.2.3　文字的书写方向

过去汉字的书写方式通常是从上到下、从右至左排列，例外的情况较少。这些例外包括甲骨文中关于卜辞的内容，其排列方向的左右没有显著的规律，但从上到下的规则是明显的。那时候是文字书写的早期，书写规则还没有完全建立起来。金文中也极少有从左至右书写的情况。另外，金文中还有一种单列自上向下、双列自下向上书写的情况，这可以看作是自上向下书写方向的一种微小变形。总的说来，汉字是从上向下书写的，后期从右至左的方式也固定了。

汉字从上向下的方向特点在竹简之前的书写材料中已经体现出来了。目前没有证据表明简比甲骨更加久远。虽然在甲骨文中已经出现了"册"字，表明竹简的采用年代可能更久，但并无实物作为证据。这也许是因为竹简相比于其他材料更加容易被腐朽，即使这暗示了简的年代比已知的更为久远，但同样说明不了它比甲骨的时间更早。因此对于总结从上向下书写的原因来说，应把竹简自身的因素排除在外。

上和下不是普通的观念，它们在甲骨文中最初的含义表示天和地[①]。当"上"表示空间概念的时候，指"地朝天的方向"；"下"指"天朝地的方向"。"上"也指上帝或帝，是众多自然神的总称，"地"是地上的诸神。空间中"上"和"下"的等级观念与上帝和地上诸神的等级观念是同构的，"上"比"下"更尊贵。"书写"如此重要的事情并不会随便选择一个方向，汉字从上到下的书写顺序是这种等级观念的产物。

有人以汉字的笔顺是从上到下的来说明汉字从上向下书写并不成立。因为汉字如果从下向上书写，也能构造从下到上的笔顺。如果以现在的情况进行推测，汉字笔顺从上到下也许更符合人的手的特性，可以书写得更快，但在文字创造之初，无论是文字自身的数量还是需要书写的文

[①]　徐中舒．甲骨文字典．成都：四川辞书出版社，1989：5-8.

字数量都较少，书写（用毛笔写或者用刀刻）的速度不是人们关注的东西。

在中国的文化中虽然左右与尊卑也有同构关系，但情况较为复杂。人们一般认为以右为尊，但也有以左为尊的情况，并且这种观念是后来才出现的。较早记录尚左尚右观念的文献有《礼记》和《道德经》①。对于竹简而言，很有可能是竹简的编联形式对从右至左排列产生了影响。人们通常是右利手，采用从右至左的排列方式，书写或阅读时左手持简、右手书写比较方便，这是人和竹简之间的交往容易上手的方式。

11.2.4　作为简单含义的简

除了简，中国古代的书写材料还包括甲骨、青铜器、缣帛、石材。纸是后来出现的，它更容易书写。文字也可以写在其他材料上，如陶器、玉器、砖瓦等，但这些并非主要的材料。

与纸相比，竹简并非理想的书写材料，但和甲骨、青铜器、石材，甚至缣帛相比，竹简有很大的优势：采用竹简使得书写这种行为变得更加容易；竹简价格相对较低；它相比同期的其他书写材料也不笨重；竹简促进了书写传播方式的发展，相比口头传播不易变形，提高了精确性；采用竹简使得更多人群、更大规模的书写和交流成为可能，这为语言的创新和发展提供了很好的交往媒介。

"简"这种物以它平易近人的方式走进了知识群体。它是汇聚了语言的物。这种汇聚既是表面的，也是内在的。简采用了最直接和最表面的方式，它把语言书于其上。同时，"简"这种物它所汇聚的语言还包括竹木的性质，它作为交往媒介体现出的交往关系，简的制作工艺、制作规范、书写方式，等等。

竹木简早已远离普通人的生活，目前，简最广泛的含义是简单。我们关心这样的问题，竹简的"简"如何演变成了简单的"简"呢？后者是对

① 朱平安.古代尚左尚右源流考辩.十堰大学学报（综合版），1990，（2）：7-11.

前者的隐喻，但它是如何发生的呢？目前并无确切的资料解释这种演变过程，我们对此做出如下推测。

（1）从口头语通过书写变成文字是一个精简的过程。每个人每天都要说很多话，但真正能写到纸上的非常少。所有的人造物都体现出这个特征，它所汇聚的语言是从世界上的各种语言中筛选出的某些语言。例如，飞机的形成并不是所有关于飞机知识的汇聚，而是某些知识的汇聚。这种经过筛选的汇聚，体现了理性。

（2）如果用竹简来记录语言，应该记录得尽可能精简。否则无论是书写的人还是阅读的人，都会感觉很累，这是切切实实的身体的累。

（3）竹简相对甲骨、青铜器、缣帛更加平易近人。即使社会中的上层人士，也不是随随便便就能把一些语言记录在甲骨、青铜器和缣帛上的。甲骨和青铜器是充满象征意义的物，它们包含各种禁忌，而缣帛是昂贵的物，相比之下，书于竹简则相对来说是容易得多的事情。"简"这个物是他们经常使用的物。

（4）当物（竹简）和语言（谈论"简"）的增加逐渐积累的时候，简产生了新的含义，即简单。即使对于今天的"简而言之"这个词，我们也可以认为它同时具备两种含义而不矛盾，既可以认为"简而言之"所言的是简单而浓缩的话、一种表示总结的话；也可以认为这是用竹简来记录的正式的话，应该尽可能浓缩。

上述过程完成了从竹简之简到简单之简的隐喻。作为简单含义的简具备了某种价值评判的功能，它与繁对应成为分辨事物的一个维度，目前已被广泛应用于汉语，并构成了众多的词。

这种情况还能带来另外一种启发。语言转变成物质，它是一个由繁变简的过程。物是语言的汇聚场所，正如交往空间是物语的相遇场所一样。那些彼此发生了交往关系的语言汇聚于此，形成了这些小小的物。

11.2.5　物是语言的汇聚场所

语言通过汇聚于物使得语言在时间中留存。考古学家通过对数千年前人造物的考察，发掘出了人类过去所创造出的语言。后来的人通过阅读书籍、欣赏过去留下来的艺术作品、使用过去所创造的人造物，学习过去人们所创造的各种知识。

我们可以将人造物分为三种基本类型，进一步分析不同的物中的语言。这些类型包括：①专门用于记录语言的物，如书籍、竹简；②具有实用功能的物，如锄头、飞机；③没有实用功能的物，如艺术品、礼器、纪念碑。现代人所造的物可以是这几种情况的组合。

物中虽然汇聚了大量的语言，但只有少量的语言能被人阅读。人若要去了解物所蕴含的所有语言，需要没完没了地操心，人无法完成这些操心。

例如，制造各种物所需的知识主要在专业人士之间相互传承。普通人看到飞机一般只会问飞机为什么会飞，至于飞机由哪些系统组成、每个系统的功能、如何重新组织各系统以提高飞机的性能，则不在他的操心范围之内。

各种物中所体现出的交往关系主要由物的发明者来考虑。这些物是发明者通过对各种交往关系进行分析，为了促进交往而发明的交往媒介。当这些物进入各种交往环节中，人们就会使用它们并习以为常，以为它们就像树上长出的苹果一样。但发明家如果不能对各种交往关系进行深入的思考、分析原有的物在交往关系中所产生的作用，其就很难再次进行物的创新，也无法知道新物为何产生、旧物为何消失。

物的这两种知识人们通常不关心。人们能够阅读到物的语言包括：记录在物上的文字、图案；物的几何形状、色彩等；物的使用知识。物被创造后会被人进一步语言化，这些新增的语言有些能够被人所了解，就像人们看到电视里的广告一样。

人们一般所认为的不具有实用功能的物，它们也是语言的承载体，将语言在时间中传递。巫鸿曾讨论了中国古代礼器、宗庙、宫殿、都城、纪念碑等所体现出的"纪念碑性"[①]。所谓"纪念"就是让人记住一些语言。具有纪念性的物都是把希望让人记住的重要语言汇聚于物，并通过物的简单形象，去唤醒人们对这些语言的记忆。这种物既可以是庞大的，如金字塔、自由女神像，甚至都城；也可以是细小的，如玉饰品、青铜器。它既可以有其他实用功能，也可以没有实用功能。它反映的是不同时期的重要语言。纪念碑性的实质是语言的物质化现象，造物者将重要的语言固化于物。

巫鸿在文中提到一个现象——美国内战后很多人要求将葛底斯堡战场定为"纪念碑"。这里作为"纪念碑"的战场，并非是语言物质化的体现，而是物质语言化的产物。这些物在它们各自的时间中，通过不断地和外界交往获得了重要的语言。这是另一种形式的纪念碑，但实质都是具有丰富语言的物。

每种物中都有大量的语言汇聚，只不过人们和它们天长日久地交往，会因为过于熟悉而忽视，甚至遗忘它们。艺术家为了唤醒人们对物中的语言的记忆，甚至会考虑直接利用现成的物构造艺术品。《现成的自行车轮》是杜尚1913年完成的装置艺术作品。在这件作品中，艺术家没有增加额外的语言，仅仅将一个自行车轮插在了圆木凳上就产生了耐人寻味的效果（图11.1）。

很多现成物本身就具有美感，这是实用美学在起作用。它们美观大方，如自行车轮或人们生活中的很多物品，它们的样子也是设计师在美学原则的指引下完成的。即使在设计这些物品时，设计师没有特意考虑美学规则，仅仅是根据物体的应用功能去设计的，我们也可以从中发现美。众所周知，自然界并不是谁按照什么美学规则去设计的，但它也很美。只

[①] 巫鸿. 中国古代艺术与建筑中的"纪念碑性". 李清泉，郑岩，等译. 上海：上海人民出版社，2009：18-323.

图 11.1 《现成的自行车轮》绘制图 [①]

不过这些日常用品太普通了，人们每天和它们交往，所以对于它们的美常常是迟钝的。由于太熟悉而产生的迟钝感，让人对物没有特别的感觉。几乎没有人会对着自行车轮说："真美呀！"

艺术家为了帮助人们恢复对生活中各种事物的感觉，需要找到新的角度让人们重新观察事物，也就是找到人与物之间新的交往方式。自行车轮如果被放置在地上，人们还会以老眼光看待它，因为自行车轮本来就应该在地上，这没有任何特别之处。但在杜尚的作品中，它立于一张圆木凳之上，指向天空，改变了它在日常用品中应该所处的位置，人们就要重新打量这个车轮，好像从来没见过它，或者就像观看一幅静物写生画一样。人们会注意到这个圆、这些辐条、辐条之间的间隔及辐条之间的交叉，甚至会注意到光在不同角度出现时形成的阴影。作品所展示的仅仅是物品本身已经汇聚的语言。自行车轮仅仅是上下位置发生了改变，这个改变使人们以警醒的态度重新审视它，重新阅读物中的语言。

---

① 该图由饶盛瑜根据《现成的自行车轮》摄影作品绘制。

11.2.6　造物以简

现代制造技术的发展使得人造物比以前更容易，但造物术是各种知识的体现，并不完全是指制造技术。所造的物只有能够进入物的流通环节才是有效的物。进入流通环节后，能经受起众多人选择的物才是成功的物品。

人们的选择趋于简单，流通性好的物品应该是简单的物品。这种观点虽然可以被看作是奥卡姆剃刀原理的体现，但其实质却是基于人的省心天性的。奥卡姆剃刀原理反映的并非某种真理，仅仅是需要重视的方法。人虽然有省心的天性，但也有操心的天性。因此，"造物以简"反映的也并非真理，只是比较突出的现象。

此处的简和用于表达"语言的物质化"的简含义不同。后者反映的是任何物都是多种语言的聚合体，这是普遍的现象，而前者涉及人们所造物品的功能、形式和所形成的概念。

人类所创造的各种物，简单如纸杯、曲别针、拉链，复杂如飞机、计算机、各种精密仪器，各有其用，都有它出现的理由。人们并不拒绝复杂的物品，但在制造多功能的物品时需要非常小心。多功能的物品往往给人以它的每种功能都不会质量最佳的印象，还经常会造成功能的多余。多功能的物品最大的问题在于如果它不能形成简单的概念，人们就不知道如何称呼它。例如，洗发水和沐浴露在市场都成了固定的物品种类。如果有人生产出同时具有洗发和洗澡功能的液体，那如何称呼它就是一个问题。它的名称如果既让人想起洗发又让人想起洗澡，人们就会迷惑。在人们的观念中，这两种情况应该使用不同的东西，这种新商品需要和已有的观念对抗。老子说，"少则得，多则惑"①，说的就是这种感觉。

有些多功能物品则做得比较好，如瑞士军刀。人们都知道它是有多种功能的折叠小刀。虽然人们只会经常使用它众多功能的少数几种，其他功

———————
① 出自《道德经·第二十二章》。

能常常被人们忽视，但由于它给人的概念并不复杂，就是"瑞士军刀"，所以它的销路不错。再如，智能手机，它也由多种功能组成，但它所形成的概念也是清晰的，就叫"智能手机"，人人都知道它是什么东西而不会产生迷惑，同时它满足了人们便捷交往的需求，所以它现在是风靡世界的物品。

物品虽然是众多语言汇聚的地方，但人们的视觉最关注的是形状、颜色和材料本身的质感。因为它们简单，容易辨认。设计物品的时候，除了要把产品的使用功能设计好，还应该把这些能够给人深刻印象的简单语言设计好，其才有可能成为大众喜爱的产品。《易传·系辞传》中所谈到的"易则易知，简则易从；易知则有亲，易从则有功；有亲则可久，有功则可大"说的是类似道理。

11.3　物语的物语化——以端午节为例

物语随时间变化的过程经常是物和语言同时发生变化。例如，人类社会开始没有飞机这种物，后来人类发明了飞机。这个发明的过程主要是语言的物质化现象。但飞机发明后，人们又根据技术的发展改进了它的功能。每次飞机的改进、每一代飞机的发展，不仅是语言的汇聚，也是新的物汇聚于新的飞机。

物语的物语化是普遍的现象，针对每种物语，它的变化历史都可以被专门讨论。物语产生各种变化的原因是物语自身在交往中获得了新的物语或失去了旧的物语。本书仅以众所周知的端午节为例，对它的物语化过程进行描述。

11.3.1　端午节：时间中的物语

端午节是中国的传统节日之一，时间为农历五月初五。中国历史上曾经有过很多节日，但有些逐渐消失了，现在还依然被人们熟知的有除夕、元宵节、端午节、中秋节等。后来又出现了国庆节、劳动节等一些新的节日。

以一年365天作为生活的周期太过于漫长，人们把它分成了更小的单位。现在公历一年为12个月，7天为一周。通过这些更小的时间周期，人们容易分清楚每天的不同。否则人们很难记清某天是一年中的第234天还是第235天。在不同的文化中，这种日期的划分方式有他们各自的理由，且存在着差异，但把一年划分为更小的单位却是必然的结果。数量一多，人就需要通过分类的方式进行记忆，这对于时间也是一样。中国古代采用的是干支计时方法，用"甲、乙、丙、丁、戊、己、庚、辛、壬、癸"十天干和"子、丑、寅、卯、辰、巳、午、未、申、酉、戌、亥"十二地支的组合表示时间，包括年、月、日、时。干支的含义取于树木的干和枝，它形象地表达出了分类、分层的含义。这种描述分类、分层结构的语言相比于数字更复杂，现在已较少使用。

无论以何种方式划分时间，一般都是把大的周期变成小的周期，人们通过不同的时间周期掌握时间。除了年、月、日，人们还设计出了节日。节日之于时间正如标志性建筑之于空间。虽然每条街道都有名称、每栋建筑都有地址，但人们还是会依靠那些标志性的建筑来确定所在的位置。与此类似，虽然每天都有日期，但人们还是会依靠那些人人都知道的重要节日来安排时间。通过对空间和时间上的几个少数节点的把握，人们可以把握住较大范围的空间和时间，这体现的是不同的心理尺度。这是人以他容易上手的方式来把握空间和时间。

节日和标志性建筑之间的关系还可以进一步类比。例如，成为地标并非建造建筑的理由。如果恰好考虑过这方面的因素，那这也是理由之一。同样，成为时间的标志也不是节日形成的理由，尽管在这之中也会有人为设计的成分。例如，劳动节在中国本来并非特别引人注目的节日，但最近由于在劳动节设置了小长假使得这个节日的特殊性凸显出来。在劳动节设置小长假也考虑到它和国庆节、春节的小长假正好将一年较为均匀地分配。这是劳动节在中国的发展过程中经历的一次再设计，这种设计还在不断完善 ①。形成一个节日和建造一栋建筑一样，都不会是因为完全相同的原因，甚至有可能是完全不同的原因。人们很多时候并不去考虑节日或建筑形成的原因是什么，只是根据自己的需要来使用这些节日和建筑。对于节日和公共建筑的类比关系，我们还可以知道它们都是众多物语汇聚的场所。

11.3.2　端午和夏至的竞争及端午节的大致发展脉络

大约在夏、商、周和两汉时期，端午的风俗就已经逐渐形成 ②。某些特别的日期有时会形成特殊的风俗习惯，这种日期并不一定就是传统的节日。时至今日，这样的日期和风俗还多有保留，例如，头伏吃饺子，二伏吃面，三伏吃烙饼摊鸡蛋，立冬吃饺子，二月二要剃头等。节日和这些日子的差别仅仅在于节日所汇集的风俗习惯更多，公众的认可度更高。节日就是由这样一些特殊的日子通过人们的选择，逐渐丰富和发展起来的。

最初的端午指的是干支纪日法中五月的第一个午日，到汉代逐渐固定在五月初五。与端午时间较近的是夏至，夏至是中国二十四节气中最早被确定的一个节气。中国古代的历法是根据月亮的运行周期确定出一个月的时间的，同时结合太阳的运行周期，确定出一年 12 个月或 13 个月的时间，而二十四节气是根据太阳的运行周期，把一年划分为 24 段时间。夏至的时间大约在公历的 6 月 21 日或 22 日，比端午的日期平均晚 10 天左右。夏至曾经是一个古老的节日，但人们现在一般不把它看作节日。节日的形成有不同的理由，夏至成为节日的理由很简单，仅仅因为它是一年中光照时间最长的日子。我国是古老的农业国家，人们对太阳的运行规律非常关

---

① 最近几年，五一的假期由七天改为三天，这依然体现了人们对节日的再设计。人们还需要反复考量以何种方式设置节日最合适。

② 本书有关端午节的史料主要转引自宋颖. 端午节研究：传统、国家与文化表述. 中央民族大学博士学位论文，2007。

注，将这一天设置为节日有充分的理由，但夏至在后来的发展过程中不仅没有成为影响较大的节日，它的一些风俗习惯反而被迁移到了端午节。

传统节日的形成原因各不相同，但一个节日的内容能够逐渐变得丰富，并且这个节日得到普遍的认同，一定是因为它所处的时间和其他的重要节日相隔不太近，以至于能够成为时间中的节点。中国的三大传统节日除夕、端午、中秋都相隔大约4个月左右，略长或略短，把一年分成三段。端午和夏至的时间间隔很近，它们后来的发展情况也相差很大，端午是在和夏至的竞争中逐渐成为重要的节日的，而夏至节则逐渐萎缩了。

夏至节在与端午节的竞争中没能成为一个主要节日的原因，可以归结为夏至是根据太阳的运行周期确定的节日，它的日期在过去人们使用的历法中不固定，这样它就很难成为标志式的日期。可以想象，如果村头有颗大柳树是村庄的地标，而这颗大柳树今天向东挪了100米，明天向南移了100米，那么村民与这颗大柳树的交往就会产生混乱。虽然按照现在的历法来看，大柳树基本没动而是村庄动了，可是居住在村庄里的人并不关心这一点。夏至的日期在当时的历法中时间不固定，也为围绕这个节日增添新的故事产生了困难。端午节在后来的发展过程中被人们加入了一些历史人物的故事，这些人和事与端午节有个基本的联系，就是"五月初五"这个日期。

端午节是因为春夏之交容易滋生灾害和疾病，夏天的蚊虫开始滋长，人们为了消灾避祸而形成的节日。魏晋南北朝时，原本属于夏至节的一些习俗，如吃粽子，已经转移到端午节了。此外，竞渡这种风俗习惯也开始出现。屈原、伍子胥、曹娥和勾践的传说也和端午节发生了关系。这些不同风俗之间的联系也开始形成，例如，粽子、竞渡和屈原这三者已经在一个故事里被讲述，成为有机的整体。此后，端午的故事就丰满起来。

隋朝以后，端午节又得到进一步的发展。清朝时，它已经和除夕、中秋节一起，成为一年中最重要的三个节日。随着时代的发展，端午节中的一些内容有了不同的发展，也有一些内容逐渐消失，这些都是物语在与外界交往的过程中常见的现象。

中国传统节日今后要进一步发展还存在一些困难，因为从中华民国开始，中国所采用的纪年法和公元纪年法就已基本相同，差别仅在于年份。中华人民共和国成立后，则完全采用公元纪年法。这与传统节日中采用的农历差别很大。目前经常使用农历的人相比以前已经少了很多。如果有一天人们不再使用农历，那么以农历为基础的传统节日及其风俗习惯可能也将逐渐消失，或者迁移到另一个节日上。

11.3.3 端午节食物的变迁：粽子、鸡蛋

食物在生活中既重要又常见，它是体现传统节日风俗习惯的主要物品之一。粽子是最能代表端午节的食品，端午节时家家吃粽子并相互赠送。

粽子经历了漫长的发展，它的内容和制造方法也随着时代而发生了变化。粽子也称角黍，最早在春秋战国时期已经出现。粽子在当时有两种类型，一种是采用菰叶（茭白叶）或楝树叶包裹黏米成牛角状，用线缚紧，投入水中煮熟，人们取出剥食，这是角黍。另一种是在新砍的竹筒中装入米和水，密封后在火上烤熟，这是筒粽。粽子不是为节日而特别设计的食品，它是当时人们制作主食的方法之一，今天也有一些地区平时也吃粽子。只不过在风俗的演变中，夏至节逐渐有了吃粽子的习惯，从而把食物和节日的关系固定了。晋代时，吃粽子的风俗由夏至节转移到端午节。南北朝时，粽子的米中掺杂禽肉兽肉、板栗、红枣、赤豆等。到了唐代，包粽子用的米白莹如玉，且出现了锥形、菱形的粽子。宋朝时出现了蜜饯粽。元明时期，粽子的包裹料已从菰叶变为箬叶，后来又出现了芦苇叶包的粽子。

中国的南方多用箬叶包粽，粽子接近三角锥形。馅料除糯米外，还加入了肉、枣、栗子、赤豆等，有甜咸和荤素不同口味。近年来还出现了蛋黄肉粽，在粽子中加入煮熟的咸鸭蛋黄，这是根据不同时代人们的口味加以调配的。人们在制作粽子的糯米中也常常加入水泡过的红豆或者绿豆。

北方一般用芦苇叶裹粽，馅料则有糯米、黏黄米等，还可以加入红枣等。北方粽子咸味较少，一般只有甜素馅，多用红豆沙或小枣做馅。粽子用细绳或草丝捆扎（北方传统上用马兰草），然后用水煮熟，可以热食也可以冷食，具有叶子的清香味。

各地还有不同的端午节食物，鸡蛋也是常见的一种。人们通常用红线结成小网兜装鸡蛋，小孩则把它挂在胸前。蛋壳有时会用染料染红。中国的民间经常以鸡蛋作为礼物，相互赠送。有时送鸡蛋没有特别的含义，仅仅是众多可以选择的礼物中的一种；有时送鸡蛋是根据风俗习惯，例如，很多地方都会给生了小孩的人家送染红的鸡蛋作为庆贺的礼物。其中的含义很明显，鸡蛋意味着新生命，而红色是为了驱邪。这样，礼物中就包含了祝福孩童健康成长的含义。端午节本来就是一个因为驱邪而形成的节日，人们把鸡蛋装在红色的网兜或表面染红，意味着用红色来驱邪，从而保护鸡蛋，引申为保护小孩。

端午节的食品在不同时期和不同地域还有其他的内容。例如，唐朝在端午节时，要吃新鲜蔬菜。长江流域的人们在端午节有食"五黄"的习俗。"五黄"指雄黄酒、黄鱼、黄瓜、腌蛋黄、黄鳝，即五种名称中含有"黄"字的食物。这个类别的形成是以"黄"字作为似反性理由的。河南、浙江等地农村在端午节要吃大蒜。吉林延边朝鲜族过端午节要吃打糕。福建晋江地区，端午节家家户户还要吃"煎堆"，这是一种用面粉、米粉或番薯粉和其他配料调成浓糊状而煎成的食物。人们根据所在地区的不同便利条件引入了不同的食物。

11.3.4 祛病除恶之物的变迁

端午节的起源是祛病除恶，人们采用药物的方法和心理的方法来达到此目的。有时同一种措施里面包含了这两种方法。

前文提到的编织红色网兜或把鸡蛋表面染红是一种心理的方法。它利用红颜色去对抗邪恶，这源于更为古老年代的习俗。早期的端午节还有利用五色丝、桃印等物在心理上战胜邪恶的习俗。此外，中国还有利用药物战胜疾病和邪恶的传统。中国传统医学历史漫长，人们通过长期的实践筛选出了大量可以入药的材料。端午节所用的药材包括雄黄酒、艾草、菖蒲、大蒜等。

雄黄酒是用粉末状的雄黄泡制而成的白酒或黄酒。雄黄是四硫化四砷的俗称。在民间传说"白蛇传"里，白蛇精在端午节喝下许仙给的雄黄酒就现出了原形。雄黄酒也可以被洒在房前屋后，或在小孩子的身上涂抹，以达到怯毒虫、避邪恶的目的。雄黄有一定的毒性，现在已很少人喝雄黄酒。

很多地区端午节时还有在门前插艾草和菖蒲的习俗。艾草有特殊的香味，具有驱蚊虫的功效。菖蒲的花和茎香味都很浓郁，有一定毒性，也可以驱蚊虫。端午节时，人们去野外采艾草、菖蒲，挂于门前或用火烧，以驱赶蚊虫和辟邪。古时端午节在一些地方也被称为浴兰节，因为这段时间是皮肤病的多发季节，古人在端午节时采集兰草放入洗澡水中进行沐浴，可预防皮肤病。

人们还把艾草编成人形或剪成老虎的形状，还有人把菖蒲编成剑的形状。这里同时包含了用药物和心理两种方法去战胜疾病与邪恶。许多地区的小孩在端午节时还要佩戴香囊。香囊既可以避邪驱瘟，还能起到装饰的作用。香囊的形状各式各样，有玉兔拜月、葫芦剑、如意袋等，最常见的是粽袋。香囊内填充苍术、山奈、白芷、菖蒲、藿香等药材。这些做法在利用药物驱虫除病的同时，也发展了民间的工艺美术。

11.3.5　人物故事：屈原、伍子胥、曹娥、勾践

端午节在逐渐发展的过程中，融入了一些历史人物的故事，包括屈原、伍子胥、勾践和曹娥。这些故事宣传的是传统文化中所推崇的道德观念，如忠君、爱国和孝顺观念等。

屈原是中国古代最伟大的诗人之一，他在战国时期担任楚国左徒的官

职，当时的楚国面临着秦国的侵略。屈原对内主张任用贤明和有能力的人，对外主张联合齐国抵抗秦国。但楚王听信谗言，把他流放至沅湘流域。后来秦军攻破楚国都城，屈原目睹国破民辱的状况后痛不欲生，于五月初五投汨罗江自尽。

伍子胥是春秋时期吴国的将军，当时吴、越两国交战，越国兵败，要求和解。伍子胥洞悉了越国的真正意图在于希望获得喘息机会，因此表示反对。越国贿赂吴国官员陷害伍子胥，并把伍子胥的尸体于五月初五投入江中。另一个传说人物就是这个故事中的越王勾践，他兵败之后，卧薪尝胆，于五月初五操练水军，最终复国。因此古时越国人的端午节纪念的是勾践。

曹娥是著名的孝女，据传是东汉时浙江上虞人。她的父亲去江里打鱼被水所淹，尸体也未被找到。曹娥昼夜沿江号哭。过了 17 天，她于五月初五投江寻找父亲。

目前，端午节的传说以屈原的故事为主，并将端午节中的各种人和物联系在一起，形成了端午节完整的故事。传说屈原死后，楚国百姓哀痛异常，纷纷涌到汨罗江边去凭吊屈原。渔夫们划起船只，在江上来回打捞他的尸体。渔夫拿出为屈原准备的饭团、鸡蛋等食物丢进江里，说是让鱼龙虾蟹吃饱了，就不会去咬屈原的身体。人们见后纷纷仿效。一位老医师则拿来一坛雄黄酒倒进江里，说是要用药使蛟龙水兽晕厥，以免伤害屈原。后来为怕饭团为蛟龙所食，人们想出用楝树叶包裹饭团，外缠彩丝，由此发展成粽子。于是这以后每年的五月初五，就有了龙舟竞渡、吃粽子、喝雄黄酒的风俗，以此来纪念爱国诗人屈原。

这些传说与端午节的联系体现在"五月五日"和"水"。这种日期未必可信，但这不重要。这里的目的是找到一种方法把它们联系起来。以历法中某个固定的日期作为联系具有简单性，不同时期、不同地区的人们根据自己的愿望，把能代表他们观念的故事添加在这一天。如果把这个日期归结到夏至这天也可以，但这不符合人们的习惯。此外，这些故事都和水有关，这与端午节的另一个习俗竞渡有关。水和日期都是人们每天都要打交道的，也具有简单性。

11.3.6　龙舟竞渡的习俗

节日更多的时候是娱乐休闲的时间。人们设置节日并不完全是为了辨识时间，还可以为时间增加节奏感。平时忙、节日闲就是这种节奏感的体现。传统节日常常伴随着一些体育活动。这种活动也许是古老仪式的一部分，但逐渐演变成了娱乐休闲的方式。物语在时间中总是这样，相互影响、相互吸收、自我演变。有些物语逐渐成长，有些逐渐消失。

龙舟竞渡是东汉或更早之前就有的习俗。它是在劳动过程中的水上捕捞、渡水、水上抢救、水上争斗等活动中发展起来的一种运动及娱乐方式。魏晋南北朝时已经有了端午节竞渡的习俗。到了梁代和唐代，龙舟竞渡则被表述为纪念屈原的活动。浙江地区以龙舟竞渡来纪念曹娥，江苏地区以此纪念伍子胥。

除了和端午节相关，龙舟竞渡还有其他传说。例如在沅陵，龙舟竞渡是为了纪念盘瓠。盘瓠是古代神话中的人物，相传他是五溪各族共同的始祖。盘瓠曾落户沅陵半溪石穴，生六儿六女，儿女相互婚配，繁衍成苗、瑶、侗、土、畲、黎六个民族。盘瓠死后，六族人宴巫请神为其招魂。因沅陵山多水密，巫师不知他魂落何处，就让各族打造一只龙舟，逐溪逐河寻找呼喊，遂逐渐演变成后来的划船招魂的祭祀活动。

竞渡的工具被称为龙舟，这是因为船的形状类似于龙。龙（loong）是中华文化的主要图腾，汉族等大多数华人自称为龙的传人。图腾现象虽然是一种原始的现象，但它反映的现象和现在的企业普遍采用的徽标（logo）并无区别。它通过形象化的手段，将许多语言汇聚于某种图案，成为某个群体简单易记的象征符号。龙是想象中的动物，具有兔眼、鹿角、牛嘴、驼头、蜃腹、虎掌、鹰爪、鱼鳞、蛇身，它来源于多种类比对象。龙的形象在中国的很多传统节日中都有体现。

中国各地龙舟竞渡的风俗存在一定差异，这是不同地区的人具有不同的创造力的体现。在湖南省汨罗江附近，人们要在竞渡前抬着龙舟的头进入屈原庙祭祀屈原，比赛前要给龙头"洗澡"，据说这样可以保证赢得比赛。广东顺德的龙舟分为游龙和赛龙两种，游龙体积大，装饰美观，被称为龙船；赛龙体积小，被称为龙艇。陕西安康地区的龙舟比赛，以前常常以结冤家、找对头、结对子的方式进行。

江西九江的龙舟竞渡风俗也有其特色。九江龙舟竞渡不在端午节举行，而在国庆节举行。明清时，九江盛行在端午划龙舟。民国时期，划龙舟活动改在农事不太繁忙的八九月间举行。抗日战争结束后，改为在中华民国的国庆日双十节举行。中华人民共和国成立后，又改为在国庆节举行。这种风俗的变迁和端午节在发展过程中的变迁类似。人们曾经创造出的那些语言曾经汇聚于端午节，新的节日（国庆节）在逐渐发展时，旧的语言和物与新的语言、新的物又汇聚于新的节日。

端午节作为物语经历了漫长的时间，在它的发展过程中不断有物语发生变化。它在不同的地区也呈现出不同的特点。它和夏至相比能够凸显出来，这在于它依附于人们日常使用的时间轴。如果它所依附的时间轴逐渐消失，那么未来端午节也有可能消失。它的发展和变化在于人们在和这个节日交往的过程中，总是将不同时代的人们感兴趣的物语汇入其中，使得它有长久的生命力。如果在未来人们不能继续丰富它的内容，它也将逐渐消失。物语的物语化过程都是类似的。

11.4 物语的模型

本书第 2 部分开始时对交往过程诸环节进行了描述，实际上是提出了一种物语的交往论模型（图 11.2）。这个模型可以被看作物语之间发生交往时的微观状况，根据这个模型，我们可以对某个物语发生交往时的情况进行分析。

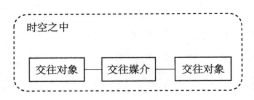

图 11.2　物语的交往论模型

根据物语的变化情况，我们还可以提出一种物语的变化论模型，这个模型可以借用中国古代文化中关于阴阳之间关系的太极图描述，它可以被看作是物语的一种宏观模型。它和太极图所体现的基本关系在结构上是吻合的。

11.4.1　太极图

阴阳学说是中国古代的一种哲学观念，大致出现于 3000 多年前周朝的《易经》中。阴的本义指山地没有阳光的北坡，阳指山地向阳的南坡。后来，阴和阳与很多成对的概念产生了联系，成了抽象的哲学概念。例如，静止、内守、下降、寒冷、晦暗的事物属于阴，运动、外向、上升、温热、明亮的事物属于阳。另外，人们还把对人体有凝聚、滋润、抑制等作用的物质和功能归于阴，对人体有推进、温煦、兴奋等作用的物质和功能归于阳。

阴阳学说体现的是一种分类的思想，这和不同文化中的分类情况类似。《易经》将这种二分法的分类思想进一步推进，把世界分成八种和六十四种类型，称为八卦和六十四卦，并解释了这些不同卦之间相互变化的规律。阴和阳之间既对立又相互转化的关系是似反性的体现。阴阳学说提供的阴和阳思维模型与多种由二分法形成的概念构成了关系。这种关系促进了不同概念之间的联系，但此外，这种联系的固定也会阻碍新的交往关系的发展。

北宋时期出现的太极图更加形象地描绘了阴和阳的关系。相传该图由道士陈抟传出。陈抟将它传给学生种放，种放传给穆修，穆修传给周敦颐。现在人们所看到的太极图是由周敦颐传下来的。周敦颐为太极图写下了《太极图说》：

　　无极而太极。太极动而生阳，动极而静，静而生阴，静极复动。一动一静，互为其根。分阴分阳，两仪立焉。阳变阴合，而生水火木金土。五气顺布，四时行焉。五行，一阴阳也；阴阳，一太极也；太极本无极也。五行之生也，各一其性。无极之真，二五之精，妙合而凝。乾道成男，坤道成女。二气交感，化生万物。万物生生，而变化无穷焉。惟人也得其秀而最灵。形既生矣，神发知矣。五性感动，而善恶分，万事出矣。圣人定之以中正仁义，而主静，立人极焉。故圣人"与天地合其德，日月合其明，四时合其序，鬼神合其吉凶"，君子修之吉，小人悖之凶。故曰："立天之道，曰阴与阳。立地之道，曰柔与刚。立人之道，曰仁与义。"又曰："原始反终，故知死生之说。"大哉《易》也，斯其至矣！

11.4.2　物语变化论模型

　　太极图（图 11.3）准确地说明了阴阳学说的主要观点：阴中包含着阳，阳中包含着阴，阴阳可以相互转换。如果以这个图案作为物语的变化论模型图，其基本含义为：物质和语言是一个整体，物质中包含语言，语言中包含物质，物质和语言可以相互转换。下文我们将根据《太极图说》进一步阐述阴阳和物语之间的关系，它们有较好的类比性。

图 11.3　太极图或物语变化论模型

"无极而太极。"我们可以将物语没有产生之前的状态称为无极,将物语称为太极。人类最初的发声和原始物经过隐喻性交往后产生了物语,交往前的状态是无极,交往后产生的物语是太极。

"太极动而生阳,动极而静,静而生阴,静极复动。"物语之间经过交往,人们通过对物语进一步表述(动),可以产生新的语言(阳)。语言积累到一定程度,又找到了物的载体,汇聚(静)于物(阴)。"一动一静,互为其根。"这里的动和静都是交往的体现。太极图实际包含了物语变化的五种情况。物语的不断发展过程就是从无极到太极、从一个小的太极经过这些过程变成一个大的太极的过程。

"分阴分阳,两仪立焉。"物质和语言分开,就形成了事物的两种状态。"阳变阴合,而生水火木金土。"语言不断产生,又不断地汇聚于物,于是产生了水、火、木、金、土五种元素。水、火、木、金、土是中国古人所认为的世界的基本元素,由它们又形成了更多的事物。虽然人们现在不再这么认为,事物的分类也不会仅是简单的二分法,但正是通过物语之间的不断交往,不断产生新的意义,这些意义又汇聚于物,才产生了丰富的世界和世界中的各种分类。

阴和阳是对一个整体分类后产生的两个相反的观念。物质和语言在过去的观念中很少有相似或相反的含义,其通常被认为是两种不同的事实。但在本书中,物质和语言都同处于物语这个类别之下,这体现出了它们的似反性。

在神话故事里,神仙念一段咒语就能变出一个物。《圣经·约翰福音》中说"道成肉身"(the word became flesh)。巫师掏出一个水晶球,就能从里面看到大千世界和过去、未来。如果忽略神话、宗教或巫术中荒诞的地方,这些故事至少说明古人其实已经认识到了物质和语言之间的相互影响,只不过限于当时的认识,还找不到恰当的表达方式。物质和语言之间的相互影响大多时候不是直接的影响,它们的发展只是丰富了新物质、新语言发展所需要的外部物质和语言环境。如果要促进物语的发展,可以通过交往促进它的语言化和物质化过程去实现。

11.4.3　物语和交往的关系

图 11.3 还可以形象地表示物语和交往二者之间的关系。前文提到过，物语是交往的物语，交往是物语的交往，这表明了物语和交往的密不可分。这二者的关系还可以进一步表示为：物语的增多孕育了新的交往关系；交往的增多意味着需要创造新的物语去承载这些交往关系。例如，互联网是科学技术发展的产物，是过去交往关系的体现，互联网出现后又发展出了各种新的交往关系，这些新的交往关系又孕育了新的物语。

通过对物语和交往之间关系的理解，人们还可以进一步理解中国道家文化中"有"和"无"的关系。老子在《道德经》中提出，"天下万物生于有，有生于无"。这种观念在中国传统文化中深入人心，但这句话表达的观念并不清晰。其主要问题在于"无"是什么。如果"无"什么都不是，那这个什么都没有的东西却生出"有"，这无疑令人难以理解，是一种神秘主义。前文对交往和虚无的讨论已经表明了交往就是一种"无"，只有以交往来理解"无"，才能理解"无"如何生出"有"。通过交往，世界上产生了各种物语，这正是"无中生有"的体现。如果一个盒子里面什么都没有，这也是一种"无"，但这种"无"并不会生出"有"。

根据 1993 年郭店战国楚墓发掘出土的《道德经》，老子的这句话应为"天下之物生于有，生于无"①。如果把"有"理解为在新物语之前已有的物语或原始的物、原始的语言，把"无"理解为交往，那么这句话更加清楚地显示了物语和交往的密不可分，新物语是通过旧物语的交往产生的，而不仅仅是"有生于无"。

例如，现代自然科学能够产生出各种"有"，正是因为对"无"的把握。"有"可以被认为是各种各样的物，这里的"无"则是人们现在所设

---

① 张祥龙. 有无之辨和对老子道的偏斜——从郭店楚简《老子》甲本"天下之物生于有／无"章谈起. 中国哲学史，2010，（3）：63-70.

定的物与物之间的交往关系——力，或物与时空的交往关系——运动。虽然人可以认为自己能够感受到力，或者通过仪器也可以检测到力，但力无疑是最虚无的东西之一。人们能够感觉到的力、仪器能够检测到的力，其实只是其他的东西，比如，疼痛感、物体的变形。如果假设原子是物质的基本单位或者其他是物质的基本单位，但是力并不是这些物质最基本的单位，那它又能是什么？对力的追问并不能像追问一个物是什么那样，它只是物语和物语之间的某种交往关系，只不过科学家用语言将这个交往关系描述了出来，它成了一个物语。运动也是如此。

物语和交往的关系也可以类比为张载所谈到的太极与太虚的关系。张载在《正蒙》中提出了三个概念：太和、太虚、太极。太和是太虚、太极的统一体。太极则被统称为"气"，是阴阳二气的统一体[①]。太虚可类比为本书的交往，太极可类比为本书的物语，太和可类比为物语和交往的统一，物语和交往密不可分，如图 11.4 所示。本书不对物语和交往的统一体进一步命名。张载的"太虚"概念是这样的：

> 天地之道无非以至虚为实，人须于虚中求出实。圣人，虚之至，故择善自精。心之不能虚，由有物榛碍。金铁有时而腐，山岳有时而摧，凡有形之物即易坏，惟太虚无动摇，故为至实。[②]

这段论述不免让人联想到古希腊人对存在的追问。正是因为万物都会变化，而存在永恒不变，所以"存在"成了西方哲学永恒的话题。这也不免让人联想到 20 世纪实存主义者所提出的"存在即虚无"的观点。

图 11.4　本书的本体结构与张载的本体结构的比较

① 张载.正蒙 // 林乐昌编校.张子全书.西安：西北大学出版社，2015：1-58.
② 张载.张子语录 // 林乐昌编校.张子全书.西安：西北大学出版社，2015：263.

本书的本体论结构"物语-交往"与张载的本体论结构"太极－太虚"非常相似，但这并非表明交往、物语等于太虚、太极，甚至也不是约等于的关系。这仅仅表明我们根据交往、物语所具有的清晰性，可以找到一条新的途径理解古老的概念，这对于当代人可能是有意义的。

时间性之二：未知性和交往的时间结构

物语过去的交往能够表现出的是变化。物语未来的交往尚未发生，我们既不能说其将要变化，也不能说它不变。如果泛泛而谈，认为所有的物语都在变化，但其未来怎么变化尚是未知，那么因此时间的时间性又表现为未知性。未知性指的是物语未来的交往尚未发生，也指未来的物语在分类结构中的相对位置、相对意义不明确。

未知性仅表明未来的各种交往关系尚未发生，而不表明人们不能去尝试认识或筹划未来的物语。人们可以用目标、理想、信念等各种形式设计未来的物语，以此为引导来开展现在的交往。任何物语都在某些周围的物语之中和这些物语发生交往，人们虽然不知道未来物语的实际情况如何，但它也必然在某些物语之中。这些物语包括过去已知的物语，也包括未来未知的其他物语。对未来物语的讨论，归根结底只能通过对已知物语的讨论来开展。目标、理性、信念，甚至还有空想，都是过去交往关系的体现。人们通过鉴往知来，构思物语未来的情况。

人走在平坦的道路上可以继续前行，因为他知道下一步依然会踏在道路上。如果走到悬崖边人就会停止，虽然未来的交往还没有发生，但他可以知道继续前行会坠入悬崖。这一动一静都体现了人对未来的思考。这只是一个比喻。猴子走到悬崖边也会停止，这根据动物的本能就可以实现。人若是走到悬崖边往下跳就不是根据生物的本能实现的。人们对未来更多、更复杂的事情进行判断也是类似的。

人们设计的未来构成了人们去交往的对象。去交往表明了人的意愿，他可以和某些物语交往，去达到某个目标，或者通过对未来的分析，不去和某些物语交往，避免不好的结局。

去交往这种意愿，需要通过在交往去实现。在交往是正在发生的交往。在交往虽然只是发生于时间中的现在的一个点，但这个点体现了时间轴上连续发生的交往过程，体现了交往在过去、现在和未来的连接。只有通过在交往，人们才可以和未来发生真正的交往。

鉴往知来、去交往和在交往，这三者构成了交往的时间结构。

12.1 鉴往知来

人的操心对象包括多样性的世界、未知的世界、分类结构。当人们准备和它们交往时，它们都是未来的物语。例如，对于去过故宫的人来说，故宫是已知的物语；对于没去过的人来说，它是未来的物语。去过的人如果再去，故宫作为下一次的交往对象还是未来的物语，只不过下一次的交往很有可能是相似的，他的去交往可以有更多的准备。

人的操心都是对未来物语的操心。即使人们在交往，这个交往也是在时间中持续发生的，会不断为后面的交往做准备。例如人在读书，他不是一瞬间完成这一行为的，而是通过无数个小的在交往去实现的，其中也伴随着无数个小的去交往。

物语无法跳过现在和未来的间隔，直接和未来的物语交往。它通常是根据现有的交往关系，预先构造出未来的物语来作为交往对象。例如，企业根据市场需求制订产品的研制计划；家庭成员受到广告影响制订旅行计划。或者人们对于某种交往关系，认为它未来的情况会发生改变或不发生改变。不仅如此，时间也不会停止，会一直向前流逝，人们对于未来的操心会贯彻到人的所有交往行动之中。

"鉴往"在此指考察、掌握已有的交往关系或已有的知识。鉴往知来的关键不在于如何"知来"，而在于判断过去的知识是否可靠。如果过去的知识被人们认为是可靠的，它至少在临近的未来依然是可靠的，否则就需要更多的操心。"知来"时，人们依据的不仅仅是那些可靠的知识，而是多种知识的混合。不同的知识有着或多或少的不确定性，鉴往知来的"来"也因此有了大小不一的或然性，这正是未来物语未知性的体现。

12.1.1 可靠的公共知识

柏拉图曾讨论过信念和知识的问题。他说"真实的信念和知识一定是不同的"，即使"正确的信念加上解释还不能称作知识"①。如果要把信念和知识绝对地区别开来，柏拉图的信念指的是尚未发生的交往，或未来的物语，而知识则是指过去已经获得的、被认为可靠的交往关系。这二者在时间上分别属于未来和过去。因此就发生性而言，一个尚未发生，一个已经发生，无论如何都不会相同。但就正确性而言，信念和知识有交集，知识也会有错误，信念也会有很大的可靠性。人的信念有时正是体现在对可靠知识的坚持。

不同时代的人会将不同的物语当作向上类比的对象，处于分类结构上层的物语通常被认为是可靠的知识。处在分类结构上层的物语会随着时间发生改变，人们无法知道现在可靠的知识在未来会如何，但如果现在确信某种知识是可靠的，至少其在不远的将来依然可靠。这是人的心理惯性，也是人的时间性的体现。

可靠只是人们在心理上的度量，实际上所有的知识都有不确定性。第3.1 节曾谈道，物语的意义都来自或大或小的循环说明，在任何物语系统

---

① 柏拉图. 泰阿泰德篇 // 柏拉图. 柏拉图全集. 王晓朝译. 北京：人民出版社，2001：737-748.

内都找不到终极意义（物语）作为其他意义（物语）的支撑。这样，物语系统内所有的知识都没有根基，这体现出无根性。在一个物语系统里，所有的物语都通过相互交往形成了意义相互支撑的结构，但整个系统却需要来自外部的支撑，否则整个系统依然漂浮不定。这个外部支撑属于更大的物语系统，它的意义来自那个系统内的相互支撑。

这种不确定性固然会使人产生一些心理阴影，但如果承认这正是人类知识的基本特点，也不会令人担忧。生活在这些知识之中，依然是可靠的。例如，自然科学知识是一种无根的知识，物理学中的各种基本原理是通过对大量现象进行抽象而获得的，其在逻辑上并不完备。在数学中，哥德尔不完备定理也证明了数学系统中存在不能判断真假的命题。但这些并不影响人们使用现有的自然科学知识和数学知识。

假设有人能够跳出现有的物语系统来进行思考，发现这种不确定性，那么这种情况只会激励人们不断探索和创造新的物语，使世界这个容器不断变大。或者激励人们扩大他的交往范围，使其个人世界不断扩大。相反，这也说明，如果物语系统不能自我创新，那么在长时间的自我交往中，意义的不确定因素就会逐渐显露出来，使所有物语的意义都变成了没有根基的东西。一个民族、一个国家的文化也是如此。例如，中国古代文明曾经很辉煌，但后来并没有产生更多的物语创新机制，以至于中国一度沦为落后的国家。此外，战争、严重的自然灾害、经济大萧条等极端条件也会影响人们对于各种意义的信念。通过这些极端条件的参照，曾经的意义被视为无意义。

虽然各种严格的知识依然有一些不确定性，但它能够影响的范围却很少。现在人们所认可的逻辑学、数学或者自然科学中的大部分知识，今后同样是可信的。如果出现了和这些知识相违背的情况，人们就可以重新划定原有知识的适用范围。例如，相对论、量子力学出现后，牛顿力学依然适用于大多数场合。

这些被人们视为可靠的公共知识今后依然有效，对未来社会的预测也应以这些为主要参考。它们以重复地增加人们对它的信念。例如，基本的科学原理是通过重复的检验来发现它们在各种场合都适用的。

人与人之间的交往规则在临近的未来依然适用。社会的伦理规则源自人的基本需求，它在人与人之间的交往过程中不断积累形成，有非常大的惯性。这些规则在生活中也经历了无数次的重复，这种重复增加了其可信度。伦理交往规则发生变化大多时候只是因为个人的交往情境发生了变化。例如，随着时间的推移，每个人的社会角色都会发生变化，他所对应的交往规则需要根据现在的社会角色进行调整。另外，会导致伦理交往规则变化的因素还有不同文化的相互融合，或者社会处于转型期、正在发生比较大的变化。例如，当代随着互联网等新型交往媒介的发展，不同文化之间的交往在加速，人与人之间的交往规则也在发生变化，但这种交往规则的变化不是一朝一夕就能完成的。

某种知识在未来是否可靠还取决于这种知识以后是否有必要存在。知识体现的是物语之间的交往关系，如果某个物语正在逐渐消失，那么，和它相关的知识即使可靠也会逐渐消失。例如，某种工具的操作技能、某种产品的制造技术，如果这些工具、产品逐渐被淘汰，这些技能、生产方法也就会逐渐消失，即使它们依旧可靠，但很少有人再关心这些知识。相反，新语物的出现会导致新的交往关系的出现，人们需要掌握和它们交往的技能，这些是新增加的可靠知识。

12.1.2　社会组织的知识

社会组织的目标通常在建立组织的时候就已经确定，它是根据社会的需求，为了提供某些产品或服务而创建的。创造一个社会组织和创造一种物品是类似的，但物品被创造后只能被其他物语交往，而社会组织可以去交往。

社会组织根据目标制定自身内部的交往规则和外部的交往方法。组织建立目标所需要的知识、确定它的内外交往方法所依据的知识都来源于组织周围的世界。这个目标成为组织未来的交往对象。组织在运行过程中可以进一步掌握自身的运行规律，获得新知识。这些新知识可以被用于组织目标的再调整和交往规则的再设计。对于组织来说，它的目标始终是明确的，这是牵引组织向未来前行的动力。

不同组织的目标虽然不同，组织在运行过程中目标也会发生调整，但它基本的目标是使组织生存下去、在竞争中保持优势。为了这个目标，组织不仅要着眼于当前的交往行为和各种利益诉求，还要关注外部世界的发展、筹划组织的未来，使得组织能与周围世界始终保持良好的交往关系。

组织未来的目标既存在于过去的物语之中，也存在于未来其他的物语之中，因此组织为了筹划未来的目标，不仅应该考虑自身未来的状况，也应该考虑周围各种物语的未来，这样，其自身的未来就能处于更丰富的物语之中。在小说《三国演义》中，诸葛亮为刘备政权规划未来时，综合考虑了曹操和孙权政权的情况。对于曹操和孙权政权的考察虽然只是基于当时的情况，但那种情况将在未来延续，所以也包含了对曹操和孙权政权未来的判断。诸葛亮因此为刘备规划出未来三分天下的政治格局。现代企业也会听取专家对于未来社会技术、经济、文化、政治等的各种预测，为企业规划远景目标。

12.1.3　历史事件

对历史事件的阐述也构成了知识。以史为鉴是中国的政治传统，这种常见的方法也可以被各种组织或个人所采用。

不同的人对历史事件的不同视角会导致描述产生偏差，因此历史事件在传播时难免会变形，或者在流传过程中，人们为了使这些事情符合某种规律，不自觉地对它增加或删减，甚至也会因为其他目的而故意篡改历史。

历史事件即使被人们完全真实地记录，它在未来也不太可能同样再发生一次。即使能够返回过去，有些历史事件也未必会再次发生，它在过去的发生有时仅仅是众多可能性中的一种，只不过恰好发生了。历史事件无论是尽可能真实地被保留下来，还是经过变形而流传下来，都会在人们心中留下印迹，作为未来的某种参考。这是否表明历史事件的真实性无关紧要呢？或者可以人为地美化历史？或者可以用文学作品代替历史？

历史事件和文学作品都被公众关注，都可以用于构造公共的心理。二者在被人们借鉴考察未来时，都仅仅只是提供了一种或大或小的可能性。也许内容深刻的文学作品所揭示的世界比偶然发生的历史事件更具有思想性，但就公众的心理而言，其更容易相信那些已经发生过的事实。因此，对历史事件修饰处理是试图改变一种更大的可能性，改变公众的心理。如果对历史的修饰成为习惯，人们就不会再相信历史，这就造成了历史虚无主义。

人们所构造的未来，并非全部由那些可靠的公众知识所构成的。人类历史所积累的各种坚固知识并不能涉及所有人的各种生活。例如，牛顿力学定律、严格的逻辑推理方法只发生在生活中很小的领域内。人们构造未来时，依据的是各种知识，包括各种历史事实。历史虚无主义也将导致另一个恶劣的后果，即人们也不再相信未来。因此，人们对于历史事件，应尽可能还原其真实面貌，而不是根据不同的目的、不同的价值取向篡改历史。

对待历史事件的另一个问题是人们应该以什么为基础对历史进行阐述。即使现在发生的事情，不同的人以各自的视角对它进行阐述，也会产生很大的差异。一些人所关心的历史在其他人看来也许是微不足道的；某个时代的人们的兴趣，另外时代的人们并不关心。如何尽可能地减少不同人对历史事件描述的偏差、减少不同人对它理解的偏差，使得历史事件的记录文本能够成为构造未来的有效的知识呢？由于交往问题是最基本的问题、始终具有的问题，所以一种可采取的方式是把交往作为牢固的支撑点，将历史事件还原为各种交往行为。人们应通过对历史事件中的交往关系的诸环节进行分析，并从历史的交往行为中发现促进交往、阻碍交往的因素，把历史现象中琐碎的东西去除，使各种交往规律逐渐呈现出来。

12.1.4　个人知识

个人知识源于每个人的交往经验，这些交往经验来自个人的各种交往场合，包括他的童年经历、校园经历、家庭经历、工作经历、和朋友的交往、从各种媒体接收到的信息，等等。所有的交往都会在人的记忆中产生或深或浅的印象。

所有的个人经历构成了个人的知识，那些经过个人认可的知识构成了个人的信念。信念中既可以包括那些可靠的公共知识，也可以包括个人经历中看似无意义的知识，或者包括个人认可但其实被公众认为是错误的知识。个人观念中认为不可信或错误的知识，通常被人们作为排除对象进行参照。

由于人是复杂半理性的，所以他所具有的知识是奇怪的混合体，并且以各自不同的方式构成了个人知识的分类结构。不同的人对于相同的知识会产生不同的认可度，不同的交往经历在人的内心会占据不同的位置、体现出不同的重要程度。

一般来说，那些对于个人而言简单易记的物语、重要的物语、重复性的经历容易成为个人信念中的主要内容。

简单易记的物语交往性比较好，人们对它容易理解。经验丰富的演说家经常采用短句表达观点、采用形象的比喻描述复杂的事物，这都是为了使听众在接受这些观念的时候没有障碍。广告词也常常采用简单的句子来反映产品的特点，让产品容易被公众接受。

对物语重要性的判断是复杂的过程。不同物语的重要性是通过对它们进行相互比较而形成的。它要么借助于个人之前形成的事物的重要性观念，将新接受的物语安置于某个位置；要么通过其他人的判断，为新接受的物语安排位置。亚里士多德曾经说，"吾爱吾师柏拉图，吾更爱真理"。这种对待真理的态度是很好的，但对于普通个人来说，有时很难实行。特别是在当今时代，知识已经被极大地分化为各种细小的分支，普通人很难鉴别各种知识的真实性、重要性，他只有借助专业人士的判断才能形成自己的判断。此外，对重要性的判断需要在时间中反复推敲，但人们通常没有足够的时间对它进行充分的判断，这时也经常要借助他人的判断。

重复性的经历能够提高人们对物语意义的信任概率。经历每重复一次，物语的可信度就增加一些。"谎言重复一千遍就是真理"，这句话虽然荒谬，但普通人是否能有足够强大的信念去抵制一千遍的谎言呢？他能否在周围人都说谎时坚定自己的信念呢？况且谎言从来不会直接显露它是谎言。正如《鹿鼎记》里的韦小宝一样，十句真话中夹带着一句谎言，普通人有能力、有时间鉴别吗？谎言只是特殊的情况，生活中的大部分重复经历并不像谎言与真理这般极端地对立，它们只是某种经历多次重复后的意义一次又一次的叠加。人们因此对它产生信任的感觉，认为它们在时间中可以继续发生。

12.2 去 交 往 [①]

去交往是人们对于所设计的未来物语准备交往，它是人之为人的体现。前文将人的去交往称为操心，将人的不去交往称为省心，这是一种大致的情况。有时人们所说的不去交往也是人操心的体现。当人们筹划未来，考虑去和什么交往、不去和什么交往时，都是对未来的操心。这种"不去交往"是"准备不去交往"，而实际已经在人的头脑中发生了交往。

去交往是生活中普通的情景。处于现在的时刻，人们总是在考虑后面要做什么、去怎样做。人们总是说，去上班、去旅行、去吃饭，甚至是去

---

① 如果考虑到交往与存在的关系，去交往约等于海德格尔在《存在与时间》中所使用的术语 zu sein（去存在）。同样，后文的在交往约等于海德格尔所使用的 dasein，陈嘉映、王庆节将其翻译为此在，张祥龙翻译为缘在。海德格尔根据人总是在交往的事实，把 dasein 作为人的指代。

睡觉。不管人们为了何种目的"去"，他总是在对未来进行考虑。

语物也会去交往或有类似的行为。例如，箭从离开弓到射向靶的过程；齿轮的轮齿在转动时将要和另一个齿轮的轮齿啮合；分子在无规则的热运动中将要和下一个分子碰撞。这些物语在交往之前的状态与去交往类似。组织设计目标就是设计去交往的对象。语物即将和什么交往有简单的形式，它们要么被人规划好，要么根据自身运动在时间中延续。我们在此主要讨论人的去交往。

操心和去交往在本书中虽然是同一回事，但它们的含义并不完全相同。操心的对象是"世界的多"，它可以分为多样性的世界、未知的世界、分类结构，而去交往则意味着要去和什么交往、表明人将要去和哪些物语交往，去交往的对象包括语物、他人、自己。无论是操心还是去交往，都是"我思"的体现，人们的操心和去交往都是在和自己的过去进行交往。操心的对象是"世界的多"在"我"身上的映射，而去交往是各种物语在"我"身上的映射。

去交往的对象由鉴往知来获得。不同的去交往对象的区别有两点：①这个去交往的对象相对于现在的距离，这个交往对象也许是正在眼前的事物，也许是若干年后的目标，人的去交往的过程，就是跨越他和交往对象之间的距离的过程，不同的交往距离可以体现为未来和现在的时间的不同，对于遥远的目标，人去交往的过程很漫长，这个过程会随时发生新的交往，产生一些新的鉴往知来、新的去交往；②人们对这个交往对象的信念或大或小，可信度大的交往对象，人们在去交往时容易保持它自身的不变，可信度小的交往对象容易发生改变。

任何知识本身都有一些或大或小的不确定因素，人们的信念通常并不是由某种单纯的知识构成的，而是由多个可靠程度不同的知识推理得到的。即使这些知识的来源大多是较为可信的，但如果其中某一项有较大的不确定性，依然会导致整个推理结果有较大的不确定性。人的信念有很多不确定的因素，人有时只是大概知道自己要去和什么交往。那些临近的、正在眼前的目标，人们常用不假思索的表现来表明人在去交往的过程中似乎没有思考和准备。例如，人走在路上似乎并不是每一步之后都要思考下一步，但如果地上突然有个坑而此时人的速度并不太快，他还是可以迅速避开的。这表明人的每一步都在鉴往知来，都在准备去交往。

12.2.1 情绪

人们去交往的对象，既有可能是他不得不去交往的，也有可能是他想去交往的。例如，可能妻子想去逛商场，而丈夫或许不得不去；或者某个学生不得不去图书馆学习，而其实他想去电影院看电影。

去交往的对象被人们构造出来，这个对象有可能已经在世界之中，并且在临近的将来还在世界之中，只不过人们和它的（下一次）交往还没有发生。或者虽然它暂时还不在现有的世界之中，但预计在临近的将来会出现在的世界之中。虽然这种交往没有发生，但是人们预计它将会发生或者准备让它发生。因此，去交往可以被分解为三种状态：过去的交往已经发生、未来的交往尚未开始和将要开展交往。这种将要交往也可以被认为是交往的开端、为交往所做的准备。这些状态之和构成了人的情绪。情绪既包含过去已经发生的各种交往行为在人身上的心理反应，也包含人们对于未来交往行为的准备，它发生于现在。人们并不是因为情绪的推动才去交往的，而是因为有了去交往的意愿才产生出情绪。人的生理状况也会对情绪产生影响。人的病疼、交往机能的缺陷对于人过去的交往经历和未来的交往期望都会产生影响，它们也在影响人的情绪。

人们虽然可以将情绪归结为几种简单的类型，如喜、怒、忧、思、悲、恐、惊等，但是人的真实情绪远比这些复杂。情绪是一种随时出现的东西，在每个时间节点上，人所对应的过去和未来的交往情况都不相同，也许现在的情绪和过去的某次情绪类似，但很难相同，甚至下一个时刻都很难重复上一个时刻的情绪。情绪属于现在，而现在只是过去和未来之间的连接点，是一瞬间的时刻，因此人的情绪随着时间的流逝总是会发生细微的变化。

虽然人的情绪会随着时间发生变化，但其也会有一定程度的延续。例如，有人花两元钱买彩票中了百万大奖，他先是惊喜，然后狂喜。在惊喜的那一刻，他想要确认这是不是事实。这种狂喜体现的是"买彩票中奖"对未来的影响。他在日常生活中筹划了很多去交往的愿望，但实现这些愿望需要经济条件，中奖使得这些去交往很有可能进一步开展，因此他表现出狂喜的情绪。我们可以预计他中奖的事已经发生了，在未来的一段时间内，这个事实并不会发生改变，因此它在今后一段时间内的每个"现在"时刻，都构成了人的情绪中的一个因素。而他去交往的愿望也同样不会马上发生改变，因此他的狂喜会在时间中产生延续。我们同样可以预计，"买彩票中奖"只是他过去交往行为的一种，虽然"暂时"很重要，但生活中有更多的"过去"需要被考虑，并且随着时间的推移又会增加新的"过去"。同样，他对未来的愿望也会改变，有了新的或许更难实现的去交往目标。"买彩票中奖"这件事随着时间的推移变得越来越淡，他将由狂喜变成一般的喜悦，甚至很快回归到平常的生活。

类似的情况下，人还可以有不同的情绪。例如，他花了 200 万买彩票只中了 100 万，他既不会惊喜，也不会狂喜，只是会略感安慰，感觉输得不是太多，他将以"略感安慰"的情绪面向未来去交往。如果他花了 200 万只中了 10 万，他就会感到沮丧，他以沮丧的情绪面向未来去交往。如果他花了两元钱中了 100 万依然很镇定，只能说明 100 万对他来说不是重要的事情，这不能影响他面向未来去交往的行为。

通常儿童的情绪容易受外部事件的影响，因为儿童去交往的目标不是很明确。成年人则相反，他们通常有稳定的去交往对象，只有特定的外部事件才会使他们产生大的情绪波动。人的情绪容易转变成面部表情、肢体语言。成年人通常被认为情绪较为稳定，很大程度上也是因为成年人比较善于控制面部表情和肢体语言。他们在与人的交往中，通常要掩盖自己的去交往，这类似于打牌的时候不让对方看到自己的底牌。

情绪是人复杂半理性的体现。人的去交往总是伴随着去和什么交往，而这个"什么"经常随着人的交往行为逐渐展开并发生调整。生活中有些人具有较高的理性，他们去交往的目标似乎是明确的，但这只表明他们的交往空间不会发生什么变化，他们的交往目标是世界中蕴含的一个比较合理的目标，他们现在所掌握的交往方法容易达到他们的目标，因此他们不需要做太多的调整。但即便如此，在更多的生活细节上，每个人的情绪依然都会有一些起起伏伏的微小波动。如果人去交往的对象非常稳定，他的情绪就能得到很好的控制。

在"去和什么交往"中，如果人的重点不在交往对象，而在"去交往"本身，即以"去交往"作为目标，情况就会发生很大的不同。这时，虽然交往的对象在每个"去交往"中都依然具有，但主要的目标就成了如何去交往，也即如何改善将要发生的交往。这时，人在每个"去交往"中所遇到的主要问题的性质都是一样的。或许这样，人的情绪就不容易因去交往对象的不同而产生较大的波动，人就能够以认真平静的心态对待每个即将发生的交往。这种方式和儒家对仁的追求类似，仁是人与人交往时比较好的交往方式。

对于情绪的解释，有人可能会产生疑问。例如，人看了一部悲剧感觉很悲伤，或者看了笑话后还来不及思索就放声大笑。这似乎没有产生去交往的愿望，那么这些场合的去交往如何体现呢？

悲剧能够在观众身上产生共鸣，需要观众和主人公的命运有相似性，例如有类似的身份，都是穷人、农村人或者下岗工人；或者有类似的经历；或者因为人所共有的性格缺陷而引发的悲剧。在悲剧中，主人公的悲剧生活表现出了生活中某种交往方式的结局。这种情况映射在观众身上，也意味着观众某种潜在的去交往是同样的结局，观众由此产生悲伤的情绪。

突如其来的笑话引人大笑是因为笑话的结局往往出人意料，这表明笑话是采用隐喻性交往的方式，把通常不相关的物语联系在一起的。隐喻性交往提供了物语之间新的交往方式，同样也显示了人们和这些物语去交往的新方式，在笑话中，这种潜在交往的实现给人们带来了喜悦。

12.2.2　去和语物交往

人们去交往的语物可能是熟悉的也可能是陌生的。人们日常生活中的各种物品，衣食住行、休闲娱乐的提供机构和工作单位等都是熟悉的去交往对象。和熟悉的语物交往，人们通常比较老练，知道在什么交往空间能够与之相遇，知道如何与之交往。人和语物的交往方式被约束在语物的理性之中，与它们交往通常没有太多意外，下一次的交往大多数时候是之前交往行为的重复。它们每天都在发生，人们有时会忽视这种日常交往的意义，但它们构成了人生活的基础意义之一。

对日常重复性交往的意义过度阐述也没有必要。如果人们希望从这些熟悉的交往行为中发现新的意义也颇有难度。这时人的去交往通常是按部就班的，或者按照生活中各种交往空间、各种语物所给予的方式去交往，甚至不得不去交往。

人与各种语物交往时，人的身体需要承受体力和脑力负荷。如果交往负荷过大，人们去交往时的情绪就要预先应对这种较大的负荷。他既可能通过自我激励把自己调整到良好的交往状态中，也可能由于长期处于这种高强度的交往中，心理和生理上都感觉疲惫。或者交往负荷虽然不大，但由于长期的劳动回报不遂人愿，人的去交往就成了不得不去交往，这时人容易产生懈怠的情绪。或者这种劳动在个人的能力之内，所获报酬也令人满意，但自我感觉个人的能力可以胜任更有挑战的工作，这样人在去交往中难免产生轻视的情绪。或许还有更多不可名状的情况，人们会在日常生活的各种交往中消磨时光。与熟悉的语物交往是人们生活中重复发生的交往，为了保持每次去交往时都能够具有良好的交往状态，我们对去交往所产生的各种不良情绪都需要加以分析。如果人时常产生不良情绪，可以考虑减少去和某个语物交往的频率或者调整交往的方式，使交往发生变化，经常产生新鲜感。

人们去和陌生的语物交往意味着人即将发生一种新的交往关系，这也表明这个人即将产生一种新的意义。大多数时候人们都会期待各种新的交往。人们通常对于走南闯北、见多识广的人满怀兴趣，希望自己也是如此。只有人的情绪低落，或者未来的交往有潜在危险时，人们才会拒绝去和新的语物交往。

人们去和陌生的语物交往，总是要做一些准备。这种准备既体现在去交往的愿望之中，也体现在为即将发生的交往准备相应的交往知识。例如人们准备去陌生的地方旅游，可以预先了解当地的风土人情、气候条件，向之前去过的人打听当地的情况。任何语物都是"在什么之中"的，如果人们暂时还不能直接和这个语物交往，可以通过了解这个语物周围的物语，获得对这个语物的某种程度的理解。通过这种准备，人们可以更好地去和陌生的语物交往。

12.2.3 去和他人交往

每个人总是要去和熟悉的或陌生的人交往。

人从他一出生，就被给予了一些交往对象。他的父母、兄弟姐妹、亲戚，这是由已有的伦理关系所给予的交往对象。在他的成长过程中，他周围的邻居、学校的同学、工作时的同事等也是生活中被给予的交往对象。或许是因为空间临近，或许是兴趣爱好相同，每个人的周围都会有一些人。他交往的人会随着时间发生变化，和有些人的交往关系逐渐变淡，又会逐渐认识新的人。

与熟悉的人交往同样构成了人的基础意义，特别是日复一日交往的人。去和熟悉的人交往时，他们之前的交往关系会被人的记忆唤醒，下次的交往有可能是以前交往关系的重复。例如，人们出门遇到熟人打招呼。上次说"你好""天气真好""吃饭了吗"，下次可能也是如此，或者聊聊家长里短、社会热点。在工作场合，和熟悉的同事讨论工作，下一次的交往也和以前的类似。

人和人之间的交往并不像人和语物的交往一样，需要遵循理性而刻板的方式。与熟人的交往通常只在某种范围内保持一种大致的理性，下一次的交往或许会有一些新意。每个人根据这些熟人的不同，为他们设计不同的谈论话题。对于一些虽然熟悉但不亲近的人，他们之间通常不会谈论过于私密的话题。但即使是熟悉的人，人与人之间的交往也并非无所不谈，人与人之间的交往有种大致的理性需要遵守。如果有的话题人们特别想找人倾诉，又担心这些话题会产生潜在的不良影响，人们甚至会找陌生人倾诉。

与陌生人的交往有些是计划好的，有确定的去交往对象，例如，准备去拜访某个潜在的客户，经他人引荐去结识某个不认识的人，这是通过先行构造好的交往关系所准备的交往。有些是没有计划的，去交往的对象是模糊的、大概的，例如人们去国外旅游，总是会和一些外国人打交道。

不同的文化对于和什么人去交往会有很多要求。例如，"见贤思齐"表明人要去和贤人交往，"助人为乐"则表明去和各种需要帮助的人交往。对于各种道德观念的弘扬，既表明人要不断学习和反复练习这些道德规范，也要求人去和具有这些品格的人交往。

12.2.4　去和自己交往

每个人也许只是世界上微小的一部分，但人和自己的交往是最常发生的事情。和自己交往是自己的时间性的体现。这种交往包括对曾经发生于自身的各种交往关系的思考，也包括对自己的未来进行筹划。对过去交往关系的思考有时也属于对未来筹划的一部分，对自己未来的筹划就成了人去交往的对象。

人在不同阶段有不同的目标。人们去和语物交往、去和他人交往，这些去交往的对象有些是在和未来的自身交往中所产生的。人的目标有些是被他人筹划出的，而这些被他人筹划出的目标也进入人的自身筹划中，从而成为人的目标。

人们为了时刻调动自己的情绪，充满热情地生活，通常可以给自己设计出一个比较好的未来。也许现在的生活并不如意，但其所设计出的美好未来在召唤着自己。

人和自己的交往有一种特殊的形式，就是自杀的企图。自杀就是对未来的自己不满意，希望通过结束生命的方式，不再去和自己交往。这种不满意也许是对自己过去长期不满意的延续，并且他设计不出自己的未来，找不到解开这个困境的方法。有的人可能会对经济状况不满意、对自己的人际交往关系不满意、对重复和略显无趣的生活不满意、对生活中过于沉重的体力和脑力负担不满意、对病痛的折磨不满意。这种不满意也许是突发的，生活中突然出现的某些事件颠覆了人在过去的交往方式，使得人们不知道未来如何在世界中交往。

当原有的交往不能产生新的意义，甚至使人陷入难以解决的困境时，人们不妨从原有的交往关系中跳出，进入新的交往环境中探讨新的意义。俗语"树挪死，人挪活"说的就是类似的道理。或者对于事物原有的意义突然崩溃、原有的分类结构突然倒塌，也可以通过新的交往，慢慢重新构建新的分类结构，重新规划各种事物的意义。

12.3 在 交 往

前文所谓的鉴往知来和去交往，实际上已经是在交往了，但这个交往的对象并不是通过鉴往知来所构造出的未来物语，人们不能直接和未来的物语发生交往，这种在交往只能是在和自己交往。人们通常所说的在交往对象是指眼前的事物、手头的事物，而不是某个未来的事物。人们可以构造出未来的物语，去和它交往，但真正可以发生的交往是现在的交往。只有通过去交往所产生的愿望调整现在的交往，才能够实现与未来物语的交往。这种"在交往"实际上也是将"我思"外化为人和周围世界的交往。

12.3.1 在周围的物语中和谁交往

物语的交往都是在周围的物语中发生的交往。未来的物语被人构造出之后，它也成了人周围的物语。人们虽然不能和这个未来的物语发生直接交往，但这个未来的物语被构造出来之后，人的"在交往"就蕴含着面向未来交往的意愿。

不仅如此，在交往的行为也具有面向未来交往的属性。时间中的"现在"是"过去"和"未来"中的一个点。某个物语现在的在交往，并不会仅发生于"现在"这个时间点，它由这个时间点前后一段时间之内的交往所构成，物语的"在交往"总是具有向未来持续交往的惯性。这个交往惯性所延续的时间或长或短，甚至可以小到无限小。

人不能直接和未来的物语发生交往，只能和现在已经在周围的物语交往。这种面向未来的交往如何通过在交往表现出来呢？通过分析交往过程我们就可以知道，物语和其他物语的交往包含三个方面：交往对象、交往媒介、交往空间。在交往是通过对这三者的改变，来达到面向未来交往的目的的。

对于人来说，现在已经在周围的物语是繁多的，和谁交往是需要考虑的问题。例如，学生要想提高成绩，就应该减少打游戏、看电影、闲聊这些交往活动，而应该拿出更多的时间用于学习。人们通过选择不同的在交往对象，面向不同的未来。

人和同样一个对象交往，也可以采用不同的交往方式。例如，人和书的交往，既可以采用"人读书"的方式，也可以采用"人翻书""人买书"的方式。这些不同的交往行为蕴含着不同的交往惯性，交往行为可以进入不同的未来。这些不同的交往方式，也可以被看作是采用不同的交往媒介所发生的交往。

人和交往对象的交往，如果发生于不同的交往空间，通常也意味着交往方式不同。例如，在家里聚会和在外面餐厅聚会、在家里看书和在图书馆看书，不同的空间会对人的交往行为产生影响，这些也会影响人们走进不同的未来物语。

人们虽然不能直接和未来的物语交往，但未来却能对人产生一种指引，影响人们在交往的方式。面向未来的交往就是在人的在交往的各种可能性中，规划出一种可以到达这个未来物语的方式。

语物是理性的，它是以各种有限的方式去面向未来的。例如，物体的运动是根据物体的运动规律面向未来的；动物的行为是以它的生物体本能面向未来的；组织机构的运行是根据它所设定的既定目标面向未来的，从而选择交往的对象。人的复杂半理性也会以他半理性的方式面向未来。人对未来可能会有多种目标，他并非严格地遵循这些目标的，甚至还会受到不受他控制的生物体本能的影响。人的在交往总会导致新的鉴往知来，产生新的未来物语。这些新的未来物语又会产生新的去交往的意愿，产生新的情绪。这样，人的鉴往知来、去交往、在交往总是交织在一起的，这就是人的知行合一。

12.3.2 知行合一

知行合一的概念是由王阳明提出的。

知和行的概念最早出现在《尚书·说命》中："非知之艰，行之惟艰。""知"可以认为是某种知识，或者是获得知识、掌握知识。按照前者的解释，"知"是语物；按照后者的解释，"求知"则表明人在和"知"这种语物交往。"行"可以解释为人的实践（交往），或者实践的方法、实践的知识。按照后者的解释，"行"就是语物。根据"非知之艰，行之惟艰"的句式，人们更容易将知和行解释为两种不同的交往行为，一种是和语言有关的交往，一种是和物质有关的交往。先秦儒家学者比较了这两种交往行为，认为后者更难、更重要。但是比较两种不同交往行为的难易及重要程度并不能成为基本的知识。

　　宋朝程颐提出了"知先行后"的命题，他是以二者在时间上的先后关系为依据对知和行的重要性进行再讨论的。"君子之学，必先明诸心，知所养，然后力行以求至，所谓自明而诚也。"[①]在程颐看来，人要有"知"，然后才能"行"，所以"知"更重要。朱熹则认为，"论先后，知为先；论轻重，行为重"[②]。程、朱二人所讨论的知和行具有先秦儒家知和行的含义，但其意义更接近"语言性的物语"和"人的物质性交往"。朱熹的观点会让人产生两个疑问，一个是时间先后的判断；另一个是重要性的判断。这两个问题近似于讨论物语和交往哪个先产生，或者物语和交往哪个更重要。

　　针对具体的物语或交往活动，根据不同的视角能够分辨清楚物语是如何由交往产生的，或者交往是由哪些物语引发的，人们可以知道知和行哪个在先、哪个在后。例如，人们根据科学原理开展实验，是"知"在"行"先；如果通过实验获得科学发现，是"行"在"知"先。抽象的物语和交往并无先后顺序，因为只有交往中的物语才是物语，这似乎表明交往先于物语。但同样，交往是物语之间的交往，这表明物语先于交往。第4.2节借助物语"海"的形成过程，讨论了物语和交往是如何同时出现的。讨论知和行的先后问题实际上是把二者割裂开。实存主义有一个观点是"存在先于本质"，这与讨论知和行的先后类似，都是把二者割裂开的做法。

　　知和行的重要性的比较并不能成为问题。对于某个具体的物语交往过程来说，不同的人可以根据不同的标准，判断知和行哪个重要。但对于物语和交往两个概念来说，认为谁重要没有相应的依据，因为这二者都是最普遍的概念，并且它们不可分割。在先秦学者的知行观中，知和行是两种不同交往，人们似乎可以比较这两者的重要性，但即使这样也不能脱离具体的场合泛泛谈论谁更重要。

---

① 出自《近思录·卷二》。
② 出自《朱子语类·卷九·学三》。

"知先行后"的观念表明知和行是分离的，这体现出二元论的特点。第 3.2 节中讨论了二元论的特点。在一个系统中有两个位置并不牢固地联系的原点，其会造成系统中对于"多"的论述变得可疑。虽然朱熹有"论先后，知为先；论轻重，行为重"的观点，似乎对于知和行都有强调，但在演变过程中，这造成了程朱学派后世学子出现知而不行、有知无行的弊端。在二元论中，人们总是会倾向于选择那个更容易的东西作为原点。这并非根据"非知之艰，行之惟艰"，认为"知"比"行"更容易，这只是表明，当"知"已经有了，学习"知"比通过"行"获得新的"知"更容易。

针对程朱理学中知和行分离的情况，王阳明提出了"知行合一"的观点。知行合一是从本体论的角度，把知与行合二为一，由二元论变成一元论[①]。

虽然"知"是物语，"行"是交往，但这个"是"并非"等于"。物语并不仅仅是"知"，交往也并不仅仅是人的"行"。"知-行"所体现的本体结构可以用更普遍的"物语-交往"的结构代替。

本书采用"知行合一"的概念表达的是人的鉴往知来、去交往和在交往的统一，体现的是人的交往在时间中的特点。人在时间中的交往，体现的是他的思考、他的情绪、他的走走停停，这些都是由未来物语的未知性所引发的。

知行合一体现的虽然只是人在时间中交往的普遍现象，但通过对知行合一中所包含的鉴往知来、去交往、在交往的分析，也可以将知行合一发展为改善人的交往的方法。这就是对具体交往中的这三个过程深入分析并分别加以改善，以获得更多的"知"，实现更好的"行"。

---

① 本书对"行"做了简单的处理，把它看作包括"思"在内的人的各种交往。如果把"行"仅视为人与外部世界的交往，那么知行合一与笛卡儿的"我思"具有类似的缺陷。"我思"造成心物分离，知行合一的实质是知行分离。

第 3 部分
人和语物交往中的善

当讨论物语"在……中交往"的问题时，它蕴含了物语"在世界中交往"的问题。世界是所有物语的集合，任何物语都属于世界。虽然物语只是在周围的物语之中和这些物语发生交往的，但这个"周围"可以随着物语交往对象的扩大而变大。每个人都潜在地在世界中交往，世界是每个人交往的可能的极限。语物的简单理性表明它只能和某些类型的交往对象交往，但在世界中人们可以尽可能多地将这种类型的交往对象找到并与之交往，因此语物也潜在地在世界中交往。

在世界中交往是理想的情况。如果考虑到物语交往的普遍性，"在世界中交往"又是非常现实的问题。每个物语不会只在一个原始狭小的领域内交往，它们通常会进入各种不同的交往空间和多种物语发生交往，甚至它们还会产生扩大交往范围的意愿。例如，人通常有意愿与更多的人交往、掌握更多的知识、去看看各地的风景，企业通常有意愿将产品卖给更多的用户。那些将要交往的物语都属于世界，和它们交往也意味着进入世界。讨论"在世界中交往"，就是讨论世界的意义。通过对世界意义的掌握，物语能够比较容易进入世界。

物语之间的交往有多种可能，物语进入世界也有各种可能的方式。我们从这些可能性中可以规划出称为善的方式。善不是基本的概念，但可以通过对交往的分析，体现出一种"去交往"的意愿，这种意愿也可以转化为一种交往行动。本书规划出以下三种情况为"善"：①良知；②善念，去和世界交往的愿望；③善行，促进交往的实现。我们可以通过实现"物语的善"和"世界的善"来促进"善"的实现。这种"善"既是本书所设想的理想状态，又是眼前可以开展的交往。"善"不会改变人复杂半理性的固有属性。但在通往"善"的途中，人通过交往会不断扩大个人的小世界，无疑也会对人的交往，也即人之为人的意义，有更多的理解。

13

什么是世界

　　人们所谈论的世界指各种已知物语的组合。世界对于个人来说，就是他终其一生能够交往到的所有物语，他只能在这些物语之中交往。世界对于全体人类来说，就是已知的各种物语，人类只能在这些物语之中交往。如果过去的某种物语已经完全消失，它就不再属于世界，因为没有人能够知道它，也无法和它交往。如果还有人能够知道，就表明它没有彻底消失，它依然是世界的一部分。同样，未来可能出现的物语也不属于世界。如果人们对于未来有某种构思，那人们可以把这种构思通过语物的形式呈现于世，但这个所呈现的语物不是未来的语物，而是现在的语物。世界是由各种物语组合而成的语物，它和其他语物一样具有简单理性的特点，这是世界的第一重含义。

　　世界的第二重含义是指世界理性或广大理性。世界理性也包含语物通常具有的简单理性的特点，但由于世界是最广大的语物，所以它的理性就有一些特别之处。人或者社会组织在世界中交往的时候，需要以各种理性的语物作为指引来获得交往的方法，世界理性是现实中可以采用的最终参照物。与世界理性类似的是宗教里的人格神，它在过去也具有广大理性。但当今世界所发展出的物语和宗教建立年代所拥有的物语已经有了很大的不同，人格神的理性并不能覆盖现在出现的众多语物，现在的人格神不再具有广大理性的性质。

所有的物语都属于世界，都是世界中的组元。物语在世界中交往，不是同时和所有的物语交往，而只是和某个或某几个物语交往。当它和某个物语交往时，这两个物语就从世界中分离出来了，这时，世界成为这两个物语的交往空间。讨论什么是世界，也意味着讨论世界是什么样的交往空间。

13.1　世界之为交往空间

13.1.1　世界理性

人们通常认为世界是复杂的，甚至前文也讨论了"世界的多"，那么如何理解世界作为语物的简单理性呢？

对于个人而言，他所认为的"世界是复杂的"和"世界的多"类似，即世界中的物语多种多样，远远超过个人的认识。但就世界来说，它的简单理性指它作为所有物语的集合并没有超出什么，它的交往规则是有限的。这些交往规则中的每个子集（世界理性的子集）都能被不同的特定人群所理解，虽然这个群体中的不同的人对交往规则的理解也会存在或多或少的差异。人的复杂半理性在于他经常和不知道交往规则的其他子集的物语交往。

世界之中的交往规则以各种形式体现，例如，法律、自然规律、社会规律、道德、制度、标准、风俗习惯、作业流程、机器的操作手册、词或物的含义等。

法律是由国家立法机关制定的行为规范，以保障国家中的个人、社会组织，甚至保障动物的权利的实施。法律要为国家、社会及普通公民确立合理的组织结构、规范的行为模式、正确的价值选择，它通常采用各种惩罚措施保障它的实施。法律是理性的体现，国家的公民、社会组织只能按照法律允许或至少不禁止的方式从事各项活动。社会组织对待法律时的理性体现在它有专门的人员、专业的人员或专业的部门去熟悉相关法律，而不是指这个组织内的每个人都熟悉相关法律。个人对待法律的半理性指的是普通人只能根据他接受法律教育的多少，拥有或多或少的法律知识。

机构或个人遵守法律是理性的体现，但违法又是什么情况呢？我们根据语物和人的特点可以知道，机构犯罪通常是理性的行为，而个人犯罪既有理性的，也有非理性的，是半理性的行为。机构犯罪是从自己的目的出发的，试图通过违法达成自身的目的，它对违法的后果通常是清楚的。①这种违法的情况在个人身上也可以得到体现，这是理性的犯罪。但个人犯罪有时是因为不懂法，或者一时冲动难以控制自己的情绪而发生的，这是非理性的犯罪。

早期的自然规律是人们在生活、生产和各种活动中逐步发现并总结出来的，例如气象规律、天文知识、动物的生活习性、农作物的培育知识等。随着知识发展得越来越精细，对自然规律的认识已经被划分到不同的专门领域，由专业人士研究。虽然人们已发现了难以计数的自然规律，但它们其实依然是有限的，每个领域都有相关的人熟悉这些规律。这些自然规律被人们发现，人们也使自己的活动适应这些规律。对于人类还不了解的自然规律，它存在于专业人士的问题领域中，人们并不会盲目地给出一种结果，最多是在深思熟虑后给出错误的结果。即使最博学的科学家现在也只能掌握少数领域的自然规律，对于其他领域通常也无能为力。人们对待社会规律的情况也是如此。

词或物也体现了交往规则。物品被创造之后，它在日常生活中被人们

---

① 关于单位犯罪是否存在过失犯罪这种类型学术界一直存在争论。《中华人民共和国刑法》中关于单位犯罪的种类仅有少量的过失犯罪条款，司法实践也表明现有的单位犯罪绝大多数是故意犯罪。可参阅周光权.新刑法单位犯罪立法评说.法制与社会发展，1998，（2）：33-39.

规定了它的使用功能，这就规定了人们和它的交往方式，或者它和其他物品的交往方式。例如，中国人使用的痰盂，它是用来盛痰的器皿，也可以被当作夜壶使用。不知道它用途的外国人也许会用它插花、装水果，甚至装啤酒。痰盂只是一个容器，可以盛放各种物品。图 13.1 是人们常见的搪瓷痰盂，它和众多日常用品一样被工业设计师赋予了朴素的美。作为容器，它被用于其他场合并无不妥，但在中国人的日常生活中，它被规定为具有某些特定的功能，只能盛放污秽之物。这种规则在不受其限制的外国人身上被打破了。

图 13.1　痰盂[①]

词的含义也体现了交往规则。人们从小时候起就被训练要求在合适的场合说得体的话，表达某种含义需要用恰当的词。例如鲁迅在《立论》中写道[②]：

　　一家人家生了一个男孩，合家高兴透顶了。满月的时候，抱出来给客人看，——大概自然是想得一点好兆头。

　　一个人说：这孩子将来要发财的。他于是得到一番感谢。

　　一个人说：这孩子将来要做官的。他于是收回几句恭维。

① 该图由饶盛瑜绘制。
② 鲁迅. 野草（插图本）. 北京：人民文学出版社，2015：83.

一个人说：这孩子将来是要死的。他于是得到一顿大家合力的痛打。

说要死的必然，说富贵的说谎。但说谎的得好报，说必然的遭打。

如果忽略鲁迅想要表达的含义，"死"这个词在日常生活中描述新生儿的确不合适。这是较为极端的情况，更为常见的是词语的搭配、语法规则等。例如，"信图错非桑"这五个字组合在一起是什么意思，谁都不知道，这些字之间不能体现出交往关系。人们从小开始学习说话、认识物品，实际上就开始了交往规则的训练。这正如人们通常所说的，一个民族的文化渗透在日常衣、食、住、行的各个方面。

第4.2节中讨论过杜尚的作品《泉》。他将物品"小便器"命名为"泉"，作为艺术品提交给艺术展览会。这里打破了词和物的两种交往规则的限制。首先，小便器是污秽之物，难登大雅之堂。他将其作为艺术品提交，打破了物的使用规则。其次，他将小便器命名为"泉"，改变了"泉"这个词的使用规则。这是通过隐喻所达到的效果。凭借一个人的力量无法真正改变生活中词和物的交往规则所具有的强大惯性，但在艺术作品中，这种改变能让人感到词和物从它们被规则束缚的状态中解放出来。虽然这种改变体现出一种解放，但其依然需要通过泉和小便器可以展示出的似反性来实现，否则没有人能够理解。这表明在世界之中的交往关系的逐步扩大总是建立在原有的交往关系基础之上的，然后才能以此为根据，向外迈出新的一步。

以上虽然解释了世界的简单理性体现在世界的交往规则是有限的，人们也容易理解语物的组合是语物的观点，但世界之中充满了复杂半理性的人，这时世界的简单理性是如何实现的，也即人类作为整体为什么是理性的呢？

这种理性是通过语物的指引实现的。人类可以借助语物的指引来达到整体的理性，个人也可以借助语物的指引达到理性。例如，一个人走出北京火车站，他想去天安门广场，但不知道在哪，他可以通过如下方式到达：①坐出租车，出租车司机虽然是复杂半理性的人，但在带乘客找地方这件事上他是职业的、简单理性的，并且天安门广场是一个容易找到的地点；②坐地铁，地铁公司是简单理性的，地铁按部就班运行，地铁里有乘坐指示，如果不清楚还可以询问地铁工作人员，工作人员在职业范围内的交往是简单理性的；③地图、路标、导航的指引，这些都是简单理性的语物；④询问路人，他也许需要询问很多路人才能到达，有些路人也许会指错方向，但只要他不断地询问，并且根据路人的指示进行判断，他最终就能走到目的地，除非他改变主意不想去了。如果路人说"也许是朝东"，他从路人犹豫不决的表情可以知道这个路人或许也不知道，他就会再问另外的人。如果他问过几个人后感觉他们都不清楚，提供的信息不一定准确，他可以找看上去常年在此的人询问，如路边报亭的售货员。

他最终能够到达目的地的原因在于天安门广场的地点是已知的，这体现的是语物的简单理性。前三种方式都是采用语物作为交往媒介，以此为指引使他到达目的地。第四种方式虽然是在一些复杂半理性的人的指引下进行的，但不同的人是在不同的地方体现出他的理性和非理性的，最终这一群人是在已知语物"天安门广场"的指引下达到理性的，又同时给予这个人理性的指引来将他指向目的地。

人如果能够严格遵循语物的指引，那他就是简单理性的人。但个人有时并不能获得、不能理解这种指引。理性和半理性体现的是对交往规则掌握的程度。对于个人来说，他只能根据他所接受到的语物的指引，对交往规则或多或少地掌握。但对于一群人来说，他们受到语物指引的可能性就会大大增加。而人类作为一个整体，其所能够获得的指引就是人类知识的总体，是所有的语物，这是简单理性的。

世界的某个局部、某个特定的人群也会表现出在外人看来是整体的非理性、半理性的情况。例如下列三种情况。

（1）某个特定人群和外界很少交往，他们的行为在外人看来很奇怪、是非理性的。这个人群只在一个小世界中交往，而不是在世界之中，不能通过世界这个语物指引自身。例如，原始部落的某些习俗对于外人来说是不可理喻的。但在这个人群内部，群体相对于个人来说依然更加理性。

（2）某个非理性的群体中出现"众人皆醉我独醒"的情况，这个独醒的人所依据的交往规则不是这个群体中现有的交往规则，而是过去的，或者外部的某种更合理的交往规则。

（3）某个群体所依据的交往规则是不可明示的、与外部世界规则矛盾的潜规则，同时，外部世界的交往规则又被这个群体中的人所知道。这种潜规则虽然在群体中依然是理性的体现，但因为他们受到外部与之相矛盾的规则的影响，这种理性只会进一步增加群体中的人的复杂半理性。只要这个群体依然在世界之中交往，世界就会通过它的交往规则让这个群体恢复成世界的理性的。

13.1.2　个人的小世界

个人周围的、和他发生过交往的物语构成了个人的小世界。例如，每个人日常中在家庭、工作、出行、学习、社交、娱乐等各种场合所交往的各种物语。这些交往有些是以清楚明白的语言表达出来的，有些只是构成了含义模糊的图像。

个人在他的小世界里的交往可以被划分为经常性的交往和偶然发生的交往。这些经常性的交往对象既可以是人，也可以是语物。例如，人们和家人、同事、亲朋好友所发生的经常性交往，和自己的住宅、工作的办公室、乘坐的交通工具、经常使用的劳动工具、经常阅读的书籍的交往。

虽然人总体来说是复杂半理性的，但他在与经常性的交往对象交往时容易保持理性。这与人在某个组织机构中属于某个语物的情况类似。因为人在这些交往中，通过对交往规则的反复练习，熟悉了这些交往。特别是他在能够安静下来专心对待每一次眼前的交往时，容易保持理性。在经常性的交往中，人不理性的情况通常有如下一些情况。

（1）交往虽然经常发生，但他并没有很好地掌握交往规则。这种情况与人和陌生物语进行的交往类似。有时是因为人懒惰、找借口，不去提高自己对交往规则的理解；有时则是因为所交往的物语自身的交往性不好，例如所交往的物语故意保持自己的神秘性、掩盖某种目的，使得人难以和它交往。

（2）原有的交往规则消失了，人们不知道如何与这些物语重新交往；或者同时具有相互冲突的交往规则。例如，以前的朋友变成了仇敌，人们必须更换交往方式；团体的领导者突然去世，剩下的人不知道该听谁的指挥；以前的交往主要围绕某个理想开展，理想实现后没有了新目标，不知道该做什么。在社会转型时期，原有的社会交往规则逐渐消失，新的交往规则正在发展，这时人们也常持有多种不同的交往规则，容易产生混乱。

（3）人们在交往的时候，有多重去交往的念头。例如，人看上了两双漂亮的鞋，但只能买其中一双，因此变得犹豫；知道交往规则，但人常常被私欲、内在的其他需求，甚至内心中尚未觉察的东西蒙蔽，干扰了自己的选择。

那些偶然发生的交往，人虽然并不熟悉交往规则，但通过及时学习，采取审慎的交往方式，人也可以达到理性。例如，在交往对象所提供的指引下进行交往；通过和以往类似的交往经历进行比较，尽可能获得交往的方法；或者在有经验的人的帮助下进行交往。

个人在他的小世界中和那些经常交往的对象发生关系，获得这些物语的意义。他们以此为基础和新的物语交往，扩大自己世界的范围。这些新交往的物语在个人的小世界中有相应的周围物语，这是新交往的物语对于个人的意义。新交往的物语又成为个人小世界中原来物语周围新的物语，赋予了原来物语新的意义。人们从小到大，从开始学说话到知识比较丰富，正是他的个人小世界不断扩大的过程。

每个人在他固定的小世界里面容易保持简单理性，但如果不能扩大这个小世界，小世界里的意义就会逐步消退。正如前文所讨论的，重复性的交往可以使意义加固，但重复性的交往不会产生新的意义。由于意义从本质上来说都是一种循环说明，如果人不能扩大自己的世界，使得个人小世界产生出新的意义，那么这个小世界中的意义的无根性就会逐渐显露出来。

人的这种无根性会通过各种形式表现出来。例如，以自杀这种极端的形式，或者表现为迷茫、麻木、无聊。自杀的原因有时是体力负荷与脑力负荷过大，人们不堪承受；或者人失去了基本的生活保障；或者人不堪病痛的折磨。但也有很多时候人们自杀是因为其对未来没有了期望，不再相信生活中会产生什么新的意义。迷茫、麻木、无聊也是类似的。个人世界内的意义的逐渐消失和个人的学识、生活的富足程度、工作负荷等并不完全相关，最主要的原因在于他将自己囚禁于现有的个人世界中。

把个人的小世界逐渐扩大也意味着以更广大的世界作为自身的指引。在世界理性的指引下，人可以使自身掌握更多的交往规则，从而变得更加理性。虽然这个过程需要不断地和新事物交往，交往的过程会不断体现出人的复杂半理性，但这个过程正是个人世界逐渐丰富的过程。虽然世界理性依然在不断发展，但世界之中所蕴含的各种交往规则已经可以给个人足够多的指引。世界理性提供了现有的各种交往方式，这是个人在发展新的交往时可以依据的现成方式，人可以在已有交往方式的基础上探讨新的交往方式。如果不清楚世界的理性，那么人们所期望的交往创新、物语创新只能是空中楼阁。

13.1.3 作为交往空间的世界

前文谈到交往空间是被人们先行建立了物语之间的似反性的，是使物语相逢的场所。世界是最大的交往空间，它同样是被人们构造出的使物语相逢的场所。人们在世界之中的所有活动，既可以被认为是为了和各种物语交往，也可以被认为是为了构造出一个适合人们开展各种交往活动的交往空间。后者把人的各种行为指向了一种目的——构造世界。虽然这并非总是人的自觉行为，但人的各种交往行为却能产生这种结果，因为人在世界上的各种交往、创造物语的活动都构成了世界的一部分。如果人能够自觉地把自己的各种行为归结到"构造世界"这个目的，这无疑能体现一种善念——与世界交往的愿望。

我们可以将世界与前文所讨论的交往空间进行比较，考察世界作为交往空间的特性。

（1）世界是所有交往发生的场所。这个世界并不仅仅指地理空间所构成的自然世界。它是在原始的自然空间上，由人类不断创造各种物语、充满各种物语的物语世界。每个人从出生进入世界开始就有可能和各种物语交往。一个人去了他从未去过的新地方，即使不了解，他也知道这个新地方会充满各种物语，等待他去交往。即使他来到一个荒无人烟、从来没有人去过的自然区域，他以前的知识也会迅速地把这个地区和他曾经的交往经历、已经知道的各种物语联系起来。

某种语物被人们创造出来，它也进入世界这个交往空间，将要和某些物语发生交往。例如，人们创造了一款新的电子产品，它就带着人赋予它的目的进入了世界，将要和世界中的某些语物或某些人交往。

（2）如何理解世界是人们先行建立了物语之间的似反性的，是使物语相逢的场所呢？为了保障交往能够发生，人们构造了交往空间，使得物语能够相逢。如果世界也是交往空间，它必然也先行构造了物语之间的似反性，保障了物语之间的相逢。世界所构造的似反性体现在中庸之道中，即每个物语的周围都有和它交往的其他物语。每一对在空间中相逢、发生交往的物语，它们之间都具有似反性。

每一个新进入世界的物语，它既是世界之中原有交往关系汇聚的产物，它进入世界后也必然和某些物语交往。即使前文提到交往空间是物语相逢的场所，但物语在交往空间内也可能发生风马牛不相及、邂逅、相逢三种情况。两个相逢的物语只发生被这个交往空间允许的某些交往关系。世界中的情况和更小的交往空间情况类似。

（3）限制和允许。任何交往空间都仅允许一些物语进入，限制一些物语进入，世界也是如此。在世界中的物语都是被允许进入的，不被允许进入世界的物语可以指不在世界中的物语，例如还没有产生的物语或已经消失的物语。不管它们是因为何种原因还没有产生或已经消失，人们可以认为它们不被允许进入世界。如果不考虑这种极端的情况，如下情况也可以指物语不被允许进入世界。例如，不被允许进入某个具体交往空间的物语，这种情况可发生于任何交往空间。如果因为某种歧视，不允许某种人进入某种交往空间会引起人们的愤慨和抗争。如果因为贫穷，人看见奢侈品商店有自惭形秽的感觉，不敢进去，人们会愤怒吗？奢侈品商店允许人自由出入，人们通常不会认为这里有什么限制，但限制实际上发生了。这说明其中隐含了很多没有明示的限制，表明人与人之间、人与语物之间有无形的壁垒。

再如，人因为犯罪被关进监狱、流放到荒蛮地带，这也是被世界放逐的形式；或者是采用死刑的方式，使某人从世界消失；产品有瑕疵或者不符合伦理，被质检部门或者法律禁止进入世界；或者被世界的交往规则所限制的各种交往行为都不被允许进入世界。这些都可以被看作世界对物语的限制。

世界是交往空间也意味着不管人在何处对何种物语进行物语化，实际上都是对世界的物语化。例如，每个人所塑造的自身也是世界的一部分。这个自身，既是他人交往空间的一部分，也是自己交往空间的一部分。这个自身是通过自己与外界的交往实现的。儒家以"修身"作为"平天下"的基础体现了类似的观念。

13.2　世界在世界之中

任何物语都在某些物语之中，世界也不例外。由于世界是人类已知的所有物语的组合，所以世界不会在其他什么之中，它只能在世界之中。

　　"世界是人类已知的所有物语的组合"也意味着世界占据了人类已知的所有空间，无论何时，世界在空间的周围都没有其他物语。人类所认识的空间在不断拓展，这同时表明世界也在不断拓展，它们二者的边界始终重合在一起。因此，讨论世界在世界之中的问题就是讨论世界的时间性，即世界的变化性和未来世界的未知性。

13.2.1　世界的变化性

　　苏秉琦针对中华文明的形成曾提出过"满天星斗说"。他把中国数以千计的新石器遗址划分为六大板块。在人类文明的早期，人口数量少、人类交往能力比较弱，人能够借助的交往媒介比较少，因此人首先选择那些适宜人类生活的地方，因此形成了有明显界限的多个区域。不同地域的人们在与当地自然物交往的过程中，发展了不同特点的文化。人们的交往能力逐渐提高后，借助各种新的物语，可以和更遥远区域的人群交往，文化逐渐融合，同时以前不适宜人生活的地方也逐渐适宜人生活，这些文化板块后来逐渐连接起来。

　　如果将视野扩大到世界文明，早期的情况也是类似的。例如，英国学者格林·丹尼尔将世界文明划分为六大原生文明发源地：非洲的埃及文明，亚洲的美索不达米亚文明、印度河文明、中国文明，美洲的中美洲文明和安第斯文明。

　　不同学者可以根据不同的分类标准，将早期的中国文明或世界文明划分出不同的区域类型。不管如何划分，其至少都表达出这样一种观点：早期的文明比较分散，即使它们之间有交往，这种交往也比较少。这同样也表明，不同地域的人即使曾经有过"世界"的观念，这个世界也比较小。例如，中国古代曾经有过"天下"的观念，天下是中国人观念中的世界，但这个天下所指的地理范围远比现在的世界小。这同样表明，所谓的世界一直在扩大。

　　世界现在的样子，是人类过去不断交往的结果。即使从地理上说，它也将继续扩大。地球上那些人迹罕至的地区，以前不适宜人类生存，未来通过技术进步也许就能够适宜人生活。目前它们仅仅是地图上的一个符号，未来就有可能成为人们生活世界的一部分。月球、火星，现在只是人们仰视的星体，但未来人类有可能去定居。

在人类不断交往的过程中，文化也在相互融合。例如，中华民族在漫长的历史过程中，既有丰富的原创文化，也吸收了各个不同民族的文化。

"世界一直在扩大"并不单指地理区域的扩大，同样指世界的物语在逐渐增多。世界之中物语的逐渐增多是总体趋势，大多数阶段增多的速度缓慢，少数阶段增多的速度极快。在某个特定的历史阶段，某种交往媒介的发明会极大地提高物语之间的交往。例如蒸汽机时代，人们发明了新的动力装置，可以方便出行、生产，人与人、物与物的交往都在加速。当今世界的变化速度也远超以前的时代，这是通信技术的发展使得人与人、物语和物语的交往变得更加频繁。

随着世界的逐渐扩大，人类整体的交往能力也在提高。当今世界物语的迅速增加是人类交往能力提高的体现。但对于单个的人来说，情况也许恰好相反，单个人的交往能力很难跟上飞速发展的世界。世界的不断物语化可以通过两种形式表现，即知识的不断发展和物的不断发展。知识的不断发展导致了知识分类结构的不断扩展，单个的人很难掌握不同领域的知识。也许有人认为这无关紧要，因为掌握所有的知识本来就不是人的目的。"吾生也有涯，而知也无涯。以有涯随无涯，殆已。"人类历来如此。但知识的飞速发展会使其自身以物的形式呈现在人的周围，与人们的日常生活密切相关，使人不得不与之交往。

物是知识的汇聚场所，人与物交往就是人与各种知识交往。早期的物构造简单，它们相对而言是透明的，人们容易知道这些物如何构造。而现代的物构造复杂，它需要由大量不同的专业共同构造，它对于单个的人来说是不透明的。这个物也包括组织机构。这种不透明性增加了人认识物的难度。即使退而求其次，不要求把这些物内部的知识呈现给人们，它和人的交往界面也应该简单清晰，使人们能够与之方便地交往。

物以它的理性规定了人与它交往的方式。人与越来越多的物进行交往，就需要不断学习和物交往的规则。物品的升级换代，改变了人们和它的交往规则。人处于某个机构内，机构内部的交往规则发生调整，人们也要适应新的规则。单个的人通常没有改变物的交往规则的能力，他只能继续学习这种规则并使自己再次适应。另外，人们所掌握的物的交往规则，通常只发生于人和物的交往界面，当物的内部出现运行故障，影响了正常的交往规则时，人们也很难适应交往规则的临时更改。

有人用"技术社会"描述当今的世界。例如，当今社会呈现出科技化、虚拟化、媒体充溢、消费主导的特点[1]。技术的变革正在推翻人们的时间观、对远近空间的看法、对世界的描述，推翻人与生命、思想、肉体、疾病、残疾、工作、休闲的关系[2]。哈贝马斯和哈勒指出，由于体制对生活世界的统治，人与人的关系、人的生活越来越几乎无孔不入地技术化、工具化和规范化，个人的日常生活越来越被置于技术、管理规范、法律等外部强制性的要求、控制和监督中[3]。这些讨论所涉及的变化有些是积极的，有些变化只是表明人与外部世界的交往对象和交往方式发生了更改。当今世界是快速变化的世界。由于人创造的语物越来越丰富，人在与这些语物交往的过程中，自身的交往方式、思维方式也将和语物一样变得更加简单理性，这是人的语物化的体现。本书将在第 14.3 节对此问题进行讨论。

13.2.2　未来世界的未知性及关于世界的理想

世界作为所有物语的集合，它的不断物语化是通过世界之中各种物语的相互交往实现的。过去和现在是这样，未来也将如此。

世界的未来蕴含在世界现有的知识和世界过去的历史之中。世界只要

---

① 赵剑英 . 深刻变化的世界与当代马克思主义哲学的使命 . 中国社会科学，2004，（1）：107-112.
② R. 舍普等 . 技术帝国 . 刘莉译 . 北京：生活·读书·新知三联书店，1999：4.
③ 尤尔根·哈贝马斯，米夏埃尔·哈勒 . 作为未来的过去 . 章国锋译 . 杭州：浙江人民出版社，2001：182.

有历史，就会有未来。人们鉴往知来，可以通过历史为世界构造一个未来。同样，世界只要有一个好的历史，人们就可以根据这个好的历史，构造一个好的未来。但世界的历史是各种不同事实的集合，不同的人对历史的认识差别很大。人们对世界未来的乐观论或悲观论，是基于世界的历史的，既体现出乐观的一面，也体现出悲观的一面。

无论人们对世界的未来持乐观还是悲观的态度，人们一般都希望世界的未来更美好。人们可以通过促成好的事情发生、阻止坏的事情发生来实现这个目标。

过去不少学者做出关于国家、世界、社会等类似语物未来的设想，这些可以被看作是对世界未来的构思。例如，柏拉图的"理想国"、中国儒家文化中"大同世界""平天下"等。

柏拉图希望建立一个由哲学家作为统治者，真、善、美统一的政体。在国家生活中，各人从事的工作取决于各自的德性。不同品性、不同阶层的人的灵魂中掺杂了贵贱不同的金属。每个人的天性在出生时又由神铸造①，它决定了每个人的社会地位是不可任意更改的。柏拉图的理想国有它固有的时代缺陷，但对这种缺陷的批判应该考虑其时代背景。

孔子曾提出过"大同世界"的理想："大道之行也，天下为公。选贤与能，讲信修睦，故人不独亲其亲，不独子其子，使老有所终，壮有所用，幼有所长，矜寡孤独废疾者，皆有所养。男有分，女有归。货恶其弃于地也，不必藏于己；力恶其不出于身也，不必为己。是故，谋闭而不兴，盗窃乱贼而不作，故外户而不闭，是谓大同。"②由于儒家学说在中国传统文化中得到普遍推广，这种"大同"观念成为中国古人对世界未来的理想。近代康有为、孙中山等人在这种"大同"思想的基础上进一步发挥，构建了他们的政治理想。

儒家文化中还有"平天下"的理想。它包含了一种道德理想——追求

---

① 柏拉图. 理想国. 郭斌和, 张竹明译. 北京: 商务印书馆, 1986: 128-129.
② 出自《礼记·礼运》。

公平、公正的帝王之德、圣人君子之德、为官之德，也包含了一种社会理想——安乐祥和、公平公正、尊卑有序、秩序规范[①]。"大同世界"的理想是遥远的，但"平天下"的理想却是一代代的士大夫、知识分子可以通过努力去交往的。儒家通过"正心、修身、齐家、治国、平天下"的一系列步骤，使得人们可以朝这种理想的状况前进。

不同时代的学者所构造的理想世界都是针对当时社会的主要矛盾而提出的，并希望从当时的"世界理性"中找到解决该问题的线索。学者们对世界的未来做出设想，正是认识到了世界的时间性——世界在世界之中。世界不仅在世界的历史之中，也在世界的未来之中。不管世界的过去如何、现在如何，如果能够给世界构造一个美好的未来，现在的世界至少也同时在这个美好的未来之中，那么现在世界的意义就得到了提升。构造一个美好的未来世界，也就是构造一个美好的现实世界。

如果要询问本书对世界的未来有什么设想，我们希望未来是一个善的世界，善的世界就是容易交往的世界。善不仅属于未来世界，而且人类现在也可以为之努力。

13.3 在世界之中交往

13.3.1 进入世界的领域

任何在世界之中的物语都进入了世界这个交往空间，并和它周围的物语交往。但即使它们都进入了世界，实际上它们也只能进入世界某个非常小的局部领域。语物所进入的世界由语物的目标所决定。虽然语物在自身的发展过程中，也将不断地物语化，和更多的物语发生交往，进入更广大的世界，但这个世界已经被语物的理性所限制。

---

① 李振宏. 儒家"平天下"思想研究. 中国史研究，2006，（2）：37-49.

人所进入的世界有更多的可能性。人出生时所进入的世界是无法选择的，人只能以这个小世界作为他和世界交往的起点。在人的成长过程中，他对交往的不同选择蕴含着进入不同世界的可能，但是否能够进入取决于世界是否是善的，是否给了人进入世界的条件。

世界是理性的，世界的理性由各种不同的规则所构成。任何文化都体现出了有限的善，它们鼓励人进入世界的某个领域。即使有些文化被认为是在鼓励"出世"，但它实际上还是在世界之中，只不过它所鼓励进入的世界是大众观念中非主流的世界。如果某种文化所鼓励的世界正好是人所希望交往的，人进入这个世界就会相对容易一些。这种文化可以提供进入这个世界的方法和途径。

世界的善由各种有限的善所构成，只有当这些有限的善是丰富的、能够被人选择时，世界才是善的，否则这种善只是限制人交往的规则。这是提倡多样性文化的意义，它为人的各种交往可能性提供了不同的世界理性，指引人进入不同的空间。当人无法选择，只能遵循特定的世界理性时，人的去交往就会有更多的限制。

人们通常认为中国传统文化中的儒家学说是一种积极入世的学说。儒家所提倡进入的世界是人类社会，即人与人交往的世界。儒家并不试图从这个世界之外寻找另一个世界。例如，"子不语怪力乱神"[①]"未知生焉知死"[②]"子曰：道不远人，人之为道而远人，不可以为道"[③]。自孔子以来的儒家学者将所有的思考和行动都留在了人与人交往的世界。他们提倡的是"正心、修身、齐家、治国、平天下"，通过在世界中的各种行为，由小及大、由内及外，将世界理性一步一步推广，从而使全天下达到一种理想状态。虽然今天看来这些思想中也有抑制交往的因素，但儒家的学说无疑体现了与世界交往的善念。儒家学说中的这个世界包含了普通人日常的生活

---

① 出自《论语·述而》。
② 出自《论语·先进》。
③ 出自《大学·中庸》。

世界，能够给更多的人以启迪。

儒家的历代思想家通过不断发展儒家学说，够造了一个由儒家学说所构建的世界。这个世界在现实世界中被推广，成为中国人生活世界中最主要的一部分。儒家学说的另一个主要领域是政治领域。它在中国漫长的历史中成为政治领域的主流学说，规范着行政机构的各种交往行为。儒家士子以"穷则独善其身，达则兼济天下"[①]的态度，构造了人的交往世界。要进入这个世界，人们需要不断学习儒家的经典论著，并在生活、政治的各种场合反复练习。儒家主张"学而优则仕"[②]，进入仕途的条件则主要取决于通过"学"掌握儒家经典并运用儒家的各种方法解决生活、政治领域的问题。与之相反，如果一个人出身贫寒，没有条件去学习儒家学说，那么儒家所构造的世界对他就有隔阂。小说《红楼梦》中，贾宝玉身上体现的则是另一种情况。他有良好的教育条件，但他却喜欢诗词曲赋之类的性情文学，厌恶儒家的四书和科举考试的八股文。这时，主人公的兴趣和儒家所构造的世界有较大的偏差，因此贾宝玉与世界格格不入。

宗教的世界和儒家的世界类似，但宗教的世界多了一些超出日常经验的内容。宗教通常是以人格神的名义所规范的世界，以人格神体现世界理性引导人的生活。对于没有宗教传统的中国人来说，信仰某种宗教意味着"出世"。

当代社会由于交往媒介的发展，各种观念都有可能广泛传播，它为人的交往选择提供了条件。人们可以在和不同观念的接触中，产生各种新的去交往的愿望，并在各种交往中获得来自各种世界的理性的指引，进入世界的不同领域。人如果能够在更多的世界之中交往，其自身的意义就更加丰富。人不断扩大他进入世界的领域，就是向善而行。

人不能够扩大自己进入世界的领域有多种原因。古时是因为交通不

---

① 出自《孟子·尽心上》。
② 出自《论语·子张》。

便、获得知识的渠道少、人与人交往的方式少，这些都是由交往媒介的缺乏所造成的；现在则有可能是人的时间太少，他疲于应付眼前的各种任务，没有精力开拓新的交往，例如，人被他的职业所限制，没有多余的时间。人在职业内的交往如果能不断深入，这也是扩大世界的方式。

13.3.2 天人合一与世界理性

中国古代的思想家是以"天人合一"的概念表达人和世界的关系的。这个概念虽然最终是由宋朝的张载所提出，但这种观念却有更长的历史。从商周时期开始，它经过不同学者的阐述，成了中国古代内容最丰富的概念之一。这个概念表达的是人和世界理性的关系，即世界理性的来源、世界理性的内容以及人接受世界理性的指引。

早期的"天"是中国人构造的人格神，后来则更接近世界理性的含义。这和西方采用上帝作为人格神，而后来在哲学家的文本中上帝则指世界理性类似。采用天和上帝表达世界理性的含义也和人格神本身就体现出世界理性有关。

早期的"天人合一"观念经历了从"神人交通"到"天王合一"，再到"天人合一"的演变过程。相传公元前 25 世纪，中国先民就有了"神人交通"的观念。人与神交往的主要途径是祭祀。到了殷商朝，商王为了巩固自己的统治地位，把祭祀的权力集中在自己手里，只有他能够和天进行沟通。他们称自己"有命在天"，即他们的权力是上天赋予的，这是他们权力来源的合法性[①]。这时天神和人的关系体现在天神和王的关系上，即"天王合一"。商朝末期，周王为了推翻商朝的统治，否定了商王"有命在天"的观念。他的思想武器是《易》，《易》所体现的基本思想是"变化"。这正是因为世界是变化的，"皇天改大殷之命，维文王受之，维武王大克之"[②]。周朝时，"天王合一"演变成"天人合一"的观念，"天聪明自我民

---

① 王晖，吴海. 论周代神权崇拜的演变与天人合一观. 陕西师范大学学报（哲学社会科学版），1998，（4）：82-90.
② 出自《逸周书·祭公》。

聪明，天明畏（威）自我民明威"①"民，神之主也"②"天视自我民视，天听自我民听"③。

　　早期的天虽然具有人格神的特点，但由于人们已经认识到"民为神主"，所以周朝"天人合一"的观念虽然形式上还是"天神-人"的关系，但实际上体现的是世界理性与人的关系，这时的天仅仅是世界理性的一个称谓。世界是所有人和语物的集合，语物是人创造的，所以我们也可以把世界的理性看作全体人类观念的一种综合。周朝关于天神与人的关系的论述中，指出了世界理性的来源——有什么样的人民就有什么样的世界理性。这种观点即使在今天也同样正确，不过现在还需要考虑语物对世界理性的影响。"天人合一"的另一方面包括人应该按照世界理性的指引开展活动："皇天无亲，惟德是辅"④；"天命之谓性"⑤。

　　后来的儒家、道家学者进一步讨论了天与人的关系，这时天所具有的神的色彩逐渐消退。儒家学者强调的是人与人交往的伦理关系，天更多地指伦理规范、道德，讨论人与道德规范之间的关系，或将天解释为某种道德规范。例如，孟子以"诚者，天之道也；思诚者，人之道也"⑥的观点，阐述了天与人的关系。道家学者则更多地将天理解为自然界，主张人理解自然、顺应自然。诚或自然都是世界理性的一部分，不同学派的讨论丰富了人们对人与世界关系的认识。

　　在儒家学者荀子所提出的"明于天人之分"的观点中，天则更接近自然界。荀子表达的观点是天和人各有不同的职责，天有天的运行规则，人类社会有人类社会的运行规则，都要依据规则行事。唐代柳宗元、刘禹锡所提出的"天人不相预""天人交相胜"的观点和荀子的观点类似。

　　西汉董仲舒对天赋予了更为复杂的内容，并提出了"天人感应论"。

① 　出自《书·皋陶谟》。
② 　出自《左传·僖公十九》中司马子鱼的观点、《左传·桓公六年》中季梁的观点。
③ 　出自《书·泰誓中》。
④ 　出自《左传·僖公五年》。
⑤ 　出自《大学·中庸》。
⑥ 　出自《孟子·离娄上》。

他将中国传统文化中一些重要概念，如天地、阴阳、五行、人，都融合在天里面，并讨论了它们之间的关系。此外，他根据人身体的一些数据及自然现象的一些数据相同认为天和人同类，并且把人的喜怒哀乐、四季的春夏秋冬同构为天的庆赏罚刑。通过这些类比，不同物语的意义相互支撑，使得天和人的关系更加牢固。

张载的观点和以往对天人关系的解释并无本质的区别，天同样是世界理性的体现。张载较之前学者的更伟大之处在于他通过建立太虚和气（太极）的本体论结构，为天赋予了新的内容——"由太虚，有天之名"①，将世界的本体太虚与天等同，为"天人合一"提供了新的基础。张载用来联系天和人的是性，"性者万物之一源"②。他通过这个特点将天性和人性类比，实现天与人的相互沟通。张载将天等同于太虚，与西方有的学者将上帝等同于存在类似。

近当代有学者将"天人合一"与西方哲学中"主体－客体"的关系联系起来进行讨论。天相对于人来说固然是认识的客体，但这种讨论没有认识到天这个概念的特殊性，偏离了这个问题讨论的重点。

在"人格神－人"的结构中，人格神也可以被看作世界理性。人们在"人和人"的结构中，构造出人格神作为这个结构的顶层物语，并以他作为人的终极指引。这个人格神通常是当时各种合理观念的集合体，以宗教经典的方式呈现。

根据以上讨论，我们可以知道世界理性和人之间有如下关系：①世界理性来源于人类的全体和各种语物的全体；②世界理性是所有个人和语物外部交往关系的最终指引；③世界理性的内容丰富，不同的人和语物在不同场合的交往，需要接受不同世界理性的指引；④人们可以通过探索，赋予世界理性新的内容。

① 张载.正蒙 // 林乐昌编校.张子全书.西安：西北大学出版社，2015：3.
② 张载.正蒙 // 林乐昌编校.张子全书.西安：西北大学出版社，2015：14.

13.3.3　在世界中交往

世界是世界内所有物语的集合，世界这个交往空间先行提供的交往规则也包括在其中。这是世界作为世界理性给各种物语的交往提供指引的体现。

如果把物语在世界中的交往具体化，可以包括如下情形：人在世界中交往、产品在世界中交往、某个组织在世界中交往、某种学说在世界中交往，等等。在世界中交往表明这个物语准备和世界中更多的物语交往，而不仅限于现有的周围物语。为了这种扩大，世界和物语都应该具有良好的交往性，使得物语容易在世界中扩大交往范围。

现实的世界是多样性的世界，它提供了多样性的交往规则。试图构造一套普遍适用的交往规则很难，因为分类结构及差异性是人们固有的心理结构。人们仅能尝试让一些美德在更多的人中达成共识。例如，对生命的尊重、对人的基本权利的保障、促进交往的原则和方法。

各种因素都会对物语进入世界造成实际的困难。在同一个国家之内，语言、货币、教育的推广，可以消除人们某些交往障碍。不同国家的人们交往会有更多的障碍。世界还形成了不同的文化圈。亨廷顿将世界的文明类型分为七类[①]。这些不同的文明具有明显的地域特点，但它本质上是不同人群在漫长的历史过程中所创造的物语的差异和交往方式的差异。在某种文化群体内部，人们认同的交往方式较多，不同的文化群体之间差别较大。这种差异并非必然通过激烈对抗的形式表现出来，而可以通过更富有耐心的协商对话来达到求同存异的目的。

在未来世界，随着科技的发展和观念的更新，人们创造的交往媒介可以逐渐消除国家、语言、文化圈形成的交往隔阂，促进物语和世界之间的交往。但这同时意味着人类创造物语的能力也将变得更强，丰富的物语所形成的分类结构依然会成为人与世界交往的障碍，世界依然会增加新的不

---

① 塞缪尔·亨廷顿. 文明的冲突. 周琪译. 北京：新华出版社，2013.

透明因素，阻碍人与世界的交往。

物语在世界中交往包括语物在世界理性的指引下交往和人在世界理性的指引下交往。前者比较简单，主要指语物的理性符合世界的理性。人在世界理性的指引下所开展的交往会导致两种相反的结果：一方面，人在世界理性的指引下逐渐掌握更多的交往规则，他能够和世界中更多的物语进行交往；另一方面，世界理性对人的交往方式进行了规范，束缚了人与世界之中的物语的交往。

此外，我们还应该认识到人在世界之中交往的局限性。首先，人们创造的各种交往媒介都仅仅是具有特定功能的语物，不同的语物只能在特定的领域给人以指引。其次，人的交往范围小，只能接受世界之中极少物语的指引。人的交往世界仅仅是一个极小的世界。人们在生活中的劳碌，疲于应付眼前的生活，使得人们的交往范围无法再扩大。最后，人们即使得到世界理性的指引，但自身的理解能力不同也会导致对世界理性掌握的程度不一，甚至由于人的交往本性，他的交往会超出世界理性的指引。这些都将导致人并不能真正获得世界理性的指引。

人 的 善

　　对于善或者与之相关的恶、正义等观念，人们的了解大多基于传统文化中流传下来的观念和人们在生活中观察到的事例。例如，"人之初，性本善"的观念。再如，小华牵王奶奶过马路，这是一种善行，在做这个善行之前，小华有一个短暂的思考过程，他鉴往知来，根据以往的知识知道老奶奶过马路比较困难，这是良知，虽然他和王奶奶并不相识，但是世界理性中已经包含了给人提供帮助的内容，他准备牵王奶奶过马路体现的是去和世界交往的愿望，这是善念。人们通过具体的事例，将善的观念互相传递。

　　举例子是解释某个概念的形象的方法，但仅仅通过具体的例子并不能说清楚善的问题，因为善不是简单的概念。从以往人们观念中的善所具有的含义来看，它和交往相关，涉及对交往行为的评价。虽然生活中人们所指的善并非纯粹的功利性观念，人们相信有超越国家、种族、文化的善，但人们对于交往行为的评价很容易带入自身的功利观念，这样，有时善变得很模糊。当善和功利观念联系在一起时，善将随着不同时期人们功利观念的变化而发生改变。况且，即使不和功利观念联系在一起，各种具体的善的观念也会随着周围物语的变化而改变。基于这样的考虑，我们在此将讨论善的概念中基本的东西——善的时间结构，以此作为善的基本内核。

以往采用善恶观念所评价的交往行为，通常涉及的是人与人的交往，而在语物和语物的交往、人和语物的交往中，这些交往行为该如何评价呢？特别是对于人和语物的交往如何用善恶进行评价呢？当这种交往行为变得普遍并且重要时，对这种交往行为的评价需要重新考虑善的问题，并将善的对象扩大。人的本性是复杂半理性的，语物的本性是简单理性的，这二者之间似乎天然就存在矛盾。这种矛盾在当今社会随着语物的迅速发展而凸显出来。正如前文提及的，现在因为工伤、事故导致的死亡人数远大于其他非正常死亡的人数。

基于上述原因，本书将重新讨论善的问题。

14.1　善的时间结构

善在伦理学、经济学、政治学、法学、社会学等诸多领域都是重要的问题。这个问题的普遍性表明我们应该从更基础的角度，返回形而上学中对它进行讨论。通过本体的参照，使得善获得基础的意义。在本书中，即通过交往的参照对它展开讨论。

由于交往自身是一种"无"，所以我们无法直接围绕交往讨论善，只能围绕交往周围的物语讨论善。在本书第 2 部分对交往的讨论中，我们规划出了交往周围的主要物语——交往对象（人和语物）、交往媒介、交往空间和时间，我们在此将围绕人和语物讨论它们的善。由于交往媒介主要表现为语物，而交往空间也是语物，所以在讨论语物的善时，也包括这两者。此外，我们还将针对交往的时间特性考察善。我们在此不准备从物语的几种变化形式来讨论善。前文讨论了物质的语言化、语言的物质化或者物语的物语化，这几种变化形式中并不明显地蕴含善恶的区分，它们都是物语变化的基本形式，都是普通的现象，即使有善恶区别也仅仅体现在具体的物语变化过程中。根据之前所提到的，物语可以分为人和语物，这个分类结构中蕴含着人的语物化、语物的人性化两种变化形式，本章还将从这两方面讨论善恶。我们将首先根据交往的时间结构，即交往从过去指向未来的一系列状态，讨论其中的善。由于交往的这个时间结构是固定的，因此善的时间结构也是固定的。这是本书讨论其他善的基础。

前文指出，交往从过去指向未来的时间结构中包括三种情况——鉴往知来、去交往、在交往。根据这个结构我们可以分别提出关于善的不同问题：我们对于过去应该有什么样的知识？什么样的去交往是善？什么样的在交往是善？善的时间结构由此形成：良知 – 善念 – 善行。这是知行合一的善。善的时间结构也表明，从这三者的任一方面着手都可以趋近于善。

14.1.1 良知

本书所讨论的良知和孟子、王阳明所讨论过的良知不具有同样的含义。

孟子认为，"人之所不学而能者，其良能也；所不虑而知者，其良知也"[①]。似乎良知是一种先验的知识，人生下来就能够获得。这种说法虽然可以赋予他所要强调的某些"知"以不容置疑的属性，但事实并非如此，人的知识都是通过后天的学习获得的。人与动物的区别主要在于人的大脑进化得更复杂、能够处理更复杂的信息，此外，人的各种器官能够适应更加复杂的交往。

王阳明丰富了良知的含义——"良知者，心之本体"[②]。"良知只是个是非之心，是非只是个好恶，只好恶就尽了是非，只是非就尽了万事万变。"[③] "良知是天理之昭明灵觉处。故良知即是天理，思是良知之发用。"[④] "良知是造化的精灵。这些精灵生天生地，成鬼成帝，皆从此出。"[⑤]

① 出自《孟子·尽心章句上》。
② 出自《传习录·传习录中·答陆原静书》。
③ 出自《传习录·传习录下·钱德洪录》。
④ 出自《传习录·传习录中·答欧阳崇一》。
⑤ 出自《传习录·传习录下·钱德洪录》。

从王阳明的论述中可以看出，他的良知是在孟子的基础之上的，被赋予了世界本体的意义。由这个本体，衍生出世间万物。这种做法近似于张载在天的概念中加入"太虚-气"的本体结构。

本书所讨论的良知并不具有上述复杂的含义，仅仅是良好知识的简称。因为如果要在"鉴往知来"这个环节体现出善，需要具有良好的知识才有可能更好地筹划未来。人不能无所凭借就筹划未来。那么，什么是良好的知识呢？

首先，本书不认为有某种先验的判据可以判断某种知识是好的或差的。人类的各种知识都来自人们对物语之间交往关系的观察及描述，有些知识比较可靠，有些不够可靠。因此我们可以先假设它们都并非绝对可靠的，虽然根据物语意义的循环性，事实也确如此，这样，我们就应该先排除从现有的各种依据中判断哪种知识是好的或差的的做法。

如果我们不能从外部寻找依据判断某种知识是好的或差的，就应该返回知识本身，从知识能够体现出的基本特点中建议某种特点是善的。由于这种特点仅仅是一种建议，所以我们对待与它对应的某种特点就应该持更为谨慎的态度，认为其是程度较轻的非善，而不是人们通常观念中所认为的恶或不善。改用"非善"只是要明显地区别于人们日常中对于恶或不善已经形成的观念，尽可能减小个人的主观判断所导致的武断。人们所形成的恶或不善通常具有价值评判的意味，而各种价值观在人群中固定下来之后，在某些场合就会成为压迫人的力量。"可以这么做"和"必须这么做"是两种完全不同的情境。本书对于善的所有讨论都仅仅是一种建议，是每个人可以根据自身的境遇所进行的选择，或者为了使得每次交往能够顺利开展可以参考的东西。

知识本身所能够明显体现出的特点就是数量的多少，即使有些情况不能被精确地体现在数字上，人们也能大致分辨出多和少的区别。例如，某个领域的专家通常比这个领域的研究生具有更多的相关知识。如果多和少并不能被明显地区别开来，人们就说"差不多"，这也体现了数量的多少。

多和少是相比较而言的，人们学习了一些新的知识，他的知识就比以前多了。

人们在鉴往知来时，是依据他所掌握的知识规划未来去交往的对象的。他所设计的未来物语具有或多或少的不确定性，但如果人们具有的知识越丰富，他设计的未来物语的不确定性就会越低。因此，为了更好地鉴往知来，良知首先体现的是丰富的知识。这种对良知的认识和人们在日常生活中对知识的推崇、做事情要考虑周全等观念是类似的。相反，如果人在筹划未来时所依据的知识不够丰富，他所设计的未来物语就会有更多的不确定因素。例如，如果仅仅掌握了善的某些具体事例，不能将其扩展成关于善的丰富认识，那么当交往条件改变时，人所表现出的善有可能只是对某种具体的善在形式上的简单模仿。

如果良知体现为丰富的知识，那么良知中还应该包括本体论知识。人们所具有的丰富知识并不能仅仅是一种堆砌，否则掌握的知识越多，人的思路越混乱。这些知识应该被放置在合适的结构中，方便人们查找、对照和引用。正如前文所讨论的，形而上学的目的是从复杂的世界中找到一条清晰的线索。每个人都可以自己设计出这种结构，从这个意义上来说，哲学是每个人的事情。人们也可以参考过去的哲学家所设计的结构，古今中外的哲学家虽然设计出了各种不同的结构，但他们之间的共同点其实远大于差异。他们都是想把人类形成的各种基本知识置于某个合适的位置，以帮助人们更清晰地认识世界。只不过在不同的历史条件下，人们周围的物语有了很大的变化，使他们显得差异很大。

除此之外，在良知中人们还应该注重吸收日常观念中不断形成的关于善的各种具体知识。通过对本体论的观察，人们对这些善的具体知识进行鉴别，或者对原来的本体论结构进行调整。某种知识被人们称为善，它通常会体现出交往性好的特点，人们会因为它的善而接受它。人们可以通过吸收这些善的知识，考察以往的本体论结构是否能包容这些善的知识。如果不能，就需要考虑对本体论结构进行调整。另外，群体有时也会有产生一些盲目的善的观念，例如受某种邪恶宗教蛊惑的"善男信女"们所具有的"善"的观念，或者生活中经常可见到的伪善，也需要通过本体论的对照将它的非善显露出来。

良知是上述三方面的综合。

14.1.2 善念

人们去交往的时候，总是准备和某个未来的物语交往。不同的交往对象有各自不同的特性，人们去交往时产生了不同的情绪。有些情绪人们认为是好的，有些情绪人们则认为不好。甚至一些所谓的好情绪走向了极端，也成了不良的情绪。例如，佛教中的三毒——贪、嗔、痴，可以被认为其是三种不良的情绪。"贪"是指对于喜好的东西偏执地希望继续交往，"嗔"是指对厌恶的东西偏执地拒绝交往，"痴"是指对不理解的东西贪或嗔。人们以不同的情绪去交往对交往的方式、交往是否容易开展有很大的影响。人在交往时如果有稳定的情绪，那他就容易在外部理性的指引下交往。医学研究表明，人的不良情绪多了甚至会患上疾病。因此，人们需要考虑如何控制去交往时的情绪。

任何人都是准备去交往的，这种准备甚至持续到生命终结前。我们在影视作品中经常可以看到这样的描述：某人在临终前挣扎着说出自己的遗愿，但往往只表达了一半便结束了。虽然这常常是夸张的演绎，但这也表明去交往的愿望会伴随人的一生。试图通过消除人们去交往的愿望来控制情绪，不符合人的交往本性，是不现实的。

信仰宗教的人经常和神交往，虔诚的教徒则时刻准备去和神交往。从控制情绪的角度考虑，这的确会有好的效果。生活中有人因为心灵没有归属，总是处于不可名状的情绪中，而在宗教中，人经常和拥有广大理性的神交往，这无疑为人们规划了一种生活方式，但这种方式对没有宗教信仰的人不适用。况且现代社会已经发展得非常丰富，人们有更多的交往对象准备进行交往。几千年前产生的宗教已经涵盖不了当今世界的大多数内容。在当今时代，一个清醒的人如果他的生活主要就是和神交往，那他不免会陷入自我怀疑之中，这是逃避还是真实的自我选择呢？

海德格尔根据人总有一死的事实，提出了"向死而生"的去交往方式[①]。人时刻准备与死亡交往，无疑也固定了去交往的对象。人通过坦然地面对死亡，理解人如何走向死亡，可以消除人在生存中不可名状的"畏"的情绪。

死是所有物语都不可避免要经历的一个阶段。物语的死指的是它和外界的交往关系终止了。对于人来说，死主要指他的生理系统不再工作，与外界的交往关系终止。或者人对生活绝望，不想再和外界发生交往，即"心死了"。生理上的死是自然规律，每个人都应该学会坦然面对。"心死"体现的是人在交往过程中的恶的状态，如果要改变这种状况，就需要从改善交往着手。对死的关注就是对物语的生灭过程的关注，死是生灭过程的终点。

死所导致的交往关系终止也意味着意义的消失，意义对应的是交往双方，死意味着生者的意义也消失了一部分，对死的畏惧是生者对交往关系消失的担忧。一些文化中对自杀这种行为有强烈的批判，这不能仅仅将其解释为生物体有延续物种的本能，也不能仅仅将其解释为它是"道德上的懦弱"或者"身体发肤受之父母，不可轻易损毁"。对自杀进行批判是因为这种行为对生者产生了极大的困扰，人们通过不同方式把这种担忧表现出来。自杀剥夺的不仅仅是自杀者本人的生命，它也剥夺了生者的意义。但是自杀者总是有理由的，不管是因为疾病，还是因为他所处的社会交往关系恶劣，他是以结束自己生命的形式、结束他所有交往关系的方式，对他所承载的肉体痛苦和不合理的交往关系进行反抗的。关注因为疾病而产生的自杀行为，可以促使人积极探索提高医疗水平和减轻病人痛苦的方法。关注其他的自杀行为，可以促使人们关注社会交往关系中存在的问

① 马丁·海德格尔. 存在与时间. 陈嘉映，王庆节译. 北京：生活·读书·新知三联书店，2006：271-306.

题，使人们为改善社会交往关系而努力。

对死亡的关注是有意义的，但个人在选择去交往的对象时的"向死而生"并没有特殊价值。死亡终究是遥远的事情，虽然临近生命极限之时人们会对它考虑得多一些，但对于普通人而言，在年轻力壮的时候，死亡很难成为人去交往的对象。即使人临近死亡，对生活的意义有了新的认识，但这种认识未必就比其年轻时的看法更深刻，也不过是人在某种情境下的认识。另外，"向死而生"透露出了无奈的含义。固然它可以给处于情绪低谷的人以某种短暂的安慰，但其并非普通人的日常状态。况且它将人的去交往对象固定为"死"，这无疑有种冰冷的、无可奈何的情绪，这只是一种绝望中看到希望的宽慰。即使这种去交往的对象体现出善，其也并非普遍的善。

此外，还有以来生作为去交往的对象的，即把今生今世所有的交往归结为期望获得一个好的来生。这虽然也是一种固定交往对象的方式，但来生究竟是什么？这是禁不起质疑的东西。

第12.2节中谈到以去交往本身作为目标，由此人的交往目标就成了如何改善将要发生的交往，这是控制人的交往情绪的一个方面。但仅有这些还不够，因为人的每次交往都有具体的交往对象，这个具体的交往对象明显地摆在人的眼前，无法躲避。那么，什么样的交往对象才能使人保持稳定的情绪呢？

人们不应该从一些特殊的情境或虚构的物语中寻找这个去交往的对象，而应该从每个人的日常生活、每个人所有的交往中寻找去交往的对象，并由此规划出一种善，这种善才具有普遍的意义。每个人与外界所发生的交往，都无时无刻不是在准备和各种物语交往。虽然这些去交往的对象各不相同，但它们都属于世界，这也意味着每个人的去交往都有一种准备和世界交往的属性，因此我们可以把去和世界交往看作一种善，即善念。去和世界交往体现了每个人随时随地都可以产生善念。

当人们去交往的对象由一种具体的物语转变为世界之后，这种去交往体现出了不同的含义。

首先，人们需要开阔的视野来重新认识各种物语的意义。人们虽然实际上还是准备和各种具体的物语交往，但所有的物语都被赋予了"世界的一部分"的含义。以世界观照各种物语，表明各种去交往的物语都在世界之中。这虽然是实际的情况，但人们却常常忘记这点，仅以有限的眼光看待各种物语的意义。

其次，人们去交往的对象始终是广大的世界，人容易控制自已去交往的情绪。去和世界交往与去和神交往类似，交往对象都具有广大的理性，但目前宗教中人格神能够涵盖的内容已经落后于当今时代。以世界作为去交往的对象，既可以保持相对的稳定，又可以随着世界的不断发展，给去交往的对象赋予新的内容。

最后，去和世界交往可以融入人们的各种交往行为之中，并以世界理性为参照，检验去交往的各种对象是否能体现出善。例如，为他人提供帮助的愿望就能体现出去和世界交往，因为人并非生来就具有这种愿望的，而是在世界理性的指引下形成观念的。类似于抢劫杀人的行为则是被世界理性排除在外的，不能体现去和世界交往。这和前文提到的以本体论为参照，检验关于善的知识类似，此处是以世界为参照，检验人的各种去交往的愿望。

儒家的"入世"精神与去和世界交往的态度是一致的。虽然儒家学说的一些内容随着时代的发展需要进一步发展，或者它关注的领域已经变得有限，但它的"入世"精神应该继续保持并发扬。在古代社会，儒家的"入世"在很大程度上是指进入国家的政治生活——入仕，这仅仅是因为古时入仕是进入广阔世界的主要途径。而当今世界有更丰富的内容，人们有更多的途径可以进入世界。孟子说，"穷则独善其身，达则兼济天下"[①]。不管一个人的现实状况是穷还是达，只要他认识到所有的去交往都是去和世界交往的一种方式，那么无论在什么状况下，他都能体现出善念。

---

① 出自《孟子·尽心上》。

14.1.3　善行

人若有良知、有善念，那么在其指引下，所开展的交往活动无疑能够体现一种善行。但仅仅拥有这些还不够，为了有善行，人们需要对交往过程进行考察，把阻碍交往的因素消除，使交往能够顺利开展，这才能被称为善行。

生活中经常有好心办坏事的情况。例如在前文的例子中，小华牵王奶奶过马路。小华认为自己有良知、有善念，但却牵着王奶奶闯红灯，这就不能被称为善行，甚至他的良知和善念也出现了问题。如果没有出什么问题，他会侥幸地认为这种行为没有问题，如果出了交通事故，他才会反思之前所认为的良知是否有不足之处。

人在交往过程中的善和人的各种交往行为一样，都是知行合一的。人们不断充实自己的知识、时刻准备去和世界交往、通过交往行为去检验和丰富自己的交往知识，才能实现善的知行合一。

14.2　与善相关的一些概念

交往的时间结构确定了善的基本含义，我们由此又可以进一步讨论与善相关的一些概念，如恶、正义，并可以讨论中庸所包含的善。

14.2.1　中庸所体现的善

孔子在提出中庸的时候说："中庸之为德也，其至矣乎！"这种"至德"也可以被称为至善或者善。那么中庸是如何体现这种善的呢？

首先，中庸体现出一种普遍的真理，它是人人都可以理解的道理，它实际上是人们认识所有物语的基本方法。作为一种基本方法，它已经体现出善中的良知，同时它也是人们认识"善"这个概念的方法。

任何物语的周围都有其他一些和它发生交往关系的物语，这是最简单的道理。但是，正因为它简单，所以经常有人对它过度阐述，认为需要把这个"中"找出来，但实际上这个"中"就是人们所需要认识的每一种物语。离开"中"去另外寻找"中"的做法偏离了认识事物的途径。

孤立的物语没有意义，对"中"的认识有赖于对它和它周围物语的认识。如果"中"实际处于更多的物语之中，而仅取少量的物语作为它的周围物语，那么对"中"的认识就会是片面的。如此有人会问，对于一个物语来说，如何去认识它才不会片面呢？以什么作为根据才能知道对它的认识不片面呢？这种提法也是离开"中"去另外寻找"中"的做法。因为这并没有其他根据，没有比中庸之道自身更基本的依据。寻找其他根据，只是找到了一种和"中"发生交往的对象，找到了"中"的一种新意义。根据中庸之道，人们需要根据这个"中"在和各种物语不断的交往中，考察它所能够产生的各种意义。这样，"中"的意义才能不断丰富。如果"中"的周围有一些比较大的物语，这只是表明"中"和它交往能够产生更加丰富的意义。

为了能够对"中"形成更丰富的认识、要促进"中"和各种物语的交往，我们就需要考察它和不同物语的交往、它在不同空间的交往、它在时间中所体现的交往特点。因此，中庸之道虽然是简单的道理，但实施起来却有很大难度。朱熹对中庸的理解虽然和本书不同，但他也曾经用"中庸易而难"[①] 表达过中庸的特点。

本书对善的解释也体现出了中庸之道。良知中所包含的丰富的知识，以及需要不断吸收各种关于善的具体知识，都表明人们要从更广泛的周围物语中去认识善。善念中的去和世界交往，则体现出要面向广大的世界培育去交往的愿望。而善行则是在各种具体的交往中，通过改善交往，不断检验善的知识、获得关于善的新知识。

其次，中庸既体现出一种理性，又可以克服理性的盲区。在人类的历史上，理性一词曾经用来形容人的美德。但到了 19 世纪，叔本华、尼采、

---

① 出自《中庸章句》。

克尔凯郭尔等人却反对理性主义。对理性的态度无论是支持还是反对，其实质都是为了发展能够促进物语之间交往的方法。当人类认识事物的方法尚处于逐渐发展的过程时，人们是通过促进物语之间交往规则的形成来发展它们之间的交往的。而当这种规则固定下来之后，它又会成为阻碍物语交往的外部束缚，这时需要人们跳出现有的规则，发展其他的交往方式。只有清楚了理性所体现的真实含义，人们才能理解它在交往中的作用及缺陷。

中庸规定了认识物语的基础方式，即从它周围的物语认识这个物语，除此之外并无其他方式。这体现了理性的特点——有限性。那些已经在周围的物语、已经形成的交往规则，都是依据中庸需要考察的对象。而那些偶然发生交往的，或有可能发生交往的物语，同样是依据中庸需要考察的对象。

此外，中庸在本书中是用来讨论交往的方法。通过建立并认识这个本体，人们可以找到认识善的基础。

我们在此从人们的观念中已经具有的交往认识，以及交往发生于空间与时间之中，找到了交往的一些周围物语。我们通过对这些周围物语的讨论，阐述了交往的意义。这种讨论并不能涵盖交往的全部意义，我们依然需要从它和其他物语的关系中发现新的意义。我们在前文提到过，任何知识都有一种无根性，交往也不例外。为了消除这种无根性带来的不利影响，我们只能通过对它不断认识，随时赋予它新的意义。

即使我们在此认为交往是一种本体，也不过是因为交往是一种普遍的现象，而非认为它对于理解世界各种物语具有决定性的作用。它的这种普遍性仅仅表明在任何时候这个本体对于其他物语而言都是一个可以参照的对象。通过这个本体的参照，每个物语都可以获得一种基础的意义。本书对善的认识也是如此。

14.2.2 恶及非善

恶与善是善恶之轴的两端，它们是似反性的关系。对恶的分析同样也可以沿着交往的时间轴展开，并在与善的对照中开展。

与善的讨论不同，本书对恶的讨论仅将那些已付诸行动的、产生恶果的行为称之为恶或者恶行，而与良知、善念对应的称为非善，或者非良知、非善念。因为恶在人们的日常观念中具有强烈的批评含义，人们需要采取谨慎的态度。非良知、非善念如果不对外发生交往，并不会产生不良影响。我们将其称之为非良知、非善念仅仅是为了使人在检讨自己的恶行时，能找到它的由来。本书对待善恶的态度和中国古人对待善恶的不同态度是类似的。中国古语有云：百善孝为先，论心不论迹，论迹寒门无孝子；万恶淫为首，论迹不论心，论心世上无完人。

在鉴往知来的环节，良知体现在知识的丰富性、结构性及自我完善性上，非良知则与之对应。贫乏的知识并不一定导致人作恶，但人们作恶有时候是因为缺乏知识。例如，因为缺乏法律知识而犯罪；因为缺乏设备的维护知识而导致安全事故。如果人们的交往行为和某种知识无关，那这种知识的有无对人来说就谈不上善恶，例如，某种专门设备的操作知识的有无对于其他非专业人士来说则是非善非恶的知识。如果人们缺乏某种交往所需要的知识，这时就是非良知的。如果因此产生了恶果人就需要从他的知识结构中寻找原因。

对于缺乏本体论知识，许多人会不以为然。他们认为哲学只是极少数人的事，而与自己无关。但是如果不以形而上学为根基，知识就不够牢固。叶秀山曾用"如果没有形而上学，权力就是真理"的观点表述了这种状况。那些零散的知识就像地上的落叶，风一吹就散开了。形而上学就像树干，可以给众多知识以支持。这时，对知识的解释就不是通过权力进行的。此处的权力，并非仅指来自政府的权力、领导的权力，而且包括福柯所谈到的各种微观权力。这种权力人人都拥有，但人人都可能被它控制。

例如"人言可畏",产生这个"言"的是每个人,受它迫害的也是每个人。这种权力实际上是以生活中各种大的物语作为对知识的解释的。当知识能够以形而上学为根基,对它们的解释就不是任意的,也不是仅仅根据某种情境下的特殊情况就可以将其任意扩大的。例如,人们在生活中容易区别什么是善、什么是伪善。

如果不能经常吸收人们在生活中形成的关于善的新的认识,那么关于善的知识就不会逐渐积累,形而上学的树干也会因为没有足够的营养而枯萎,从而成为一些令人不感兴趣的空洞概念,人们无法用僵化的良知指导新的交往。这种情况也是非善的。

在去交往的环节,善念是去和世界交往的愿望,非善念则与之相反,仅对狭小的世界有去交往的愿望。非善念并不构成恶,甚至人们偶然产生杀人放火的念头也构不成恶。恶要通过行为使自己或他人受到损害才能成为现实。但是,经常性的非善念常常是产生恶行的原因或伴随现象之一。

例如,流水线上从事重复生产的工人,日复一日地重复简单单调的动作,像机器一样。他的去交往都被工作压缩成同一个念头——仅仅为了重复完成自己的这道工序。当他因为这种工作得了职业病,或产生心理上的疾病时,这项工作就成了他的恶行。他的非善念也因此成为交往中的一个特征。

例如,一个人的去交往,如果主要考虑的是自己的经济利益,他就由此变成了一个钻在钱眼里的人,甚至为了这种利益做出不道德或违法的事情,会损人利己或害人害己。这时,非善念可能就是恶行的主要原因。

人的思维活动非常复杂,并不像现实世界里已经呈现出的物质或语言一样,能够被他人感知。人们所感觉到的自己的思维,通常是和各种去交往的念头纠缠在一起的,有些清晰、有些模糊,甚至还有深层次的潜意识。以人的去交往的愿望来判断恶,既没必要也不可能实现。提出善念和非善念的观点,仅仅是针对人们在试图改善自己的交往行为时,可以凭借的一种途径。例如,如果一个人长期认为生活、工作毫无意义,他就会情绪低落。这时他可以给生活、工作赋予一种去和世界交往的意义，从而天地就会开阔。人们也可以在生活中积累各种微小的善念，并将其转化为善行，生活也会逐渐开阔。

在交往的环节中，非善行指交往没有按人的预期开展，并低于人的期望。这时人们需要通过对交往过程的各种因素进行分析，找出问题，改善交往。例如，对交往对象的特性、交往空间的特性、时间特性进行分析；从交往过程的分析中规划出交往媒介，通过对交往媒介的改善达到改善交往的目的，甚至也可以修正人们对目标的预期。

交往中的恶仅指恶行。它是指对交往中的人或语物产生危害的行为。人们在生活中对于什么是恶行已经有足够多的经验。尽管如此，由于善与恶是一根轴线上发展出的东西，所以有些情况下他们之间并没有清晰的界限。这时人们应该从这些模糊的地方发现善，而非去寻找恶。人们常举出这样的例子，一条铁路上有 5 个小孩，另一条铁路上有 1 个小孩，火车朝 5 个小孩驶来。扳道工可以改变火车的轨迹让它驶向 1 个小孩的铁路。扳道工将何去何从？他是让火车按原定轨迹行走，导致 5 个小孩死亡？还是改变火车的轨迹，导致 1 个小孩死亡？有人会认为扳道工不管如何选择都体现了恶。但恰恰相反，他不管如何选择都体现出了善。只要他考虑如何选择，这就表明他在为这些小孩的命运担心，想改变这种局面。这是世界理性所赋予的内容，这体现出了善念。他不改变火车的轨迹，是因为他认为自己不能够做恶行，导致 1 个无辜的小孩死亡。他改变火车的轨迹，仅仅是觉得 5 个小孩的死亡比 1 个小孩的死亡更加悲惨。他在选择时面临两难的境地，只是因为这件事情天然就存在恶——人并不能阻挡火车撞人的事实。不管他如何选择都不能体现正义，因为他改变不了恶。这时的正义并不在于他如何选择，而是应该跳出这种境地进行思考。例如，他虽然改变不了这一次的恶，但可以预防下一次恶的发生。他可以采取措施防止小孩再次进入铁路。

14.2.3　正义

正义涉及更多具体的交往行为，对正义的讨论需要在交往、善行、恶行等概念的参照下开展，否则容易把具体交往场合所体现的正义当作正义的全部，进而也很难对正义所涉及的内容进一步扩展。

正义的英文 justice 源于希腊语 orthos，表示"置于直线上的东西"。中文的正义由正和义构成。正表示"不偏，不斜"，与 orthos 所表达的"直线"含义接近；正也可以表示"纠正，使……正"。义则表示"合宜的道德、行为或道理"，与善的概念接近。这些文字的解释所体现的正义可以表述为将偏离正确位置的事物归正。

正义的观念所包含的逻辑较为简单，就是制止交往中的恶行或改正恶行。如果这个恶行是对交往常态的改变，正义就是恢复到交往的常态。如果这个恶行是以前交往的常态，正义就是改变现状至更好的状态。"无恶不正义"，如果以前的交往并不明显地体现为恶行，将它改变至更好的状态并不能被称为正义，而只能用含义更广泛的善行来表述。例如在火车站买票，人人都排队，如果有人不排队，那他就破坏了规则，制止这种行为就是正义。如果人人都不排队，那将导致场面混乱，制定排队的规则就是正义。如果人人都排队购票，但又创造出网络购票的方式方便人们购票，那这时网络购票体现出的是一种善，而非正义。

根据上述讨论我们还可以考虑另一种情况——开始人人都不排队，这导致场面混乱，后来创造出网络购票的方式，不排队的情况就自动消失了。这时网络购票的方式体现的是善还是正义呢？任何交往都是在特定的时空中发生的，恶行也是如此。采用网络购票的方式并没有使恶行改变，只是把恶行赖以发生的时空取消了。因此，它体现的是善而非正义。

正义不等于善，但正义经常是善行的一种形式。对正义的理解应建立在对交往中的善行、恶行的理解基础之上。正义观就是对正义行为所涉及的善恶观念进行分析。本书虽然对善、恶的基本概念进行了讨论，但在具体的交往中，什么是善行、什么是恶行还需要在交往中被反复考量。具体的善恶观念将随着人们对交往过程认识的不断深入而改变，也将随着各种新的交往关系的出现而丰富。

早期人们常用"天道""天理"描述正义，认为正义是一种先天的、主宰人世间万物的规则，宇宙万物必须符合这个规则才是正义。甚至现代也常有人用"天理"来表述正义。本书用世界理性来表述这种观念，正义观包含在世界理性之中。但世界理性并非先天的，"天道""天理"也不是先天的，而是随着时代的发展逐渐形成和丰富的。

柏拉图的正义是维护城邦的正常运行。当社会由于人的本性分出不同阶层的时候，那个时代认为统治者、辅助者、劳动者在各自的阶层做各自的事，就是正义，这种正义也是人的一种美德。亚里士多德的正义体现在分配上，与公平、平等类似，但平等并非相等，不同的人根据他的地位、天赋、出身，在分配上有差异。这些正义观体现出为社会构造一种规范，它们与孔子的"君君臣臣，父父子子"观念类似。这些正义观念是基于当时的社会观念中所蕴含的合理因素所提出的，如果它们能够在人群中成为共识，那偏离这些观念就是恶行。过去合适的正义观，现在则未必合适。以前人们认为人的等级制度合理，每个人在他的阶层内各尽其职能够保障交往的开展，现在则不能这么认为。即使人的分类结构现象依然广泛存在，但如果其成为阻碍人们交往的等级制度，它就是人们希望改变的制度。

正义除了在不同的年代产生差异，还有地域的差别。不同的地域、国家，人与人之间的交往规则所经历的发展历程未必相同。当今社会，随着国家与国家之间交往的发展，正义观的地域差异在逐渐缩小。如果不同国家之间的正义观不能达成共识，那么人们就应该为这个正义观的适用范围划出界线，并对两国之间的交往规划出能够共同认可的交往正义观。

正义这个概念在过去适用的场合通常是政治领域，体现的是对人与人之间交往关系、政治团体之间交往关系中恶行的改变。这时正义常常和公正、权利、权力等概念密切相关。但人和语物交往时也常有恶行发生，对它的改正同样可以被称为正义。这种情况有些是人们熟悉的，例如，某人从公司偷盗财物据为己有，对这种行为的制止就体现出正义；或者执法部门在执法过程中出现了冤假错案，后来被改正，也体现出正义。但如果机器伤了人，人也因此获得了赔偿，或者人用坏了某台机器，人也付出了赔偿，在这些情况下，如果不追问在人和机器的交往中，恶行是如何产生的、如何实现人和机器交往时的正义的，这种恶行将会继续。或者一些更微小的情况，例如人们工作时，每天都处于一种心情不畅的状态，或工作时承担繁重的体力、脑力负荷，这时也存在恶行，对它们的改善也同样可以被称为正义。

14.3　人的语物化

物语的变化除了蕴含物质、语言之间的相互变化之外，还蕴含了另一种变化的形式，即人的语物化、语物的人性化。这是基于物语的两种不同分类方法体现出的两类不同的变化形式。人的语物化可以指人变得像石头一样、变得像某种用具一样，通常来说体现了非善甚至是恶；而语物的人性化指的并非语物变得像人一样是复杂半理性的，而是指语物在交往中更适应人去交往，这体现了善。本节讨论人的语物化的问题。

过去曾经有大量的学者和文学家以不同的方式、不同的概念讨论过人的语物化问题。例如孔子所谈的"君子不器"、马克思所讨论的"人的异化"，或者其他学者所讨论的人的物化、技术化、机构化等概念，以及文学作品中类似的描述。本书重新讨论这个问题旨在表明这些问题可以被归结为一类问题，并且这个问题内在地蕴含于人和语物的分类结构之中。

14.3.1　人的语物化现象

人和语物的主要区别在于人性的复杂半理性和语物的简单理性。人的语物化的宽泛含义是指人在语物的指引下开展交往行为，并且变得像语物一样简单理性。当人和周围的物语发生交往时，他能够掌握交往规则，使交往顺畅。这似乎是比较理想的情况，人们有时也试图追求这种交往状态。但这种理想还应该有一个前提，即人能够在这种交往中，不断产生新的去交往的愿望，并对自身进一步物语化，使人的行为更符合人的交往本性。人的交往本性和随之而来的自我物语化，是推动人在时间中前进的动力。一个谨慎明智的人被去交往推动的时候，也许善于学习新的交往规则，在扩大自己的交往范围时能够保持一贯的理性，并有所收获。这时从理性所体现的有限性的含义来说，他依然是在克服这种有限性，我们并不能将之等同于语物的简单理性。或者他懵懵懂懂、冒冒失失地去交往，有时不免碰个头破血流，被人们斥为"糊涂虫"。这其实无关紧要，它和前者的区别不大，都是人不断去和新物语交往的体现。正如歌德在诗中所写的：

> 人要立定脚跟，向四周环顾；
> 这世界对于有为者并非默然无语。
> 他何必向那永恒之中驰骛？
> 凡是认识到的东西就不妨把握。
> 就这样把尘世光阴度过；
> 纵有妖魔出现，也不改变道路。
> 在前进中他会遇到痛苦和幸福，
> 可是他呀！随时随刻都不满足。

——歌德《浮士德》[①]

本书所讨论的人的语物化指的是一种狭义的情况。它指人被语物控制时，将自身的去交往和在交往都约束在狭小的范围内，人无法跳出这个范围。这时，人的去交往和在交往就成了被迫去交往、被迫在交往。这正如人在监狱里失去了人身自由一样，他每天的交往空间、交往对象都被高墙所限

---

① 歌德. 浮士德. 董问樵译. 上海：复旦大学出版社，1983：660.

制，他想去外面的世界但却不能实现。人的语物化虽然在形式上并不一定有这堵墙，但人的交往却处处受到观念、组织机构或物的限制，这些外部语物控制着人。例如，财迷、官迷，他们受到日常生活中某些对金钱、地位崇拜观念的影响，将其作为人生信奉的教条和以其为中心安排自己的交往，这无异于被金钱和地位所奴役。

再如，教条主义者，他们并不对具体的交往行为进行考察，而是生搬硬套现成的原则、概念来处理问题，他们不能通过新的交往扩充自己的交往知识。这种教条使得他自己僵化，并束缚了他人的交往。虽然身处世界之中的人免不了受到各种观念的约束，但人和语物的区别仅在于这种约束的大小。语物从它一开始形成的时候就受到了较强的约束，例如受到自然规律、人对语物所设定的目的等的约束。人从出生开始同样受到各种社会规则的约束，但社会规则可以设置得较为宽松，让人有更多周转的空间。如果社会规则对于错误有较大的宽容度，那么人们还可以通过尝试错误来突破现有规则的约束。人的交往还受他自身生物能力的限制，但人也可以通过不断发明新的交往媒介，扩展自身的交往能力。

再如，组织机构中的人，如果工作中的体力、脑力消耗超负荷，他的交往都是围绕工作中给定的有限方式进行的，而没有多余的能力去开展更丰富的交往活动，甚至不能产生更多去交往的愿望，这时人就被工作中的交往所奴役。或者如阿伦特曾经讨论过的纳粹战犯阿道尔夫·艾希曼，他执行的仅仅是纳粹集团这个机构安排给他的工作，并在工作中体现了"尽职尽责的美德"，但也因此对人类犯了罪。这是人被机构化了，这时的他不能以更广阔的世界理性作为指引。

又如交通不便的年代，居住于大山深处的人被山隔断了和外界交往的通道，很难看到外面的世界。他们的交往行为简单，年复一年、日复一日地重复。这时，即使人们能够熟练掌握这个小社会的交往规则，这种理性也压制了人们去交往的愿望。

更加极端的情况可以在作家的笔下找到。卡尔维诺在《美国讲稿》中谈道，"有时候我觉得世界正在变成石头。不同的地方、不同的人都缓慢地石头化，程度可能不同，但毫无例外地都在石头化，仿佛谁都没能躲开美杜莎那残酷的目光"[1]。或者正如契诃夫在《装在套子里的人》所描写的别里科夫那样，他性格孤僻、胆小怕事、恐惧变革，想做一个纯粹的现行制度的"守法良民"。专制制度毒化了他的思想、心灵，使他惧怕一切变革，他顽固且僵化。他是沙皇专制制度的维护者，但更是受害者。

14.3.2　君子不器

孔子提出的"君子不器"[2]的观点也许是对人的语物化最早的论述。他采用否定的句式表达了对人的语物化的态度。与"君子不器"类似的是"人不是动物"的观点，这同样也是对人的语物化的否定，但后者不是什么特别的观点。比孔子略晚的孟子及亚里士多德分别从人和动物的区别方面讨论了善恶问题、理性与非理性的问题。人和动物的区别是明显的，把他们进行类比的理由也很直接，因为他们也有明显的相似性。

虽然动物和器物都是简单理性的语物，但在人们的观念中，器物与动物相比，它离人的距离更遥远。因为这种遥远，人们没有特别的理由将人与器物进行比较，因此"君子不器"的观点体现出一些不同寻常之处，我们甚至可以认为这个观点更像当代的观点。孔子在 2000 多年前所提出的这个观点反映出他在当时对于人性及物性的认识已经非常深刻了。

在"君子不器"的观点中，我们首先要理解君子。在孔子之前，君子指的是有一定社会地位的贵族，与之对应的小人则是指普通的庶人。孔子所指的君子和小人，是根据人所具有的不同道德品质区分的。君子并不是遥不可及的人格理想，每个人不论处于什么社会阶层，只要他不断地学习和实践，即使他不能做到完美，他也有可能成为君子。

《论语》中记录了孔子关于君子的观点。例如，将君子与小人对

---

① 伊塔洛·卡尔维诺. 美国讲稿 // 吕六同，张洁. 卡尔维诺文集：寒冬夜行人等. 萧天佑译. 南京：译林出版社，2002：319.
② 出自《论语·为政》。

比——"君子喻于义，小人喻于利""君子和而不同，小人同而不和""君子泰而不骄，小人骄而不泰""君子坦荡荡，小人长戚戚"。君子应该具备仁、知（智）、勇三种品德，"仁者不忧、知者不惑、勇者不惧"。孟子则认为"君子所以异于人者，以其存心也。君子以仁存心，以礼存心"①。从这些观念可以看出，君子是以改善人与人交往为己任的，遵循人与人交往时的良好方式"仁"。随着时代的发展，人和人的交往关系不断变化，作为交往原则的仁和作为人格理想的君子二者都需要扩充。如果不能为它们赋予新的含义，它们将失去活力，成为观念的化石。

对于个人而言，要成为君子，不仅要参照前人所提出的各种关于君子的论述去交往，而且要在自己的交往中不断分析和总结，为新的"去交往"提供依据，从而走出一条自己的君子道路。孔子本人对于过去的交往规则也是有所坚持、有所不坚持的，"麻冕，礼也；今也纯，俭，吾从众。拜下，礼也；今拜乎上，泰也；虽违众，吾从下"②。在孔子看来，要成为君子需要通过"志于道，据于德，依于仁，游于艺"③去实现。这既包括遥远的目标——志于道，也包括现实可以依据的物语——德和仁，还有实现的方法——游于艺。成为君子的过程可以被描述为"兴于诗，立于礼，成于乐"④。诗和礼可以分别被看作是隐喻性交往和结构性交往，乐在此可以被看作成为君子之后的和谐状态。成为君子需要尝试各种方法，需要通过不断地交往去实现。

与君子相对应的器并非特殊的物，如作为自然神的物，孔子是以"敬鬼神而远之"的态度对待神的。这个器是日常的普通用具，它们在生活中被赋予了固定的交往关系。例如，碗的功能是盛饭、盛菜，筷子的功能是夹持食物。虽然它们偶尔也可以用做其他用途，但它们主要是为了满足特定的交往功能而存在的。人们找不出任何一种物像人一样，能够存在于各

① 出自《孟子·离娄章句下》。
② 出自《论语·子罕》。
③ 出自《论语·述而》。
④ 出自《论语·泰伯》。

种交往关系之中。"君子不器"表达了人不能像器物一样，仅具有有限的交往关系的观点。人所追求的目标，是含义广泛的待完成的道，是不断改善交往的仁，而非现成的器物；人需要通过诗不断思考人之为人的条件，在与各种艺的交往中丰富人的内涵。

"君子不器"是孔子针对人的器物化这种现象提出的观点。这种现象在 2000 多年前就引起了孔子的重视，在今天更为普遍。其中最明显的体现是由于知识大量出现，很多人只能在知识的细分领域进行思考，跳出其专业领域之外通常缺乏思考能力。每个人都成为庞大的知识网络中的专才而非通才。

人的器物化包括三种情况：①他没有多余的时间进行更广泛的交往，这或许是因为职业性的交往占据了他主要的时间和精力，即使在空闲的时候他也没有能力进行更多的交往；②他无法在更多的交往空间中进行交往，例如每天只在单位和家庭之间，两点一线地生活；③他的知识面狭窄，不善于学习新的知识，无法和更多的知识交往。"君子不器"所引发的思考就是要改变人现有的器物化交往状态。如果引起这种现象的是个人的原因，那么人们可以通过改善个人的交往习惯去改变这种现象。如果引起这种现象的原因并非通过个人努力就能够改变的，如机构的原因、社会的原因，则需要通过更多人的共同努力去改变。

14.3.3 人的异化及其他

异化的字面含义是"变成另一个"，即同一个分类结构下的两个组元，其中的一个呈现出另一个的特性。由于这两个组元具有似反性，那么所谓异化只是一种普通的现象，只不过它在特定的交往关系中比较明显，引起了人们的关注。

如果把物语分成人和语物，人的语物化就内在地蕴含于这个分类结构之中。人和语物具有似反性的关系，在特定的条件下，它们体现出在物语这个类别下，另一个组元的特性只是物语可能的变化形式之一。2000 多年前，孔子表述了这种变化，但这种现象在漫长的历史中并不突出。因为农业社会生产力发展缓慢，社会交往关系、交往方式已基本成型，所以并不会呈现突出的矛盾。

马克思所处的时代是社会生产力大发展的时代，这时的生产关系落后于生产力的水平。这个生产关系指人与机器、人与工厂等人和语物的交往关系，而不是工人与资本家的人和人的交往关系。当工人成为生产链上只会工作的劳动力、资本家成为这个链条顶端只会剥削工人剩余价值的机器时，人的语物化不仅体现在工人身上，也体现在资本家身上。工人为了获得基本的生存条件、资本家为了获得更多的经济利益，其都成为非人的语物。生产力水平指机器制造物品的能力、资本的流通能力、组织机构生产各种语物的能力等。当人的交往能力和语物的交往能力不匹配时，恶就产生了——人被语物控制，人也因此被语物化了。对于未来的情况可以预见的是，人的交往能力受其生物特性的限制，今后也不会有明显的提高，而语物的交往能力还将继续随着人类科技水平的发展而提高。因此，人和语物交往时，它们之间能力不平衡的现象会继续存在，而改变这种状况的可能途径是通过对交往过程进行分析，创造出新的交往媒介作为人的能力的扩展或合理安排人和语物的交往规则。

人的语物化根源在于人和语物的交往，劳动是劳动者（人）与劳动对象（如机器、工厂、资本家）之间的交往关系。马克思通过对劳动进行分析，对人的异化的本质进行了讨论①。马克思抓住了不同阶级之间交往的主要形式——劳动，所以抓住了"人的异化"这种"人的语物化"的根源。那么这种异化体现在什么地方呢？

由于任何语物都是人创造的，所以人们不免会认为人对于他交往的语物对象有种支配权利，即劳动者应该有选择劳动的自由，但实际情况是人们经常没有这种自由，这是一种异化。或者人们会认为虽然在劳动中，这个关系可以被视为语物和语物的交往关系，但如果在这种劳动关系之外，

① 马克思.1844年经济学—哲学手稿.刘丕坤译.北京：人民出版社，1979：42-57.

劳动者可以通过更广泛的交往体现出人去和世界的多交往的特性，那么劳动者还是人。但实际情况是，人们除了这种被迫的劳动，并没有更多的交往，他成了语物，这也是一种异化。

在马克思的分析中，劳动异化体现在劳动交往过程的不同环节中，具体如下。

（1）劳动产品的环节。劳动者在劳动中创造出劳动产品，从人的物语化过程来看，创造产品的过程本来应该是人通过交往不断物语化的过程。产品创造得越丰富，人作为一个物语越应该被扩大，但实际的情况正好相反——"劳动者生产的财富越多，他的产品的力量和数量越大，他就越贫穷。劳动者创造的商品越多，他就越是变成廉价的商品"。这是劳动产品带给人的异化。

（2）劳动行为的环节。在马克思看来，劳动本来应该属于劳动者，但现在并不属于劳动者，所以这是一种异化。在笔者看来，劳动是劳动者与劳动对象之间的交往，我们并不能认为交往属于某个单独的物语，交往只是物语和物语之间发生关系，同样，劳动也并非仅属于工人。但即便如此，劳动者作为劳动这个交往过程的一个环节，他的去交往成为不得不去交往，他的劳动也成了被迫的劳动，否则他就无法生存。这时，劳动由两者共同参与的交往行为，变成由一方支配另一方参与的交往行为，这里体现了劳动行为的异化。

（3）劳动者的环节。人的异化劳动把人的"类的生活"变成了维持个人生活的手段。人和语物彼此是不同类型的物语，有不同的基本特性。人准备和世界的多交往，但异化劳动给人的交往行为赋予了唯一的目的，就是维持自身的生存，这时的人也因此变成了另一类物语，即语物。这是人的异化，也即人的语物化。

（4）人和人普遍的交往关系环节。由于人异化为语物，所以人和人的交往变成了语物和语物的交往。

当人和语物的交往过程被语物支配的时候，人就被语物化了。因劳动而产生的异化是人的语物化的可能形式之一，马克思之后的学者对这种现象进行过更多的讨论。

例如，卢卡奇在《历史与阶级意识》中所讨论的物化现象。卢卡奇所讨论的物化现象指的是"人自己的活动，人自己的劳动，作为某种客观的东西，某种不依赖于人的东西，某种通过异于人的自律性来控制人的东西，同人相对立"[①]。这和马克思所讨论的劳动异化相似。这种物化现象在客观方面"产生出一个由现成的物以及物与物之间关系构成的世界（即商品及其在市场上的运动的世界），它的规律虽然逐渐被人们所认识，但是即使在这种情况下还是作为无法制服的、由自身发生作用的力量同人们相对立"[①]。需要指出的是，物语（包括物）以及物语之间（包括物之间）的交往是世界的基本事实。人造物、语言等语物是由人创造出的，它们自己没有生命，人们似乎会认为它们应该容易被人操控。但实际上，人造物、词语都是众多交往关系的汇聚，人们试图操控这些语物实际上是试图操控众多的交往关系，很多时候这不是凭借某个人或某些人就能实现的。人们试图去认识语物的这些交往关系，但由于交往关系的复杂和繁多，很多时候它们不能被人认识清楚。这种物化现象在主观方面导致"人的活动同人本身相对立，变成一种商品，这种商品服从社会的自然规律，它正如变为商品的任何消费品一样，必然不依赖于人而进行自己的运动"[②]。这是人的语物化的表现形式之一。人的活动及人本身成为商品并不需要批判，至少现在看来人总是要通过他的劳动获得报酬，并开展其他非生产型的交往，满足人的各种去交往的愿望。只有当这种劳动耗尽了人的所有精力，并且人的劳动不考虑人的特性以刻板的方式进行交往时，这种劳动、这种人的语物化才是需要批判的。

正如前文所讨论的，标准可以保障交往的开展，是一种好的交往媒介。它在现代社会被普遍运用，促进了生产水平的提高。但当标准化被运

① 卢卡奇. 历史与阶级意识. 杜章智，任立，燕宏远译. 北京：商务印书馆，1996：147.
② 卢卡奇. 历史与阶级意识. 杜章智，任立，燕宏远译. 北京：商务印书馆，1996：147-148.

用于人的劳动时，它会使得人在劳动中的交往程序化，提高人在劳动中的理性，因此也给现代人刻上了更深的理性烙印。卢卡奇对物化的分析结合了现代社会的理性化过程，讨论了这种理性带给人的不良影响。但同样需要指出，人生来就需要在语物的指引下开展各种活动，人的语物化如果取其宽泛的含义并不需要被批判。人在和语物的交往过程中，如果出现被语物控制、奴役，或导致人与人关系疏离的现象，就需要从交往过程进行分析，把不利于交往的因素找出来，恢复人的丰富的交往。

此外，法兰克福学派的一些学者所批判的技术理性也与人的语物化类似。例如马尔库塞指出，发达工业社会成功地压制了人们内心中的否定性、批判性、超越性的向度，使社会成为单向度的社会，而生活于其中的人成了单向度的人[①]。这种人丧失了自由和创造力。哈贝马斯则指出，技术与科学作为新的合法性形式，已经成了一种以科学为偶像的新型意识形态，即技术统治论的意识。他认为传统的统治是"政治的统治"，它是同传统的政治意识形态紧密联系在一起的，而今天的统治是技术的统治，是以技术和科学为合法性基础的统治[②]。这种观点体现了两个事实：其一，当科技发展成规模宏大的物语体系时，它不仅在原始的物和物的交往领域内发生作用，还将渗透到社会的各个领域；其二，当科技的理性普遍化时，受到物与物之间交往规则训练的人把这种交往模式应用于人的交往领域，造成了人的语物化。

不同学者对人的语物化相关问题给予了关注，原因在于人所创造的语物越来越显示出巨大的、超出人的能力，并且语物的简单理性使得人在和语物交往的时候，要根据语物的交往规则进行交往。在可以预见的未来，人类能够创造的语物会变得功能更加强大，人和语物的交往还将产生各种矛盾，人的语物化还会出现新的特点。但即便如此，人们也不能把问题简单归结为现代化，或者认为人应该返回男耕女织、生产力低下的时代。人

---

① 赫伯特·马尔库塞.单向度的人.刘继译.上海：上海译文出版社，2006：2.
② 哈贝马斯.作为"意识形态"的技术与科学.李黎，郭官义译.上海：学林出版社，1999：4-6.

应该不断地交往，并且通过交往解决交往中的问题，这才是符合人的交往本性的自我发展道路。

14.3.4 以善观照人的语物化现象

人的语物化在本书中指的是一种非善的情况，我们可以根据善的时间结构对人的语物化现象进行讨论。

在鉴往知来的环节，人的语物化很难获得良知，也很难坚持以前获得的良知。人如果像语物一样，所有的交往都是为了某些特定的目的，并遵循某些特定的交往规则，那么他就很难获得更加丰富的知识。知识的积累需要"学而时习之"，语物化的人即使曾经有过一些丰富的知识、积累过一些善的知识，他也将在这种程序化的交往中逐渐遗忘那些知识。人如果不能通过交往积累丰富的知识，那么即使他曾经获得过本体论知识，他也不能对本体论知识有深刻的理解，这就会使得本体论知识对人而言只是一些空洞的论述。

在去交往的环节，语物化的人去交往的对象是程序化交往中固定的对象。如果他不能从这种交往中找到一种去和世界交往的途径，那他就不能体现出善念。去和世界交往时，人以广大的世界理性作为去交往的对象，能够控制自己的情绪。而在语物化的人的去交往中，交往对象虽然固定不变，但它造成的结果却不是稳定的情绪，而是麻木，甚至还有失望和无奈。长期在这种情绪之下，人在遇到一些很小挫折的时候都容易发生情绪的突然失控。

在在交往的环节中，语物化的人按照规定的交往方式进行交往，对于交往中不完善的地方不去寻找改进的措施，任由这些非善行或恶行发展，天长地久将积累成大的危害，人的语物化正是漫长时间中非善的交往逐渐积累的效果。

语 物 的 善

　　如果以交往为参照考察善,"语物的善"这个概念的提出就不突兀。善不仅可以体现为人的交往特性,也可以体现为语物的交往特性。语物的善可以表现为观念的善、物的善,等等。人类创造的各种语物,都体现了某种善。它们都是在交往中产生的,至少在某种交往条件下成了交往媒介,改善了一种交往。人类凭借所创造出的各种语物,不断扩展自己的交往范围,创造并进入了更广阔的世界。

　　各种语物被人们创造出来,它在世界之中延续的时间或长或短。语物消失表明它不再适应新的交往,它将被新的语物替代。例如,算盘是北宋时期发明的计算工具,它简便、灵活、准确,曾经被人们广泛使用了上千年,它体现出了善。但现在人们使用的计算器比算盘更便捷。算盘正在从人们的生活世界中逐渐消失。语物的消失,也表明原有的交往关系消失,新的物产生了新的交往关系。

　　每个语物都有它适用的空间、时间或者分类结构,它们在各自的领域体现着善,这也表明语物的善是受空间、时间和分类结构的限制的。某个语物如果要体现出更多的善,它的交往领域就应该更广泛。

　　相比于人的善,语物的善的形式将更加简单,人们不需要讨论语物的良知和善念。对于一件器具来说，它无所谓良知和善念。对于组织机构这种语物，它们固然也会鉴往知来和去交往，但语物有其较为固定的去交往对象，所以从这二者的角度考察语物的善意义不大。对于语物的善，主要考察它们在交往中体现出的善行。为了不把善的观念泛化，本书所指的善的语物是指能在更多的交往中改善交往的语物，或易于和其他物语交往的语物。如果语物能够体现出这种善，我们也可以认为语物具有良知和善念，它反映出设计这些语物的人所具有的良知和善念。它们易于交往，这也是丰富知识的体现，也表明了它们是去和世界交往。

本章将讨论语物和人交往时语物的善，这种善表明语物应该适应更多的人、容易和更多的人交往，我们在此称这种语物是人性化的语物。

15.1　语物的人性化

语物是简单理性的，有其特定的交往对象和交往方式。它的交往对象通常并非某个单个的对象，而是某一类交往对象，语物应通过逐渐改进来适应和这类交往对象的交往。语物的交往对象如果是某一类人，则语物需要适应这一类人，使这一类人容易和语物交往。语物的潜在交往对象如果是所有的人，它就应该尽量适应所有的人。

语物的人性化是指那些经常和人交往的语物要适应人，它们应该是容易上手、上心的。这些语物可以包括：语言，包括面向公众的语言或专业领域的常用语；被人直接使用或看到的物，如日常用具、工作界面、公共场所等；组织机构，包括它的内部人员的交往机制、它与外部人员的交往界面。人们常用人性化设计、人性化产品、人性化管理等概念表达"语物的人性化"观念，希望语物能够更好地适应人。语物的人性化发生在语物的设计或改进的过程中，即从过去不够人性化的状态变成人性化的状态，这也是一种变化。

2000 年前的《冬官考工记》中记载了商周时期的匠人按人体尺寸设计、制作各种工具及车辆的情况。例如，"故兵车之轮六尺有六寸，田车之轮六尺有三寸，乘车之轮六尺有六寸，六尺有六寸之轮，轵崇三尺有三寸也，加轸与轐焉，四尺也。人长八尺，登下以为节"，这是车辆的高低考虑到人的身高。"盖已崇，则难为门也，盖已卑，是蔽目也。是故盖崇十尺"，这是车盖的高度考虑到不遮挡人的视线。"身长五其茎长，重九锊，谓之上制，上士服之。身长四其茎长，重七锊，谓之中制，中士服之。身长三其茎长，重五锊，谓之下制，下士服之"，这是不同身材的士兵应该使用不同尺寸和重量的剑。随着创造的语物越来越多，人们对语物的人性化设计相比于过去有更迫切的要求。

人们设计语物时应该充分认识到人的复杂半理性，知道人在何种情况下容易理性交往，知道人的非理性体现的场合，应该对人在各种条件下的交往开展研究。不同时期的思想家提出过和"语物的人性化"有关的不同观念。这些观念虽然未必是为了语物的人性化这个目的而提出的，但"语物的人性化"思想蕴含于其中。

15.1.1　道法自然

"道法自然"源于老子"人法地，地法天，天法道，道法自然"的思想[1]。前三句表述的是人、地、天、道这些基本概念之间的关系。不同的人对最后一句"道法自然"做出过不同的解释。一种普遍的解释是"道效法自己，道是自然而然的"，给出这种解释的原因是道在老子的概念体系中处于分类结构的顶端，它没有别的东西可参照，只能参照自己。另一种解释为"道效法或遵循万物的自然"[2]，这种解释与李泽厚将自然解释为"自自然然"及"自然环境、山水花鸟"两种含义类似[3]。

人们在使用"道法自然"的观念指导物语的创造时，所效法的自然包

---

① 出自《道德经·第二十五章》。

② 王中江. 道与事物的自然：老子"道法自然"实义考论. 哲学研究，2010，(8)：37-47.

③ 李泽厚. 华夏美学. 天津：天津社会科学出版社，2002：115.

括了李泽厚所谈到的两种含义。

例如，人们从自然界获得借鉴，创造出各种实用的物品。即使没有"道法自然"的观念，人们在造物时也会采用这种方法。因为人们总是要寻找各种类比物作为参考，这是人天然具有的交往方式，不管以什么作为参考都是可能的。在人类社会早期，人们只能从自然界中获得借鉴。中国古人通过观察鱼尾的摆动，发明了船上的橹和舵，提高了船的操控性。到了现代社会，科学中兴起了仿生学。人们对自然界中的生物体的更细微的特点开展研究，并在器物设计中借鉴了生物体的结构。这种"道法自然"只是以自然物为参考，设计可用的器具，而不是设计直接与人交往的物品，这和语物的人性化无关。

另一种"道法自然"指的是从自然界、从万物自然而然的样式中，找到美的灵感，创造出生活中的美，例如，创造出具有视觉美感的器物、建筑、绘画。这种美是人采用看的方式与物交往，是引起人心理愉悦、轻松、满足、享受等各种积极情绪的现象。物品美，人们喜欢看它，这表明它的交往性好。这些积极的情绪推动着人们去和美的事物交往。美是人性的体现，也是人和物语交往的体现。

中国传统文化中的道家和儒家都表达了对大自然的喜爱，这与世界各地的人并无不同。道家"道法自然"、儒家"天人合一"的思想在生活中被人们更多地表现为和大自然亲近。儒家"智者乐水，仁者乐山"①的观念、称赞"梅兰竹菊"为"四君子"的做法，赋予了自然物不同的人格属性。人们试图通过和它们的交往，培养出不同的道德情操。

依据"道法自然"所发展出的美学观念非常丰富，热爱生命、顺应自然或与自然融合在一起、具有趣味性等，这些都与人性相符。例如，中国的传统文化造就了独特的园林艺术。苏州园林中将亭台楼榭安置在垂柳、假山、绿荷、池水、浮萍之间，构造出生机勃勃又宁静的空间，人在其中可以放松心情，感受到与自然融合的乐趣。江南水乡的传统民居体现了错

---

① 出自《论语·雍也》。

落有致的美，与周围宁静的自然浑然一体（图 15.1）。

图 15.1　安徽宏村民居

　　"道法自然"的美同样体现在器物的设计与制造上。中国是盛产瓷器的国家，工匠们以制造出具有玉石般质感的瓷器为目标。青色、青白色是瓷器中常用的颜色。青色是植物的色彩，也象征着天空、春天、水等，给人单纯、明朗、纯洁、雅静、幽玄的感觉。一些精美的瓷器是工匠的技艺和大自然的造化共同作用的结果。汝窑、哥窑中会利用瓷器焙烧过程材质的膨胀系数不同，在瓷器表面形成自然的裂纹，产生特殊的美感。此外，在烧制过程中，其还会利用釉层在烧制中物理或化学过程的随机性，使瓷器产生不同的自然图案。

　　此外，"道法自然"的美还体现在音乐和文学作品上。中国历代的文学家、各地的音乐都有大量表现自然美的作品。例如，田园诗人陶渊明的诗歌作品和古琴曲《高山流水》都体现了自然美。

　　人们从自然界中发现美、总结美的规律，并以此为依据创造出美的语物。这有很大的合理性，今后其依然是创造美的源泉之一。当代建筑师也从山的起伏、水的灵动中获得启发，建造出了别具特色的新型山水建筑[1]。

　　人在与自然界长期交往的过程中，他的生理、心理会逐渐适应周围的

---

① 马岩松 . 山水城市 . 南宁：广西师范大学出版社，2014.

环境。通过对各种不同的生物进行研究可以发现，每种生物都有与其生活环境相适应的形态结构和生活方式，人作为生物体也不例外。不同地区的人在和环境交往的过程中，会发掘出不同的自然美。物品被创造出来，人首先要能在心理上适应它，才能产生去交往的愿望。而对于自然所形成的美，人具有天然的心理适应性。

世界各地的人生活在不同的自然环境中，环境所表现出的自然美也不尽相同。例如，日本发展出"侘寂"的美学观念，表现的是朴素安静的美，这也是自然美的体现。对于不同地区的人来说，他们的生理结构差别极小，对外界的各种声光刺激感受基本相同，这是人类在漫长的生理进化过程中形成的结果。不同人的心理结构虽然有一定的差异，但通过相互沟通，人们可以欣赏和理解他以前所不了解的自然美。

15.1.2　日常性

每个人每天的交往行为有很多是相似的。例如，起床、洗漱、用餐、出行、工作，等等，每天都是如此。群体中不同人的交往行为也会有很多是相似的。例如，很多人会喜欢同一部电影，对同一件事物感到有趣，用同样的方式表达善意。同样的交往行为在个人或群体的重复，体现出的是日常性，即这种交往经常发生。语物的人性化还体现在对日常性的关注上。人们通过这种关注，发现人的交往行为规律，并将这种规律体现在语物的设计和改进上。

日常性会由不同的原因造成。日常性的形成原因一部分是人作为生物体所体现的生物规律。人每天总是要进食、休息。人们根据日出日落的规律，日出而作，日落而息。如果与之不符，就成为一种反常。例如医院的护士，他们 24 小时轮班看护病人，执行反常的作息习惯，但这构成了他们的日常性。

人们在交往中创造出语物，这些语物如果在日常生活中经常与人交往，就会成为日常性交往的联结点，我们可以把这种日常性的原因看作是由语物造成的。例如，人们在"出行"的交往关系中，发明了公共汽车，与公共汽车的交往又成了某些人的日常性交往。人们在"劳动"的交往关系中，发明了工厂。工厂有它制定的规章制度，与工厂的交往也构成了人的日常性交往。我们可以通过分析人们经常交往语物的频率，发现日常性的交往。

人们经常和某个语物交往，有时是因为不得不交往或这种交往是被安排好的。例如，人生病，经常去医院，这是不得不去交往；人上班，这是被安排好的交往。有时则是因为这个语物和其他语物相比较，更易于交往或人们更愿意去和它们交往。例如，因为方便，现在人们更多时候是通过智能手机查询信息的，而不是电脑。居民小区里有个小花园，几千米之外有个更漂亮的大公园，但小区的居民去小花园的频率比去大公园更高，这也是因为方便。同类家用电器，有些是知名品牌，有些是小品牌，而前者受到的关注更多，因为它总有一些特质，比如更好的质量、外观更美，使得人们更关注它。

人的很多日常行为还没有得到充分的关注和研究。例如，在日常生活里人的一系列微不足道的交往过程中，人的心理活动是怎样的？人是如何鉴往知来的？人是如何筹划他的去交往愿望的？这个交往过程中的每一个微小交往是如何开展的？很少会有人关注这些。虽然我们可以含混地说，这些日常交往行为是由人们当时、当地与某个交往对象交往时的生理和心理条件决定的，但这里充满了各种未知的因素。人们经常采用的替代方案是研究反常的行为，从反常现象中找到做出反常行为的原因，并推断正常行为的规律，我们从这种分析中也能发现人们日常交往的特点。人们通过对日常性的关注能够获得更多的日常性交往的知识。人们在设计语物时如果能够充分考虑到人的日常行为中的规律，就能更多地体现出语物的人性化。

日常语言或者口语体现了人在日常交往中的语言特点。日常语言的形成非常复杂，我们只能笼统地说它和人性有关。我们可以把日常语言的形成和大自然的形成进行类比，日常语言是在语言中形成的自然景观。科学家可以发现一些自然界的规律，但仅仅靠这些规律不足以在细节上说明山山水水和花鸟鱼虫千差万别的形态。大自然是由自然规律和各种偶然因素共同造就的。

日常语言体现在书写中通常是书面语，体现在口头交流中是口语。相比于书面语，口语的连贯性较差，但这并不影响日常的交流。这是因为，口语发生于特定的时间和交往空间，有周围的物语作为交谈中语言的补充，并且口语本身也有简单、直接、易懂的特点。当代一些诗人提倡用口语写作，这可以被看作是另一种形式的"道法自然"。还有一种观点认为，人的日常交流中的绝大多数的话都是"废话"。有鉴于此，还有诗人尝试用废话创作诗歌。实际上人在表达时，总是有希望表达的东西。那些数量庞大、看上去没有意义的"废话"也许体现的正是人在不自觉的状态下渴望表达的东西，它们体现了人的一些基础意义。

日常语言应该成为哲学的语言。哲学的价值体现在它可以作为所有人的交往媒介，让人们通过哲学更好地理解世界。哲学的潜在交往对象是所有人，哲学的语言应该符合人们的语言习惯。日常语言是人们在日常生活、普通的书写、无数次的交往中自然筛选出的表达方式，具有良好的表达与理解功能。如果一种东西是每个人都可以去理解的，那人们在日常生活中会通过大量的重复交往，把语言的棱角磨平，形成对它的恰当的表达方式。

15.1.3　人机工程

在工程领域，为了改善人和机器的交往，人们发展出了人机工程这门技术学科。不同领域的工程师针对不同的交往对象开展过类似的研究。例如，为了改善人和计算机的交往，人们对计算机的软件和硬件进行设计，使它们符合人的使用特点；为了改善人和机器的交往，人们对各种机器进行优化设计，便于人操作；生产日用品时，针对人的生理、心理特点，对日用品进行外观、形状、颜色的设计。

"人-机交往"体现的是人和语物的交往。"机"可以指计算机、机器、飞机、日常用品等各种物。人与这些物交往，既是和物交往，也是和物中所包含的语言交往。"人-机交往"发生时的工作环境、居住环境等各种交往空间也可被看作"机"，因为它也是语物。人们构造适宜的工作、居住环境，和制造一台性能良好的机器类似。"机"也可以指组织机构，人们对组织机构进行设计，使它的内外交往关系顺畅，可以使工作中的人更容易和它交往，这与设计机器同样类似。

人机工程的主要思路是把人和物品的交往过程视为一个整体环节，通过考察这个环节中的所有组成部分，消除交往中的不利因素，使它们匹配。它包含了一些简单有效的观念。例如，使人适应机器，或者使机器适应人，可以用"语物"替换"机器"，对这些观念进行扩展。这些观念是建立在"人是有差别"的观念基础之上的。如果人没有差别，那么这两点都没有意义。结果只能是要么所有人都适应机器，要么都不适应；要么机器适应所有人，要么不适应任何人。对这种差别的重视就是对人的重视、对人之交往特性的重视。这个差别指的是与"人-机交往"有关的差别。这个差别如果不影响人机之间的交往，强调这种差别就是对人性的亵渎。例如，身体的某种残疾并不影响工作，却因此被招聘的人拒之门外。承认人有差别并不是将这种差别置之不理，而是通过技术的手段消除这种差别，或者将这种差别对交往的影响减小，这样才能达到人们所期望的交往中的人的平等。

与"人-机交往"有关的差别体现在生理、心理和专业技能等各方面。例如，同样的身高，欧洲人通常比亚洲人腿长一些；大部分人是右利手；有人恐高，有人害怕在密闭的小空间；有人学历高，有人学历低；有的人接受过某种工作的专业培训，有人没经过专业培训。

人适应机器是指选拔或培训合适的人从事某项"人-机交往"活动，例如，对飞行员、航天员的选拔和培训，对锅炉工的选拔和培训。这种选拔和培训在任何行业都是一样的，不同的是这些人在工作中将要开展的交往活动不同，所以选拔标准和培训内容不同。飞行员、航天员除了要求有相应的专业知识，这项工作对人的生理、心理要求也很高。

机器适应人是指通过设计物，使人容易与之交往，这需要考虑人的各种特性，如人的身体尺寸。目前工业化的批量生产方式不能针对每个人的身体尺寸数据生产个人物品，但为了产品对于大多数人容易使用，可以根据人的尺寸划分出一些不同的规格，如生产不同尺码的鞋子。如果未来制造技术进一步发展，人们就有可能根据每个人的尺寸生产个人物品。此外，还可以对颜色、声音所引起人的各种生理、心理反应进行分析，使产品满足更多的人，尽可能降低人在与物品交往时的潜在危险、降低出错的概率。

根据现在的技术水平，人和机器交往时，人的因素最不可控。即使训练有素的人，也会出现一定概率的差错。例如，在分析各种飞机的事故时人们发现，人的因素是导致事故的最大原因。对"人-机交往"过程的分析还包含了这种思想——当交往过程中人的失误率较高、潜在的危险较大时，人们可以对这个交往过程重新设计。例如，在对交往过程进行分析的基础上，规划出新的交往媒介，将人容易出错的工作、容易造成人身伤害的工作交给机器完成。

随着人工智能和自动化技术的发展，也许未来所有危险的工作，甚至绝大多数工作都可以由机器完成，也许人和语物的交往问题就不再是问题了。这是一种远景，但这可能又会产生新的问题，例如人如何与高度智能化的机器人交往，正如一些科幻电影所描绘的人和机器人的交往问题一样。

15.2　善的语物

　　任何语物被人们创造出来都承担了一定的交往功能，体现出了有用性，因此任何语物都能体现出善。只不过有些语物的善是局部的，仅对少数人有益，对其他人甚至是恶。

　　在某个时代能够被人们称为善的语物，可以根据它被使用的普遍程度来度量，那些使用广泛的语物可以被称为善的语物。例如，货币被世界各国的人广泛使用，它是善的语物。它在促进物的流通方面发挥着巨大的作用。虽然人们常常批判与货币含义相近的金钱，但这种批判并非针对作为交往媒介的货币的，而是批判人的贪婪，或是批判以货币为工具进行财富掠夺的金融关系，以及神化金钱作用的过度语言化现象的。

　　善的因素在各种语物中均可得到体现。我们对每一种语物所体现的善都应该具体分析。虽然这些善各有不同，但最终都会体现在对交往的改善上。以下对几个语物的分析，讨论了它们的善体现在什么地方或应该体现在什么地方。

15.2.1　交通信号灯

　　交通信号灯是简单的物品，它设计合理，产生的作用很大。

　　它采用"色彩"这种简单的语言来表达道路管理中的几个基本指令——红灯停止、绿灯通行、黄灯警示。道路的基本功能是让人或车通行，停止是对正常通行状态的改变。在交叉路口，因为不同方向的人或车都要通行，所以需要采用交通信号灯对不同方向的人和车进行指引。交通信号灯是人、车、道路交往关系的产物。它在设计中充分考虑了人的特性。

　　车从通行变为静止有惯性，这既是因为物理学中物体的运动有惯性，也是因为人的交往（包括去交往和在交往）有惯性，黄灯的设置体现了对惯性的考虑。黄灯通常还有另外的使用场合，它不是红灯与绿灯之间的过渡，而是特殊路段不断闪烁的信号，它提醒驾驶者调整驾驶中的心理状态，控制车速，防止突然出现的危险，这使人的去交往增加了一些潜在的目的，能够预防突发性事件。

人们辨识语言需要一定的反应时间。越复杂的信号所需要的反应时间越长。交通信号灯中所依靠的基本语言是颜色，它非常容易阅读，人人都可以理解。在这些语言的基础上，交通信号灯中还可以增加一些额外的语言，例如表示方向的箭头、掉头或行人的符号。

采用这三种颜色考虑到了人的视觉特性和不同颜色的光在大气中的传输特性。人的视网膜含有杆状和三种锥状感光细胞，杆状细胞对黄色的光最敏感，三种锥状细胞对红光、绿光、蓝光最敏感。经过长期的实践，人们采用红、黄、绿三种颜色作为信号灯的颜色。红颜色在大气中穿透力强，比较醒目，被作为禁止通行的信号。

针对交通信号灯还可以加入更加人性化的设计，例如设置倒计时表示每种颜色的灯将要持续的时间。这样人们在与交通信号灯交往时，能够提前知道它的颜色将发生什么变化。这种倒计时装置影响了人在驾驶车辆时的去交往和在交往，人们在等待时不会因为对等待时间不确定产生烦躁心理。它也可以影响行人过马路时的选择，如果绿灯即将结束，就等下一个绿灯再通行。另外，还可以针对色盲进行人性化设计，例如可以用高亮度的白色作为行人通行的指示颜色，这样，无论什么类型的色盲都能看到信号。

15.2.2　互联网

互联网现在已经深刻地影响到了人们的各项活动，体现了交往媒介创新所产生的效果。它仅仅是将处于不同空间的物语快速联系起来，消除物语之间距离的阻碍，使语言的交往更加容易，进而世界面貌就发生了巨大改变。

互联网良好的交往性体现在它的空间连接性上。它采用光纤、无线电波和各种数据传递设备，在世界各地的大小区域之间建立数据传输通道。标准化的传输规则保障了数据传输的有序开展。频繁的交往促进了新的交往的实现，并产生了更多的意义，它还导致了语言的增加，进而在语言的物质化过程中产生更多的物。正是通过互联网对交往的促进，人们创造了更多的物语。

互联网使得人和人的交往更加简单。早期电话、电报的发明使得遥远的人可以即时进行沟通，但受设备的限制，沟通规模较小。而移动互联网及硬件设备的发展，使得人们可以随时随地与他人沟通，可以通过视频观察到对方并获得更多的信息。目前这种交往还不能与人们面对面坐在一起交谈产生同样的效果，它会产生一定的距离感。预计未来互联网技术与虚拟现实技术的发展会进一步提高网络交往中的真实感，人们将通过新的交往媒介产生新的交往方式。

人们可以通过互联网获得大量的信息、知识，获得快捷的帮助和新的休闲消遣方式。早期互联网资源不够丰富，有人认为通过网络获得的知识呈现出碎片化的特点，它不能提供系统的知识。但这种观点将随着互联网技术和应用的进一步发展而消失。可以预料的是，未来教育行业将受到很大的冲击，因为人们获得知识的途径将更加多样化，未来大学最大的可能是提供了年轻人之间的交往平台。

借助互联网，人与组织机构的交往也更加方便，人们可以在家里办公、购物、缴费，这些已经成为现实。互联网还可以实现物和物交往方式的改变。例如，正在研制的无人驾驶汽车，改变了汽车和道路之间的交往方式。传统的驾驶体现的主要是人和汽车、人和道路的交往，无人驾驶汽车可以通过导航系统、自动识别道路标志、自动识别交通信号灯，实现汽车与道路的自主交往，那时人和汽车的交往又会出现新的特点。

互联网改善了交往，但这种善是单个交往过程的善，它也有可能对人产生恶。例如，人们依赖网络、过多的信息使人交往疲惫、个人或语物制造的谎言更容易传播、被技术理性充斥的世界造成人的语物化更明显。这些问题也伴随着互联网的发展而出现。和任何语物交往，都要知道善恶体现在交往的哪个环节，才有可能在此基础上发展出新的善物。

15.2.3　善的世界

复杂半理性的人要时刻准备着和各种物语交往。人是通过各种外部世界语物的指引获得和物语交往的方法的，而世界理性就是最终的指引。

世界被人类构造出来，这个世界虽然简单理性，但对于单个的人来说又是广大的。人会有复杂半理性的特点正是因为单个的人无法了解世界。为了能够从世界中获得指引，人们需要不断积累关于物语和交往的知识，构造使人容易交往的世界。

"善的世界"可以成为人的信念。这种信念的增强在于良知、善念和善行的积累。它可以成为每个人努力的目标，每个人通过自身的努力都可以构造出善的世界，因为每个人都是世界的一部分。他自身的善或非善取决于他和世界的交往，没有人能独善其身。

世界是最大的交往空间，构造善的世界和构造其他交往空间的方法是一样的。第 10.3 节中对交往空间物语化的内容的描述提供了构造善的世界的思路。

前文指出，对交往空间的物语化首先需要考虑对交往空间的命名，对交往空间的命名意味着对它在众多的交往空间中进行指示，指导人进入这个特定的交往空间。世界理性是由众多的交往规则构成的，这些交往规则至少对于需要了解它们的人应该是清晰可见的，世界之中不能充满各种不为人知的潜规则。交往规则还应该容易被人理解，就像人们在对交往空间命名时经常考虑使用形象、生动、朗朗上口的名称一样。

善的世界还应该对人提供安全保障，这种安全保障体现在观念上，需要对各种和平的思想继续发扬。人类社会在运行过程中，不可避免地会出现很多矛盾。和平意味着通过建立有效的沟通机制协商解决矛盾，通过交往规则的创新寻找新方法解决矛盾，而不是通过暴力的、非沟通的方式扩大矛盾。战争、敌视、歧视、孤立并不能解决问题。战争是对人类文明的破坏，是对生命的摧残。即使有人采取非常独特的视角，发现了战争对文明的推动作用，但究其实质，还是因为人的创新解决了问题。敌视、歧视、孤立并不会产生意义，只有有效的交往才能产生意义。因此，善的世界给人提供安全保障还体现在不断促进物语的创新。如果能自觉地把促进交往、促进物语的创新当作目的，以这种创新和发展当作牵引文明前进的动力，就能消解人类社会固有的问题——意义的无根性。这种观念与中国古代社会对于太平盛世的想象一致，也和当今社会人们关于和平与发展的思路一致。

人们在构造交往空间时，需要考虑构造一个"在……之中"的空间。如果人们想要房间美观，就应该将其打扫干净，布置一些美观的装饰。但如果房间的主人经济条件一般，却把房间布置得富丽堂皇，人们就会说其徒有其表。善的世界首先是一个真实的世界，这个真实指的是不过度语言化；它同时充满善的物语。既不粉饰太平，也不因为低俗的目的宣扬恶。这样，人们在世界之中才能与那些善的物语形成意义支撑的结构。

此外，善的世界还应该是宽容的世界。人们很难预计未来的世界会怎样变化，是人变得更像机器人，具有高度的理性？还是机器人变得像人一样，是一种新的复杂半理性的物种？就目前来说，人之为人的复杂半理性特点不会变。由于某种暂时还不知道的原因，人类的祖先改变了它和大地交往的方式，也走上了一条创造物语的道路。每个人都是物语的创造者，这也意味着每个人都有可能创造一些不能被他人了解的知识，这既是人充满活力的体现，也会成为人与人之间产生误解的原因。此外，物语意义的循环性也昭示着这个世界的意义的不完满，这也成为人复杂半理性的根源。宽容不仅体现在人和人的交往中，也体现在人和语物的交往中，同样还体现在人和世界的交往中。宽容的世界就是鼓励人们创新物语的世界。

朱熹的诗句中就有"问渠哪得清如许，为有源头活水来"的描写。如果以人类社会作为渠，那么它的源头活水又是什么？虽然人们经常试图寻找能够作为其他物语意义根源的物语，但实际上它并不存在。各种物语都是由人创造的，人只能通过创造新的物语的方式去消除旧物语意义的不确定性，因此我们可以把人的创造性看作这源源不断的源头活水。

通往善的道路

　　当交往问题作为一个基本的问题被提出之后，解决各种问题的基本途径就成了改善交往。如果人们能够对交往问题倾其一生地持续关注，不断加深对交往过程的理解，不断改进交往方法，并将这种知识推广为公共知识供他人借鉴，那人们就可以掌握更多的交往知识。这就是通往善的道路。

　　前文讨论了物语、交往及善的一些内容，这些讨论对于启发人们思考如何改善人和语物的交往或许有益。任何交往过程都是具体的，它们有不同的交往对象，处于不同的时空之中。针对每个交往过程的改善都是具体的工作。

　　对于如何改善交往，笔者可以给出以下几条原则性的建议：①消除交往中的障碍；②发展新的交往媒介；③扩大交往的领域。这几条原则是本书之前的讨论的延续，和前人给出的一些建议也是类似的。例如，对于人和人的交往问题，孔子提出了"仁"的方案。仁是关于人与人合理交往方式的一套理论。孔子学说来源于更古老时期的礼乐思想。礼、乐是夏商时期的巫术文化，是人们在祭祀时所采用的交往形式。礼可以被看作是制定交往的规范，它是交往时的交往媒介。乐的实质和音乐、舞蹈的实质相同。音乐、舞蹈这些艺术既体现了规律、规则，也是开启隐喻性交往的方式。海德格尔曾借用的荷尔德林的诗句——"人，诗意地栖居在大地上"所表达的观念与此类似，诗也明显地体现出了隐喻性交往。隐喻性交往是扩大交往领域的方式。

16.1　消除交往障碍

人在和语物交往时，为了消除语物中阻碍交往的因素，应该使它尽可能地满足普通人或者与它交往的特定人群的生理心理特点，使语物容易上手。此外，人和语物更多的交往还体现在人需要理解语物的意义上，如果语物难以理解，它就有一种不透明性，设计语物还意味着消除这种不透明性。

为了消除人身上一些阻碍交往的因素，人应该通过学习、思考，掌握与语物交往的方法。"博学之、审问之、慎思之、明辨之、笃行之"[①]，人可以通过提高自己的认识水平、行动能力，改善和语物的交往。

此外，对于人与人之间的交往，孔子杜绝了四种不好的交往方式——"子绝四：毋意，毋必，毋固，毋我"[②]。这四种态度在此也可以引申为和语物交往时，人应该消除的四种交往障碍。

16.1.1　消除语物的不透明性

"不透明"用于表示人们认识语物的难度。人们都知道透明和不透明是什么情况，例如，阳光能够穿过玻璃到达室内，这是因为玻璃是透明的，它不能穿过墙，因为墙不透明。阳光穿过红色的玻璃，红色的光能够穿过，而其他颜色的光被玻璃吸收，红色的玻璃是半透明的。人们能够看

---

① 出自《礼记·中庸》。
② 出自《论语·子罕》。

到透明物体后面的事物，看不到不透明物体后面的事物。语物对于和它交往的不同人来说，有可能是透明的、不透明的或半透明的。

图 16.1 是极普通的物——石块，它似乎是透明的。它的透明性体现在每个人都知道它是什么，它是野外路边随处可见的石块。但如果人们被告知它是五万年前原始人打制的石斧，这件物就变得不透明了，人与它的交往在一个关键的知识点上就有了阻碍，只有少数专业人士才知道它为什么是旧石器时代的遗物。

图 16.1　石块或手斧 [1]

透明和不透明反映的是人和语物之间的距离。这个距离不仅仅指空间和时间距离遥远给人带来的隔阂，更多的是指语物的意义对人来说是难以理解的。当语物正在人的眼前，能够被人听到和看到却不能被理解时，它就是不透明的物语。不透明是物语非善的一种形式。

消除语物的不透明性原则上并不困难。把不透明的语物和人隔开的是知识，在两者之间建立相应的知识结构，就是建立从人到达语物的桥梁。这种构建对于语物而言，就是使它和人直接交往的那部分语言容易被人理解。例如，建立良好的交往界面，增加指引性语言。这项工作需要考虑与语物交往的人所具有的知识结构。

————————

① 该图由饶盛瑜绘制。

16.1.2　毋意

毋意指人在和语物交往时不主观臆断，而应该根据语物自身的意义去理解它，根据它所规定的交往方式和语物交往。

语物和外界交往的对象基本固定，语物的意义由它的交往关系确定，也基本固定。例如人们要了解一个词，需要知道和这个词经常发生关系的是哪些词、人们在什么场合使用这个词、和这个词有似反性关系的是哪些词。经过这些过程，人们以后使用这个词就不会有问题。要掌握一个生僻字的读音，人们不能根据它的字形和某个字相近，就自己想象它的读音，而应该查阅字典，找到它正确的读音。

人和一些复杂的语物交往，如机器或组织机构，需要按照语物所规定的交往方式和它交往。复杂的机器包括它的内部结构和外部的人机界面，如果不是专业人员或有特殊的兴趣，按照机器的操作说明书与机器的人机界面交往就可以，或者寻找熟悉它的操作方法的人来指导。人们应该注意机器操作手册中的各种警告，使机器在合适的条件下运行。

在组织机构里面，每个人都应完成自己职责范围内的工作。人应该对于不属于自己职责范围内的工作“不在其位，不谋其政”[①]，因为这不是组织机构所赋予的工作。不在其位而谋其政，姑且不论这里面是否有其个人目的，即使完全是从积极工作的角度来说，不在其位可能会对这个岗位的职责的理解不一定恰当，勉强去做很难做好。最主要的坏处是会把组织内的工作秩序打乱，影响组织的运行。

人在和语物交往时也不能对语物盲从轻信。前文提到过，语物制造的谎言是简单理性的，语物总是有针对性地向特定人群投放谎言。人对陌生语物进行认识应该听听不同人的意见，获得尽可能多的参考意见。

人和语物的交往有时需要在有限的时间内完成，他也许并不一定有时间获得充分的帮助。但如果毋意成为习惯，人们可以训练出从外部获得指

[①]　出自《论语·泰伯》。

引的更多方法。这样他在遇到陌生语物时就能做到处事不惊，可以在较少的时间内获得尽可能多的外部指引，而不是突然之间千头万绪，不知道如何整理自己的思路。

16.1.3　毋必

毋必指没有什么语物是必须交往的，这体现的是对语物不执着的态度。理解了毋必的含义，可以尝试消除因为过于执着而产生的偏执。

人在世界之中要和各种语物交往，但并没有哪种语物是人必须交往的。在巫术时代，人因为缺乏知识，不得不去供奉山神、水神。这是人被自然界奴役的情况。当前虽然还有很多未解之谜，但人类现在创造的知识、创造的物已经非常丰富，只要人们保持耐心，对于未解之谜总可以找到某种程度的合适的解释，而不必将其归结为虚无缥缈的神。或者我们也可以将其暂时搁置，等到条件合适时再重新解释。

现在发生的是另一种形式的神化。语物被人们神化，也被它们自己神化。大型财团可以通过赞助肥皂剧的形式，把对金钱的崇拜和渴望、对大公司的崇拜逐渐渗透进去，培养人们的某种价值观。生产商也可以通过广告的形式让自己的产品出现在众多媒体中，并将其置于人们的视觉中心，采用诗意的语言描绘它们；或者建立产品与顾客的感情，用忠诚度这类词汇描绘人与产品之间的关系。这些对语物来说是正常现象，它们作为物语需要扩大自己的影响。但对于人而言，人需要明白语物仅仅是语物，只是人的一个交往对象。如果因为和某个语物交往而放弃了和更多的物语交往，实际上等于他被这个语物奴役了。

此外，随着人类创造的物质文明越来越丰富，在技术理性的刻画下，人的语物化现象比以前更加明显了。毋必也表明人不应该只和语物交往，或者只和职业场合的人进行职业性的交往，而是应该和各种各样的人进行交往。正如肖洛霍夫在《静静的顿河》中描述的："这些日子我变得粗野啦，但是和别人来往是必要的，不然的话，你的心肠就会变硬，变得像大兵吃的干面包一样。"① 人的理性并不完整，这不是坏事，人性所体现的复杂半理性体现了人的交往中富有活力的一面，经常和不同的人交往可以消除长期循规守矩地生活带来的交往固化。

16.1.4 毋固

毋固就是不固执。由于语物会随时间发生变化，所以人们应随着时间的变化调整对事物的看法，对语物的交往方式也要随着时间进行调整，甚至发生根本性的改变。它和毋必类似，体现的是克服另一种形式的交往固化。

任何物语都处于不断地交往中，它的意义会发生变化。例如人从幼年、成年到老年，他有不同的交往空间和交往对象，他以不同的方式和其他物语交往，这些都导致产生了不同的意义。官员退居二线，那些因为职业或利益发生的交往就少了，这是交往的变化。如果这个人是个"官迷"，竟然舍不下过去的交往方式，就是心里产生的执念。

古人创造的知识今天未必适用。孔子所提倡的"君君臣臣"如今已经找不到适用对象。如果当代人把它当作领导和下属的关系就会发生错误。中国的传统医学是经过漫长的时间产生的实践知识，有合理的地方，但如果依然采用阴阳五行学说对它进行解释，中医就无法融入现代科学的知识体系中，也很难吸收人类文明的新成果，想要进一步发展也很困难。

物语除了会随时间发生变化，它在不同的空间和分类结构中意义也会发生变化。毋固也体现在空间和分类结构上。同一个物语在不同的空间有不同的意义和交往方式。例如，有些国家的汽车沿道路右侧行驶，有些沿左侧行驶；国际象棋和中国象棋里面的"车""马""象""兵"有不同的行走规则；相同的术语在不同的学科表示不同的含义。

相同的物语随着时间、空间和分类结构虽然会有变化，但它们之间也会有联系。例如人们常说的"三岁看老"，尽管片面，但也体现了经验。

---

① 肖洛霍夫 . 静静的顿河（第二部）. 金人译 . 北京：人民文学出版社，1982：752.

毋固中还包含在原有场合获得认识的基础上，对物语进一步认识，而不是保持不变的意思。对待完全不同的物语的认识就谈不上是毋固，而是毋意。

16.1.5 毋我

毋我就是不以自己为中心。人对交往的参与包括以下两种情况。

一种情况是人是交往的直接参与者，如我和客户交谈。这个交往所涉及的环节包括：自己、另一个物语（客户），以及这两个物语之间的交往关系。交往关系可以由交往媒介（交谈）表现出来。交往空间也有可能参与到交往过程中，甚至还需要考虑上述几项随时间的变化。从这种情况可以看出，"我"仅仅是这个交往中的一个环节，并不能成为中心。

另一种情况是人只是某个交往过程的旁观者。例如，"我"看见齿轮带动另一个齿轮转。在"齿轮带动另一个齿轮转"的交往过程中，"我"没有发挥任何作用，"我"在这个环节可以被忽略。这时把"齿轮带动另一个齿轮转"当作一个物语，"我"和这个物语的交往与第一种情况类似，"我"仅仅是这个交往中的一个环节。

从上述两种情况都能看出，"我"即使参与到某个交往中，也没有任何理由表明他会是一个中心环节。

只有讨论"我"的意义的时候，"我"才能成为中心，但这和讨论任何物语的意义时这个物语都是中心的情况一样。人们会说："也许'我'对于其他人是微不足道的，但对自己是最重要的。不管其他人如何看我，自己把自己当作中心有何不可？"这是一种偏强的态度，但我们需要分析这可能会产生什么问题。

人的意义来自他和其他物语的交往，也包括他和自己的交往关系。如果对自己过于重视，人的交往重点只是自己，从而忽视了和其他物语交往，那人能够体现出的意义就少。此外，他和自己的交往所产生的意义仅仅对自己有意义，这是一种内部的意义。这种意义如果要表现出来还需要通过他和其他物语发生交往。此外，人以自己为中心有时是因为自我膨胀，他的内心只能容得下自己。这时，他即使频繁地和外界交往，也很难获得外界的指引。不同原因产生的以自己为中心的结果是类似的，都容易使人一叶障目，不见森林。

以自己为中心是人在交往时较为普遍的情况，只是程度不同。它容易导致的认知障碍是，人越关注自己，越认不清自己。认识自己有时比认识外部物语更难，因为认识外部物语所依据的是它已经呈现出的交往关系，这种交往关系谁都可以看到，对它的理解有更多的外部参考。人们可以通过比较不同人对这种交往关系的认识，修正自己的看法。如果人们经常通过自己与自己的交往来认识"我"，就会给认识自己造成障碍，因为他找不到其他物语支撑这种内部交往所产生的意义，所以单纯的内部意义近似于无意义。

16.2　交往媒介的创新

人类社会的进步体现在各种物语的创造上，历史上那些最重要的创造都是关于交往媒介的创造。如果对人类社会粗略地观察，我们可以发现，自人类产生文明以来，出现了口头语言、劳动工具、文字、纸、交通工具、货币、互联网等重要的交往媒介。此外，人们对于交往还建立了各种交往规则。这些交往媒介对人类文明的发展都产生了非常大的推动，它们自身也是人类文明发展的体现。

很难分清楚人们是想要创造某种物语，还是想要创造某种作为交往媒介的物语，正如很难说清楚人的各种目的最终指向何方一样。也许每个人的目的只是想要更好地和其他人、自然界、空间及时间、各种各样的语物交往。人类为了交往，创造了各种交往媒介，这些交往媒介又成为人的交往对象。如果能把人的目的归结为这些，那人们应该像创造交往媒介一样去创造各种物语。人类的善在于对各种交往关系的促成，而人类的恶在于他局限于一个狭小的时空中，对自身的交往局限产生焦虑和对各种交往进行破坏，这分别是对自身恶和对他者恶。

为了促进各种交往，规划出合适的交往媒介，并对交往媒介进行改进就是需要考虑的问题。为了改善各种交往关系，人们可以对交往过程进行分析，从中规划出合适的交往媒介。人们通过对交往媒介的改善，达到改善交往的目的。

交往媒介的改善就是改善它的交往性或者它的流动特性。交往媒介的改善可以通过物和语言的形式实现。由于现代科学的发展，人们获得了大量物和物之间交往关系的知识，也获得了更多人的生理、心理知识，这些知识可用于创造新型的交往媒介。一些正在发展的新技术有望给人带来新的交往方式。例如，人体芯片可以不通过口头语言，实现人和人之间的信息交往，量子通信技术利用量子纠缠效应进行远距离的信息传递，也可以成为一种新型的交往媒介。未来这些新技术的发展，也许可以带来一些新的交往方式。在商业中，人们通过对商品和资金流通环节的分析，可以减少多余的流通环节，改善交往媒介，以提高商品和资金的流通效率。人们通过对人类社会交往规则的认识，还可以发现改善交往的规则。

在对交往媒介流动的方向特性进行分析时，其结果并没有表明人类一定要采用单向或双向流动的媒介。从自然界到人类社会，很多交往媒介都是单向流动的，它们在人类文明的进程中发挥了应有的作用，如因果关系就是一种单向媒介[①]。但人类社会如果充满的都是单向媒介，如等级社会中的情况，那就会抑制双向交往媒介的使用和发展，对交往产生阻碍。前文列举的口头语言、交通工具、货币、互联网等交往媒介，都促进了人类在某种交往连接性和物语传输特性方面的改进，并且它们作为人与人之间的交往媒介，可以是双向流动的，只不过不同的人由于自身观念的局限，常

---

① 因果关系体现了单一的交往方向，互为因果则体现出双向性。由于时间具有明显的单向性，所以因果关系经常表现为一种时间特性。

常对交往媒介扭曲地使用；或者由于技术的局限性，双向流动有时难以实现。双向流动的交往媒介意味着相互沟通，这似乎更体现了交往本来应该具有的形式。即使在某些场合人们无法发展出双向交往媒介，也可以利用多个单向交往媒介，实现双向交往。人和语物尽管特点不同，但如果通过交往媒介实现它们的相互沟通，这就可以改善它们的交往。

16.3　扩大交往领域

结构性交往是人们采用的主要交往方式。结构性交往虽然是重复性交往，但分类结构内部的物语由于各自交往关系不同，有着不同的物语化过程。这种变化积累到一定程度会导致分类结构的变化和物语的创新，这种创新是交往扩大的体现。人们为了更有效地促进这种变化，可以关注分类结构中被忽视的物语，促进它的交往的发生，即所谓的"弱者道之用"。

隐喻性交往虽然有很多不确定性，但它能够明显地改变交往，是扩大交往领域的主要方法。海德格尔采用"人，诗意地栖居在大地上"这句诗所阐述的哲学观念，实际是在强调隐喻性交往的作用。如果人们认为它强调的是诗歌这种文学体裁的作用，或对一种浪漫生活的向往，就与实际含义偏离很大。同样，如果人们认为孔子提倡的礼乐精神中，乐单纯地只是为了提倡歌舞音乐，也毫无意义。

第3.2节讨论了哲学的隐喻性，这个特点和诗歌是类似的。诗歌是原始的文学形式，它既是人们对生活的记录，也是人们对生活的想象。隐喻在诗歌中的广泛应用并非人们创造了隐喻这种修辞方式，将它应用于诗歌创造，而是因为隐喻是人的基本交往方式之一，人们采用诗歌最容易表达这种交往方式。

隐喻性交往是人最有活力的交往方式，它在各种不同的分类结构之间发展新的交往，扩大了物语原有的交往范围。人类社会的物语不断创新，其从本质上可以被看作是隐喻性交往的体现。例如，由于牛顿在物理学中引入了数学，自然科学得到了快速的发展。结构性交往是一种常规的交往方式，它固然是意义产生的主要方式，但分类结构形成后，能够发生的交往只是在已经设定好的交往领域内，它所产生的创新和变化是缓慢的，而隐喻性交往提供了产生新意义更直接的方式。

哲学的总体价值并不在于它揭示了世界的某种本质，即使它揭示了这种本质，人们也可以漠不关心。其价值在于它能够充当不同领域知识的交往媒介，充当一种普遍理解的交往媒介，这对每个人都有价值。哲学通过揭示某种本质、某种共性，构造出普遍的交往媒介。把哲学解释为交往媒介，是通过确定哲学在交往关系中的位置来阐述哲学的作用的。哲学通过建立新的似反性关系，让人们看到不同领域知识的相似和差异，为物语之间的交往提供新的交往通道。哲学的价值在于重新梳理人们的观念，启发人们创造新的知识门类。

虽然隐喻性交往方式根植于人的交往本性之中，但具体的隐喻性交往过程在人们的心里通常没有牢固的根基。隐喻性交往不是人们已有观念中所熟悉的交往。它需要不断地重复，以增强它在人群中的心理基础。如果不能重复，这种隐喻性交往就是失败的，人们可以继续发展新的隐喻性交往，寻找新的交往途径。

本书把隐喻性交往当作通往善的道路之一，正是因为善意味着改变人在交往中遇到的困境。改变这种困境的方法之一就是扩大自己的交往领域，而不是纠缠在原有的困境中找不到出路。正如上文"毋必"中所谈到的，人没有必须要交往的语物，重要的是人需要不断扩大自己的交往领域。人通过扩大自己的交往领域，丰富自己的知识，展示自己去和世界交往的愿望，丰富自身作为人所具有的意义。如果能做到这点，以前的一些问题就不再是问题，这样就可以做到善。这是《大学》中所说的"苟日新，日日新，又日新"，也是张载在《芭蕉》[①]

---

① 林乐昌编校．张子全书．西安：西北大学出版社，2015：297.

中所描写的：

> 芭蕉心尽展新枝，
> 新卷新心暗已随。
> 愿学新心养新德，
> 旋随新叶起新知。